W0233920

Richard Fester

Die Eiszeit war ganz anders

Richard Fester

Die Eiszeit war ganz anders

Das Geheimnis der
versunkenen Brücke nach Amerika

R. Piper & Co. Verlag

Illustrationen von Carolus Vocke

ISBN 3-492-02004-6

Gesetzt aus der Linotype-Garamond
Gesamtherstellung: Graphische Werkstätten Kösel, Kempten
Printed in Germany

Herrn Professor Dr. Herbert Kühn,
weil er einen Ketzer ermutigte, und
Herrn Professor Dr. Martin Wagenschein,
weil er einst – als Lehrer an der Odenwaldschule – einen
jungen Mann das Lernen lehrte,
als später Dank überreicht.

Der Verfasser hat für Hilfe bei der vorliegenden Arbeit zu danken:
Herrn Prof. Dr. Hermann Trimborn und Frau Dr. Roswith Hartmann vom Institut f. Völkerkunde, Bonn für den Zugang zu Quechua- und Aymara-Literatur, Herrn Prof. Israel Ruong, Uppsala, für wichtige Hinweise auf Leben und Sprache der Lappen, der Oldsaksamling der Universität Oslo für Material über die sogenannten Komsa-Funde, und Herrn Prof. Dr. Joachim Illies für einige wichtige Unterlagen, Anregungen und Anstöße, sowie seinen Kindern Coloma und Michael für die mit ihrem Vater aufgebrachte Geduld, und seiner Frau Vera für die zeichnerischen Darstellungen.

Inhalt

Verzeichnis der Abkürzungen

aeg.	ägyptisch
ahd.	althochdeutsch
alg.	algonkin
ar.	arabisch
aram.	aramäisch
as.	anglo-saxon
ass.	assyrisch
aym.	aymara
azt.	aztek
ba.	bantu
bask.	baskisch
cat.	catalan
chin.	chinesisch
chon.	chontal
dt.	deutsch
eng.	englisch
esk.	eskimo
etr.	etruskisch
fin.	finnisch
FN	Flußname
frz.	französisch
gael.	gälisch
geor.	georgisch
gr.	griechisch
hebr.	hebräisch
heth.	hethitisch
hind.	hindi/indisch
ie.	indoeuropäisch
ir.	irisch
isl.	isländisch
it.	italienisch
jap.	japanisch
jur.	jurakisch
lap.	lappisch
lat.	lateinisch
LN	Landschaftsname
ma	mundartlich
mao.	maori
map.	mapuche
may.	maya
maz.	mazatec
mong.	mongolisch
mordw.	mordwinisch
mot.	motilon
nah.	nahuatl
nord.	nordisch
nwg.	norwegisch
ON	Ortsname
ostj.	ostjakisch
pa.	pame
phö.	phönizisch
ppl.	popoluca
pln.	polynesisch
que.	quechua
qui.	quiché
rs.	russisch
sam.	samojedisch
scho.	schottisch
schw.	schwedisch
slg.	Slang
sp.	spanisch
sua.	suahili
sum.	sumerisch
syrj.	syrjänisch
tag.	tagalog
tmk.	tamachek (Tuareg)
tib.	tibetisch
tol.	toltec
tscher.	tscheremissisch
ugr.-alt.	ugrisch-altaisch
yuc.	yucatec
zap.	zapotec

MA-indian.	Mittelamerika-indianisch
NA-indian.	Nordamerika-indianisch
SA-indian.	Südamerika-indianisch

Vorwort

EVOLUTION – das ist heute Wort und Begriff für das Grundgesetz wissenschaftlicher Erkenntnis: aus dem einen wurde das viele, aus dem Einfachen das Komplizierte. Ob Pflanze oder Tier, die Gemeinsamkeit von Bauelementen beweist hier wie dort die Entwicklung aus gemeinsamen Vorformen. So kann der Biologe schlüssig beweisen, daß Affe und Mensch in jüngster, Vogel und Reptil in ferner Vergangenheit jeweils gemeinsame Vorfahren hatten. Bis zurück zu den Urformen des Lebens erlauben die logischen Gesetze der Evolutionsbiologie das theoretische Nachzeichnen der Entwicklung, heute längst abgesichert und aufgefüllt durch fossile Funde, die das theoretische Gebäude mit bezeugtem Leben erfüllen. Selbst dann, wenn der Biologe durch Vergleich gemeinsame »Ahnen« von Vögeln und Insekten, Seesternen und Schnecken erschließen soll – eine Schnecke hat keine Flügel, ein Insekt keine Knochen, ein Seestern keinen Kopf! – findet der Spürsinn des Fachmannes noch einige, wenn auch verborgene Gemeinsamkeiten. Für die daraus zu folgernde Urform wird sich der Zoologe allerdings schließlich auf einen hypothetischen und sicherlich unansehnlichen Wurm zurückziehen müssen, der obendrein fossil nicht zu belegen ist. Wird es dem Sprachforscher besser ergehen? Werden seine Bemühungen um eine gemeinsame Urform zwischen Vogel und Fisch, Schmetterling und Schnecke, also etwa zwischen Chinesisch und Mexikanisch, Baskisch und Suaheli gleichfalls bei einem unansehnlichen und fossil nicht belegbaren, farblosen philologischen »Wurm« enden?

Ganz so schlecht sind die Aussichten für den Paläolinguisten nicht, denn es gibt einen wesentlichen Unterschied zwischen seinem Vorhaben und dem des Zoologen: Vögel und Reptilien entstanden vor mehr als hundert Millionen Jahren, noch weiter zurück in die Vergangenheit führt nur ein sehr unsicherer, mit Fossilien spärlich belegter Weg, in den die Wurzeln aller Klassen von Lebewesen in einer Dämmerzone einmünden, die einen ganzen Kosmos an Vielgestaltigkeit umschließt. Bei den Sprachen dagegen handelt es sich um eine klare und einheitliche Funktion der stimmlichen Verständigung unter den Individuen einer einzigen Art, noch dazu der jüngsten und am schnellsten entwickelten, die wir kennen. Es geht »nur« um einige Jahrzehntausende, das Phänomen der Sprache bedeutet in der Geschichte dieser Art nur die Entwicklung und Aufspaltung der Funktion eines genau umschriebenen Bereichs der Großhirnrinde. Das Sprachzentrum des Menschen, jedes Menschen, leistet heute noch jede Sprache der Menschheit; sie alle sind für jeden, der als Kind in den betreffenden Sprachkreis gestellt wird – Eingeborener oder Zugereister – ohne Unterschied zu meistern, ja auch zusätzlich und nachträglich zu erlernen, wie jeder Dolmetscher beweist.

Bei den Sprachen liegt also ein einheitliches Grundprogramm vor, verdrahtet in den Neuronen unseres Sprachzentrums. Es ist daher durchaus sinnvoll, mit den Methoden der vergleichenden Forschung an die Aufdeckung der Wurzeln des menschlichen Wortschatzes zu gehen. Nur drohen solchem Bemühen hier die gleichen Gefahren wie in der Biologie: daß dort am Anfang der Evolutionsforschung manche voreiligen Schlüsse aus unzureichendem Material gezogen und wieder aufgegeben werden mußten, weiß jeder Fachmann. So erging es auch der vergleichenden Sprachforschung: der erste, recht kühne Versuch eines deutschen Anthropologen der dreißiger Jahre wurde mehr zum Objekt der Witzblätter als der ernsthaften Wissenschaft. Gestützt auf ein erstes, von amerikanischen Zoologen stammendes »Wörterbuch der Schimpansensprache« zog dieser heute vergessene Forscher eine Linie vom Affen über die Urmongolen zu den Indogermanen. Eine Ableitungsreihe hieß da z. B.: »Hunger und Durst«: ÄGAHK (schimpansisch) – KAG (eskimoisch) – NGA (altchinesisch) – EGE-O (lateinisch) – KA-NKA-NEI (griechisch).

Das mag für uns fast komisch wirken, doch brauchen wir nur das erste Glied dieser Reihe, das Schimpansische (das es in dieser Form nicht gibt), wegzulassen, um vor einer in der Tat bemerkenswerten Ähnlichkeit sprachlicher GAG-Laute zu stehen. Solche Ähnlichkeit in Klang und Bedeutung bei so unterschiedlichen Völkern und Sprachen – man bedenke: Eskimos und Griechen! – weist auf gemeinsame Wurzeln oder sie müßte reiner Zufall sein. An solchen Zufall kann man in dieser Reihe immerhin noch glauben, aber wie steht es, wenn sich ähnlich merkwürdige Sprachverwandtschaften über Kontinente hinweg in Hunderten von Fällen nachweisen lassen? Warum sagten die alten Hebräer KAPH für hohle Hand und die Mayas in Mittelamerika KABH? Warum sagen die Mongolen fern in der Tsungarei TALA und BAGA für unser TAL und BACH?

Die letzten Beispiele stammen von Richard Fester. Es war diesem eigenständigen Sprachforscher vorbehalten, bei der Durchmusterung vieler Dutzender von Sprachen in streng vergleichender Methode den Wortschatz aller menschlicher Verständigung auf sechs Urworte zurückzuführen. In seinem Buch »Die Sprache der Eiszeit« legte er 1962 seine Thesen der Fachwelt vor, doch ging es ihm, wie es sehr vielen Pionieren zu ergehen pflegt. Zu kühn erschien diese Hypothese, zu viel Umdenken wurde nötig, als daß man hätte erwarten können, seine Entdeckung wäre mit einem Schlage anerkannt worden. Wissenschaftler sind vorsichtig in der Annahme neuer Theorien, das ist eine Tugend ihres Berufes. Wissenschaftler sind skeptisch gegenüber Außenseitern, das ist die Frucht ihrer Erfahrung mit vielen »verkannten« Erfindern und Entdeckern. Und Wissenschaftler prüfen lange und gründlich, wenn etwas ganz Neues vor sie hintritt, das ist ihre Pflicht gegenüber dem wissenschaftlichen Bestand, den sie zu wahren und zu mehren haben. So kann es niemanden verwundern, daß auf einem Forschungsgebiet, für das es nur wenige Fachleute in der Welt gibt und das dazu, gewissermaßen als Eintrittspreis, die genaue Kenntnis vieler unterschiedlicher Sprachen und die Methodik des analytischen Vergleiches verlangt, neue Erkenntnisse sich nur langsam durchsetzen.

Aber Richard Fester wartete nicht ab, wie die Fachwelt über ihn befand, sondern ging weiter. Nach zehn Jahren legt er nun »Die Eiszeit war ganz anders« vor, in der auf seiner Entdeckung der »Sprache der Eiszeit« aufgebaut wird. War es damals um das Ergebnis eines theoretischen Erschließungsverfahrens gegangen, um die Herausschälung der Urworte BA, KALL, TAL, OS, ACQ und TAG, so liefert er in diesem Buch gewissermaßen die Fossilien nach, die seine Abstammungstheorie der Sprachen untermauern. Und er hat mehr als einen Pithecantropus ausgegraben bei seiner Suche nach den gemeinsamen Ahnen! In den alten Ortsnamen findet er das fossile Material, die Versteinerungen am Ort, die Zeiten und Völker überdauerten. Und nun ergeht es Fester mit den Sprachen, wie es den ersten Paläontologen mit den Knochen erging: als man wußte, was man zu suchen hatte und wo man graben mußte, stieß man auf eine Fülle von Fakten, die jede Erwartung überstieg. Und bald zeichneten sich Linien der Entwicklung ab, die in klarer Eindeutigkeit nicht mehr wegzuwischen waren, die aus Hypothesen wissenschaftliche Gewißheit machten. Dabei aber erschlossen sich mit den Verwandtschaftslinien zugleich auch die Ausbreitungsbewegungen der einzelnen Gruppen. Die Knochen am Wege markierten den Verlauf der Geschichte.

So gelingt es Richard Fester nun auf dem Gebiet der Paläolinguistik nachzuweisen, daß in der Eiszeit, auf dem sich damals anbietenden Weg der »Weißen Brücke« frühe Menschengruppen von Eurasien nach Nordamerika hinübergelangten und sich dort langsam nach Süden verbreiteten. Die Ortsnamen am Wege markieren diese Wanderungsgeschichte. Zugleich erweist sich als Ergebnis seiner Untersuchung die Verwandtschaft der indianischen Sprachen, von der Alexander von Humboldt schon vor hundert Jahren überzeugt war, die aber die philologische Linguistik bis heute nicht nachweisen konnte.

Das Faszinierende an diesem Buch ist die Schlüssigkeit und das Einleuchtende seiner Argumente und zugleich das sensationell Neue seiner Ergebnisse; es ist *ein »Thriller« für Nachdenkliche.* Insofern bedarf es eigentlich keines Vorwortes; es wird seinen Weg machen und seine Leser fesseln, denn Sprache ist ein geistiges Feld, auf dem jeder ein wenig mitreden kann und sich in bescheidenem Umfang als Fachmann fühlt, wenn auch nicht gleich als Linguist. Vor allem werden die Thesen von Richard Fester jeden geistig Interessierten zu eigenem Nachdenken, Mitdenken und Weiterdenken herausfordern. Es öffnet sich eine Tür zu ganz neuen Räumen des Forschens und Suchens. So hat dieses Vorwort vor allem eine Aufgabe: deutlich zu machen, daß Richard Festers Ansatz, seine Methode und damit auch seine Ergebnisse nicht in den Bereich der freien Abenteuer des Geistes gehören, nicht in die Rumpelkammer versponnener Monomanen, sondern daß in ihnen die gleiche logische Disziplin herrscht, der gleiche Grad wissenschaftlichen Ernstes und handwerksgerechter Methode, wie sie die großen Pioniere der Biologie einst aufbrachten, als sie – verlacht und bekämpft – die ersten Schritte in ein neues Land wagten, das uns heute selbstverständlicher, vertrauter Boden ist. *Richard Fester ist ein solcher genialer Pionier in einer Wissenschaft, die er zugleich selbst erst begründet.*

Prof. Dr. Joachim Illies

Teil I

Die Weiße Brücke: Rätsel oder Schlüssel?

Als amerikanische Archäologen vor einigen Jahren im äußersten Süden Patagoniens, direkt an der Maghellan-Straße und damit im Angesicht der Inselwelt Feuerlands, an die Öffnung einer Grabstätte gingen, mochten sie nichts Besonderes erwartet haben. Sie wurden auf das angenehmste enttäuscht. Was sie entdeckten, war ein Grab der Steinzeit, dessen Alter nach den Fundumständen auf 9000 Jahre bestimmt wurde.

Seit dieser Zeit spricht die wissenschaftliche Welt von dem Grab von »Palli Aike«, dem Namen der bescheidenen Eingeborenen-Siedlung in der unmittelbaren Nachbarschaft.

Man kann diesen Fund mit der erfolgreichen Suche nach der sprichwörtlichen Stecknadel im Heuhaufen vergleichen. Ein so altes vorgeschichtliches Grab war in Amerika seit langem gesucht und nicht gefunden worden.

Als Europa zum Beginn seiner Neuzeit auf der Suche nach einem »anderen« Seeweg zu dem sagenhaften Goldland Indien eine »Neue Welt« entdeckte, lebten die Menschen, die man dort antraf, im allgemeinen auf einer Entwicklungsstufe, die wir heute die »Steinzeit« nennen. So reich die baulichen und künstlerischen Zeugen der unmittelbaren Vergangenheit auch waren, so wenig wurde aus den Jahrtausenden vor unserer Zeitrechnung bekannt. Die Hochkulturen kannten den Ackerbau und einzelne Stadtgemeinschaften, aber die Masse der Stämme und Völker Amerikas lebte noch von Jagd und Fischfang und hinterließ keine bleibenden Male in der Weite der amerikanischen Landschaft. Vielleicht kann man sagen, daß die amerikanische Altsteinzeit bis an den Beginn unserer Zeitrechnung heranreichte, also rund 10 000 Jahre länger dauerte als bei uns. Das vor allem erklärt die Seltenheit amerikanischer Funde von höherem Alter.

Hinzu kommt die Größe und Weite des Doppelkontinents und die außerordentlich dünne Besiedlung während jener Zeit zwischen dem Grabbau von Palli Aike und der Errichtung der klassischen mittelamerikanischen Tempelstädte. Wir in Europa sind auch dadurch verwöhnt, daß eine zweifellos zahlreichere Bevölkerung durch die eiszeitlichen Lebensbedingungen *unserer* Altsteinzeit auf einem recht engen Raum zusammengedrängt lebte und Funde von Menschen und ihren Geräten und kultischen oder künstlerischen Äußerungen schon darum leichter sind. Hinzu kommt ferner, daß auf diesem engeren Fundgebiet bei uns heute einige hundert Millionen Menschen leben – und hundert Menschen je Quadratkilometer ergeben mehr Zufallsentdeckungen als zwei oder drei.

Menschliche Skelette vorgeschichtlicher Zeit werden nur gefunden, wenn sie sorgfältig bestattet wurden oder wenn sie sich, wie der berühmte Neandertaler, sterbend in eine enge Spalte verkrochen. Andernfalls sorgt die Gesundheitspolizei der Natur in Gestalt von Hyänen und Aasvögeln dafür, daß späteren Forschern nichts zu finden verbleibt.

Alle diese Umstände erhöhen das Gewicht des Fundes von Palli Aike. Selbstverständlich belebt er auch die Diskussion um das Wann und Wie der ersten Einwanderungen nach Amerika von neuem. Aus vielerlei Gründen betrachtet man den Doppelkontinent als ein Gebiet, in das der Mensch erst sehr spät von außen her eindrang, und das zu einer Zeit, da bei uns Höhlenbilder und Steinzeitmadonnen entstanden, absolut menschenleer war.

So galt auch eine der ersten Überlegungen nach dem Fund von Palli Aike der Frage, wann die unmittelbaren Vorfahren dieses Menschen nach Amerika gekommen sein können, wenn man – theoretisch – annimmt, daß er der erste war, der so weit nach Süden kam. Da man es als sicher ansieht, daß die ersten Einwanderer im *Norden* zuerst amerikanischen Boden betraten, ergibt sich die Frage, wie lange es gedauert haben mag, bis die ersten Menschen an das entgegengesetzte südliche Ende des Doppelkontinents gelangten.

Niemand, soviel ist gewiß, begab sich damals zielstrebig auf den Marsch von Alaska nach Feuerland; nur ganz allmählich und im Zuge vorsichtigen Vorwärtstastens nach *allen* Richtungen wurde schließlich die etwa 25 000 km von Alaska entfernte Stelle erreicht, an der man das 9000 Jahre alte Grab fand. Die Archäologen haben sich auf die Annahme geeinigt, daß mindestens 3000 Jahre vorher erste Einwanderer im Norden Fuß gefaßt haben müssen. Diese Zahl ist sicherlich als Minimum gedacht und berücksichtigt die Vorstellungen, die wir uns vom Leben des Menschen in der Altsteinzeit machen: Er lebte in erster Linie von der Jagd und hielt sich dabei gewöhnlich, genau wie Tiere, auch an ein bestimmtes Revier, in dem er andere als familieneigene Artgenossen nicht duldete. Mit der Zuwanderung neuer Gruppen und der Vermehrung aller ergab sich ein natürlicher, wenn auch sehr langsamer Ausdehnungsfaktor. Eine gewisse sprunghafte Ausdehnung des geographischen Horizontes ergibt sich bei Jägervölkern aus der Wahrnehmung besonderer Jagdmöglichkeiten: aus dem Winter- oder Sommer-, Brunft- oder Kalbungszug der Herdentiere, aus der Laichwanderung begehrter Fischarten wie etwa der Lachse, die sogar den Alaska-Bären zu beträchtlichen Fußmärschen verlocken, aus der Eiablage bestimmter Vogelarten an besonderen, bevorzugten Sammelbrutplätzen. Auf dem engen europäischen Raum der Eiszeit mögen sich allein hieraus relativ weite Jagdmärsche ergeben haben: der Jäger der Dordogne war sicherlich in jedem Jahre zum Fischen an der Biskaya, und ebenso sicher zur Ren- und Mammutjagd im Rhônetal – aber das sind – gemessen an Amerika – noch keine Entfernungen, die einer schnellen Durchmessung der kontinentalen Längsachse wirksamen Vorschub leisten konnten. Merken wir uns aus diesen Überlegungen, daß 3000 Jahre eine relativ kurze Zeit sind, um die ersten Menschen *zufällig* nach Feuerland zu bringen.

Wer aber annimmt, daß es steinzeitlichen Menschen möglich gewesen sein muß, eine Entfernung von ca. 25 000 km in rund 3000 Jahren zu meistern, ohne von einer zielstrebigen Absicht getrieben zu sein, der muß die gleiche Annahme auch andernorts gelten lassen, d. h. der wird die Möglichkeit einer Ausbreitung quer durch den eurasischen oder eurafrikanischen Doppelkontinent gleichfalls in seine Rechnung stellen müssen. Doch dies ist nur eine Nebengedanke, der sich an den Fund von Palli Aike knüpfen läßt, und der eine gewisse Beachtung verdient. Denn schließlich müssen jene ersten Einwanderer nicht gerade am anderen Ufer gesessen haben und eines Tages übergesetzt sein. Jenes andere Ufer, gleichgültig welches es nun sein mochte, war sicherlich auch nur eine Durchgangsstation. Es ist also durchaus denkbar, daß dem Übergang in die Neue Welt eine ähnlich lange Wanderung innerhalb der Alten Welt vorausgegangen ist. Das enthebt uns der kurzsichtigen Vorstellung, jene Menschen stammten aus den nächstmöglichen Gebieten. Solche Annahmen haben sich bisher durch keinerlei Funde stützen lassen.

Denn gerade aus der an sich richtigen Vorstellung, daß die ersten Einwanderungen aus dem Norden erfolgt sein müßten, ergab sich der Fehlschluß, diese Ersten müßten die Beringstraße überquert haben und daher aus den nordostasiatischen Randgebieten stammen. Der Fund von Palli Aike erlaubt – wenn auch auf großen Umwegen – die Feststellung, daß beides höchst unwahrscheinlich ist.

Wir sind es gewohnt, bei der Nennung der Beringstraße zwischen Alaska und dem asiatischen Festland an eine Meerenge zu denken. Da wir sie nur vom Globus oder von Atlanten her kennen, die für dies nicht sonderlich interessante Gebiet Maßstäbe von nur 1:10000000 verwenden, erscheint sie tatsächlich recht schmal. Erst bei genauerem Hinsehen stellen wir fest, daß die Entfernung zwischen den beiden kontinentalen Küsten an ihrer engsten Stelle noch immer 80 km beträgt. Erst weitere 30 km hinter der alaskischen Küste erheben sich Berge geringer Höhe. Alles in allem wäre also die »Neue Welt« von der »Alten« aus nur bei ganz ausnahmsweise günstigen Witterungsbedingungen sichtbar. Die Sichtbarkeit ist aber doch wohl eine der ersten Voraussetzungen dafür, daß Menschen zu irgendeiner Zeit den Wunsch verspürt und das Wagnis unternommen haben könnten, eine Überquerung zu versuchen. Wenn die Sichtbarkeit nicht gegeben ist, dann spielt es für das Aufkeimen steinzeitlicher Abenteurerlust keine Rolle, ob der trennende Graben 80 oder 1000 km breit ist. Bis in die Antike hinein war jede Art Fortbewegung auf dem Meere nur in Sichtnähe der Küsten möglich, und Entsetzen befiel noch den Odysseus, wenn widrige Stürme ihn aufs offene Meer verschlugen. Erst die Wikinger navigierten auf See und gelangten schon vor der Erfindung des Kompasses um das Jahr 800 nach Island und im Jahre 980 unserer Zeitrechnung, lange vor Kolumbus, nach Amerika. Jene aber, von denen wir annehmen sollen, daß sie 10000 Jahre zuvor die Beringstraße überquert haben könnten, haben sich kaum aufs offene Wasser gewagt. Aber hatten sie überhaupt schon Schiffe?

Nun, Schiffe gewiß nicht, aber selbst ob sie Boote hatten, erscheint fraglich. Die ältesten bekannten Darstellungen von Booten entstammen bei uns der jüngeren Steinzeit, also einer späteren Zeit. Erste primitive Wasserfahrzeuge – mit Häuten bespannte Schlitten oder Gestelle, ähnlich dem irischen CURRACH, dem KELEK des Bosporus oder fellbespannten Booten, wie sie heute noch auf dem Euphrat vorkommen – mag es in der mittleren Steinzeit schon gegeben haben, darauf deuten vor allem sprachliche Reminiszenzen. Abgesehen von der Sichtbarkeit der gegenüberliegenden Küste ist es also auch mehr als zweifelhaft, ob es in vorgeschichtlicher Zeit schon ausreichend seetüchtige Boote gab, um Überfahrten zu wagen. Hätten solche Fahrten aber stattgefunden, dann ist andererseits nicht einzusehen, warum sie nicht ständig, und bis in geschichtliche Zeit wiederholt wurden! Derlei Berichte gibt es nicht. Wohl mögen sehr viel später einzelne Menschen als Schiffbrüchige an die Küste gespült worden sein, hüben wie drüben, aber sie sind gewiß untergetaucht.

Einige der frühen Plastiken Mittelamerikas deuten sogar auf negroide Zuwanderer – aber die Masse der altamerikanischen Bevölkerung entstand in Jahrzehntausenden von jeder Möglichkeit, den Doppelkontinent zu Schiff, mit Booten oder Flößen zu erreichen.

Nun bleibt natürlich die Frage, ob diese Einwanderungen nicht über das winterliche Eis der Beringstraße erfolgt sein könnten. Auch hier gilt das Argument des fehlenden Anreizes. Und auch hier ist wieder die Frage nur zu berechtigt, warum – wenn es überhaupt schon möglich war – wurden solche Überquerungen dann nicht zu einer regelmäßigen, ja, normalen Erscheinung bis hin in geschichtliche und damit überschaubare Zeiträume?

Es ist der erklärte Sinn dieses Buches, das Geheimnis erster Zugangswege in die Neue Welt zu entschleiern. Die gebotene Lösung muß jedoch zugleich so beschaffen sein, daß sie einleuchtend erscheinen läßt, warum und weshalb diese Zugänge später aufgegeben wurden oder aufgegeben werden mußten. Denn die Tatsache, daß der Strom weiterer Zuwanderer vor vielen tausend Jahren anscheinend recht plötzlich gestoppt wurde, ist in der Forschung unbestritten. Unsere Deutung muß diesen Umstand also ohne intellektuelles Knirschen mitumfassen.

Dazu muß noch einmal weiter zeitlich ausgeholt werden.

Wenn, wie wir ja nicht völlig ausschließen können, jene Menschen von Palli Aike nun doch aus irgendeinem Grunde zielstrebig von Norden nach Süden vorgestoßen wären, dann hätten sie diese Strecke in zehn, statt, wie angenommen, in dreitausend Jahren zurücklegen können. Heutigen Eskimos z. B. sind 300 km nicht zuviel, um an einer Familienfeier entfernter Angehöriger teilzunehmen, und der französische Forscher Gontran de Poncins bezeugte, in nur einem Winter 2600 km mit ›seinen‹ Eskimos unterwegs gewesen zu sein. Dagegen bedeutet 25 000 km in 10 Jahren in einer Richtung zu marschieren nicht mehr als jährlich 200 Tage lang nur je 12,5 km weiterzuziehen – so gut wie gar nichts also.

Ganz gleich aber, ob dreitausend oder drei Jahre von Alaska bis Palli Aike – wer vor 8700 Jahren dort im Süden starb, für den gab es im Norden zwischen den beiden Kontinenten eine echte Meerenge, also ein entscheidendes Hindernis. Doch die Leute von der Maghellan-Straße hatten Vorfahren, und von Folsom bis Mexiko fand man ihre steinzeitlichen Speerspitzen in den Gerippen von Bisons, Wildpferden, Riesenfaultieren und Mammuts, und schließlich auch sie selbst in den gleichen Schichten wie die Opfer. Da das Alter der bisher frühesten Funde mit Hilfe der Radiokarbon-Datierung auf 24 000 Jahre geschätzt, von Geologen aber auf wenig unter 30 000 Jahre berechnet wurde, ergeben sich für uns andere, bessere Möglichkeiten der Nachzeichnung erster Zugangswege.

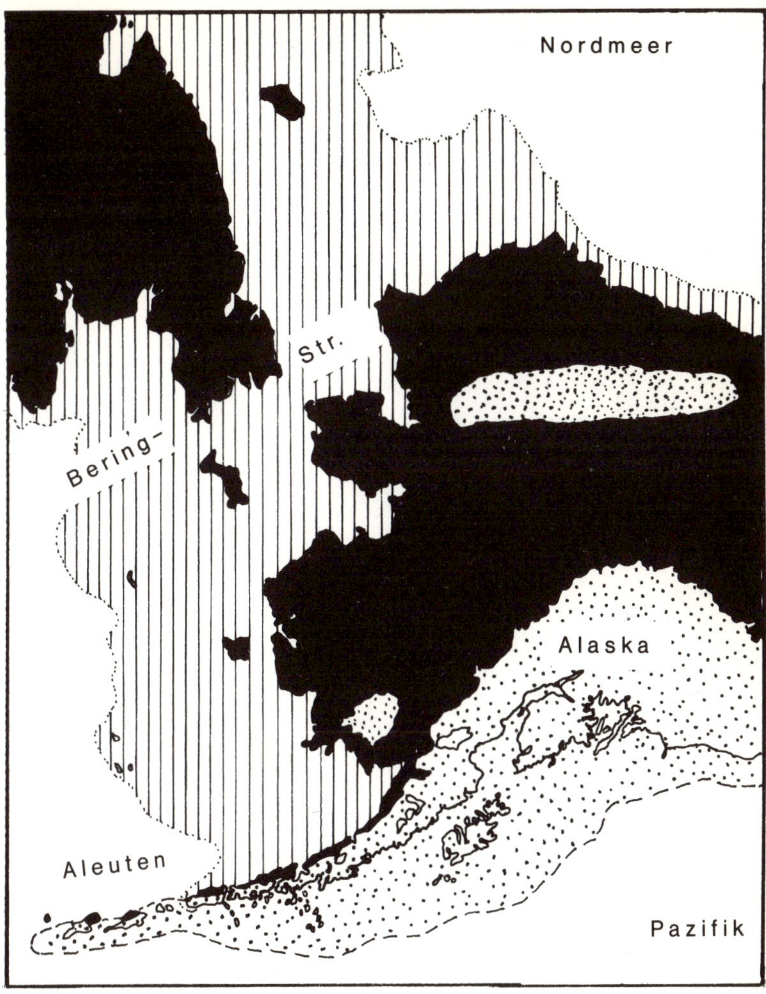

DIE BERINGSTRASSE während der letzten Eiszeit – maximale Vereisung und maximale Verlandung der Landbrücke nach NO-Asien (Abb. 1)

- (schwarz) Während der Eiszeit nicht vereist....
- (senkrecht schraffiert) Heute bis 100 m unter dem Meeresspiegel, zur Eiszeit Land, n i c h t vereist
- (gepunktet) Vereiste Teile von Alaska und dem damaligen Vorland
- (weiß) Meer

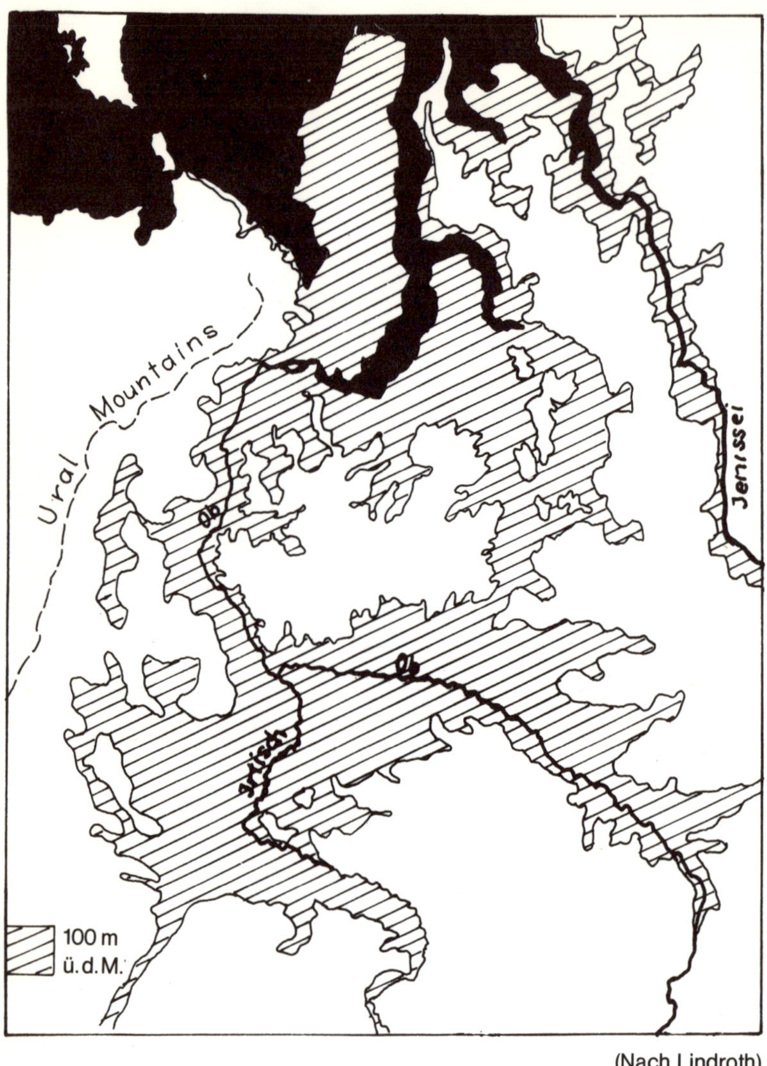

(Nach Lindroth)

Die Niederungen des OB östlich des Ural

Schraffiert sind die bei 100 m Stauung im Mündungsgebiet überfluteten – heute versumpften – Uferlandschaften. (Abb. 2)

Übersicht über weitere Datierungen nach C_{14}:

Bat Cave, New Mexico	5 500 v. d. ZR.
Augustura Res., S. Dakota	5 765 v. d. ZR.
Sulphur Spring, Arizona	5 806 v. d. ZR.
Medicine Creek, Nebraska	6 324 v. d. ZR.
Gypsum Cave, Las Vegas	6 577 v. d. ZR.
Leonard Rock, Nevada	6 710 v. d. ZR.
Fort Reck Cave, Oregon	7 103 v. d. ZR.
Lime Creek, Nebraska	7 574 v. d. ZR.
Folsom, New Mexico	7 933 v. d. ZR.
Sandia Cave, New Mexico	17 000 v. d. ZR.
Yuma, New Mexico	17 000 v. d. ZR.

Auch die Radiokarbon-Methode hat in letzter Zeit Kritik erfahren: Sie ging von einer gleichbleibenden C_{14}-Menge je Jahr aus. Die genauere Datierungsmethode anhand der Jahresringe von Bäumen enthüllte eine entsprechend dem Jahreswitterungsablauf schwankende C_{14}-Einlagerung; Folge: Je weiter zurück die Radiokarbon-Datierungen reichen, um so ungenauer werden sie, und zwar in der Weise, daß die errechneten Zeiten zu kurz ausfallen. Die Funde sind also – möglicherweise bis zu einem Viertel der angegebenen Zeit – *älter*.

Aber: ganz so einfach, wie es auf den ersten Blick erscheinen mag (Abb. 1), ist es wieder nicht. Gewiß, die Bering-See war vor 14 000 Jahren noch Land, eine Brücke zwischen Tschuktschen-Halbinsel und Alaska also vorhanden. Aber war sie wirklich *der* Weg für die zweifellos sehr zahlreichen Einwanderertrecks jener Zeit? Zwei Faktoren komplizieren eine so naheliegende, positive Antwort.

Das eiszeitliche Nordasien war für damalige Menschen vom Ural bis zum Pazifik mehrfach von unüberwindlichen, von Süden nach Norden verlaufenden Hindernissen durchtrennt. Das begann im Westen mit den Sumpfniederungen des Ob, von denen sogar eine zeitweilige völlige Überflutung angenommen wird (Abb. 2). Das wiederholte sich am Jenissei, an der gewaltigen Wasserführung der Lena und schließlich nochmals an Indigirka und Kolyma. Wie der schwedische Forscher Carl H. Lindroth fand, besteht für die Verbreitung einer zirkumpolaren geflügelten Insektenart (die Carabide Elaphus lapponicus) eine ausgeprägte Lücke von Finnland bis hin zur Lena, während diese Art offensichtlich von ihrer Heimat Nordeuropa aus auch in das nördliche Nordamerika einschließlich Alaska Verbreitung fand (Abb. 3).

Nomadische Zuwanderer aus Nordasien hätten also große Umwege in Kauf nehmen müssen. Dagegen hätten es Trecks von den Nordhängen der zentral- und ostasiatischen Gebirgssysteme wesentlich leichter gehabt, die Landbrücke zu erreichen, sei es landeinwärts, wo sie die Flußhindernisse im jeweiligen Quellgebiet überwinden

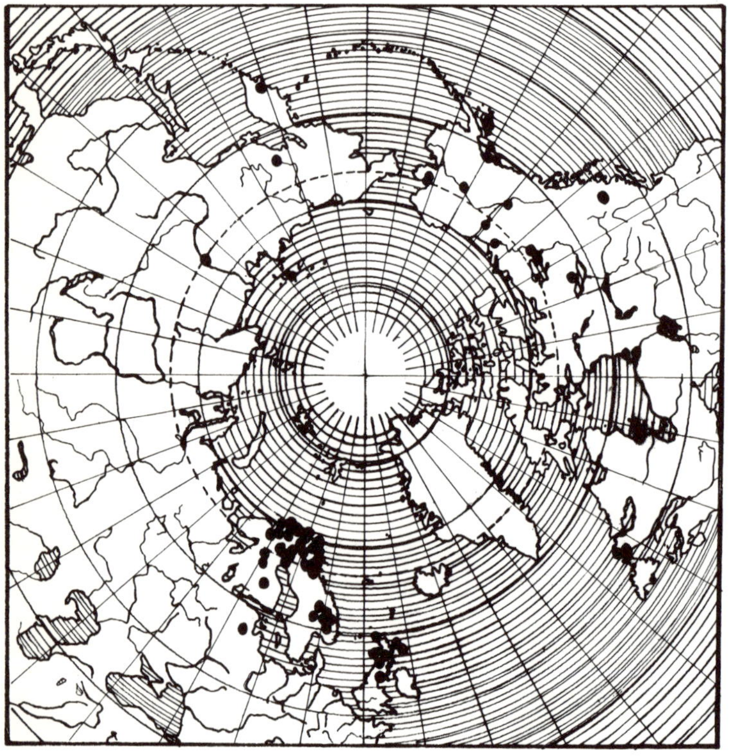

Carl H. Lindroth:

Die Verbreitung des Elaphrus lapponicus

einer geflügelten, zirkumpolaren Carabide (einer Art Mistkäfer) mit ausgeprägter Verbreitungslücke in Westsibirien. Vereinzelte Vorkommen in NO-Sibirien wanderten daher von Skandinavien über Grönland und Alaska bis zur Lena. Das war nur während der Eiszeiten möglich. (Abb. 3) konnten, oder nach einem relativ kurzen Durchbruch zur Küste an dieser entlang.

Dann aber wäre die rein-mongolische Abstammung der Alt-Amerikaner schon immer so eindeutig gewesen, daß die Vorstellung von einer autochthonen »Roten Rasse« weder Nahrung noch Glauben gefunden hätte. Denn schon 1739 hatte ein Maler namens Smibert, und viele Jahrzehnte später Alexander von Humboldt, von mongolischer Abstammung der Indianer gesprochen, aber, was die allgemeine Erkenntnis betraf, offensichtlich vergeblich. Lauter Widerspruch überspülte solche Ansätze. Heute ist die Wissenschaft zu der Einsicht gelangt, daß die Ureinwohner der beiden Amerika aus einer Mischung europäider und mongoloider Elemente hergeleitet werden müssen. Dann aber ist ihre Herkunft aus urmongolischen Lebensräumen wenig wahrscheinlich. Und wenn andererseits Sibirien als Durchmarschgebiet kaum noch wahrscheinlich ist, dann muß es eine Alternative zur Bering-Brücke gegeben haben!

Man wird an das Ei des Kolumbus erinnert, das den Genuesen beinahe genauso berühmt gemacht hat wie seine Idee, daß man auch ›andersherum‹ nach Indien gelangen könne. Denn diesem Ei kommt die simple Erkenntnis am nächsten, daß es für eiszeitliche Einwanderer ja eine feste, eine Quasi-Landverbindung zwischen Europa und Amerika gegeben haben muß. Wenn man sich auf den Karten unserer Geologen die Vereisungsgrenzen der letzten Eiszeit anschaut (Abb. 4), ergibt sich, daß Europa bis auf die Linie Wilna–Berlin–Hamburg–Hirtshals–Norwegen, und Amerika sogar bis zum 40. Breitengrad, also bis in ›unsere‹ Breiten von Lissabon und Neapel unter Eis begraben lagen. Ebenso wissen wir, daß die Ost- und die Nordsee bis auf den Grund ausgefroren waren, und wir können das gleiche auch von anderen Meeren vergleichbarer Tiefen annehmen, haben doch Forschungen in der Antarktis und in Grönland erwiesen, daß sich Eisstärken von (Grönland) bis zu 2000 und (Antarktis) sogar bis zu 4000 m Dicke bilden können. Auf die Spurenschrift der Moränenablagerungen angewiesen, die man heute nur auf Land oder in flachen Küstengewässern nachweisen kann, haben uns die Geologen wenig Aufschluß über die Eisdecken zwischen den Kontinenten gegeben. Es gehört aber nicht viel Phantasie, sondern nur ein wenig Nachsinnen dazu, um sich eine Vorstellung von den eiszeitlichen Verhältnissen zwischen der Alten und der Neuen Welt zu machen.

Hier gilt es zwei Überlegungen anzustellen: eine quantitative und eine qualitative. Beide erbringen uns außerordentlich interessante Aufschlüsse für unser Problem, wie der frühe Mensch sich die Neue Welt erschloß.

Wenn wir einen Blick auf die nördliche Vereisungskappe der letzten Glazialperiode werfen, so fällt zuallererst auf, um wieviel größer sie war als die unsere. Von neueren Polunterquerungen wissen wir, daß die heutige Eisdecke nicht sehr dick ist, ja, daß es sogar beträchtliche Löcher gibt, groß genug, um ein 5000-t-U-Boot auftauchen zu lassen. Diese Erscheinung ist vor allem darauf zurückzuführen,

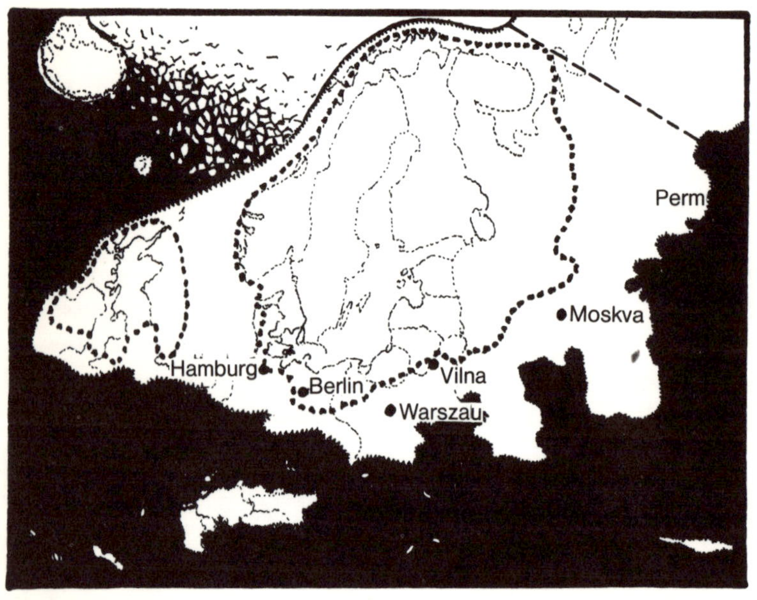

Die Eiszeiten in Europa

Ziemlich alte, im Detail ungenaue Darstellung maximaler Vereisung. Die innere Linie ist die Grenze der letzten Vereisung etwa 20000 Jahre vor der Zeitrechnung. (Abb. 4)

daß wir heute nur eine schwimmende Eisfläche haben, die wegen der höheren Wassertemperatur nicht unbegrenzt in die Tiefe wachsen kann, und die wegen der aus Temperaturunterschieden und Erddrehung resultierenden Nordmeerströmungen in ständiger Bewegung ist. Auf dieser Beobachtung beruhte ja Fridjof Nansens Nordpol-Expedition, bei der er sich mit seinem Forschungsschiff, der »Fram«, vom Eise einschließen und durch die Eisdrift, von einer Meeresströmung verursacht, quer über das Polfeld treiben ließ. Während der Glazialperioden ergab sich zweifellos ein anderes Bild. Das Meer geriet unter einen starren Eispanzer, der, von den Küsten ausgehend, durch ständige Gewichtszunahme von oben her im Laufe der Jahrzehntausende in immer größerer Tiefe Grundberührung bekam und daher die Meere unter dem schwimmenden Eise weiter einengte und folglich dem Eise über dem Wasser eine ständig zunehmende Starre und Stabilität verlieh. Man schätzt, daß nach der maximalen eiszeitlichen Absenkung des Meeresspiegels (um etwa 100 m) kompaktes Eis weitere 400 bis 500 m tief anstand. Auf diese Weise entstand eine feste Verbindung zwischen den Kontinenten, eine gigantische »Weiße Brücke«. Eine angenäherte Form derselben ergibt sich, wenn man die heutigen Tiefenlinien bei 600 m Meerestiefe nachzeichnet (Abb. 5).

Anhand der Endmoränen-»Protokolle« können wir das damalige Eis quer durch Europa verfolgen. Abb. 6 zeigt die maximale europäische Vereisung, welche vor etwa 20000 Jahren mit dann einsetzender Vermehrung der Wärmeeinstrahlung rückläufig wurde. Somit war z. B. die Halbinsel Kola vor etwa 25000 Jahren noch und vor etwa 15000 Jahren wieder eisfrei. Bemerkenswert ist an dieser Darstellung ferner, daß fast die ganze Südhälfte Englands und das europäische Rußland östlich der Süd-Nord verlaufenden Grenzlinie Moskau–Murmansk (und weiter ganz Sibirien) eisfrei waren. Die Nordsee war Land, dessen Küste sich von der Nordspitze Jütlands westwärts nach Schottland zog, und an dessen Tiefenunterschieden man noch die ehemalige Rheinmündung abzulesen vermag. Die bekannte Doggerbank war damals eine sanfte Höhe; später wurde sie zur Insel, und genau aus dieser Zeit könnte ihr

Abweichend von der vorhergehenden Abbildung waren die Halbinsel Kola, Nordnorwegen, Spitzbergen, Nordgrönland und Nordalaska entweder gar nicht oder nur kurze Zeit vergletschert. Vgl. auch Abb. 11a. (Abb. 5)

heutiger Name stammen. Wildpferde, wie sie der Mensch an die Höhlenwände von Niaux und Lascaux malte, zogen über die Nordseesteppe nach Westnorwegen und mußten dort bleiben, als das Meer zurückkam – heute nennt man sie »Fjordhester«.

Der Zug dieser Wildpferde in die norwegischen Fjorde fordert einen Augenblick nachdenklichen Verweilens geradezu heraus. Auch die Züchtung auf mehr Schönheit und Größe konnte die Wildpferdnatur dieser »Fjordinger« nicht verwischen: der dunkle Aalstrich von der Mähne über die Rückenmitte bis zum langen und dichten Schwanz, die Zebrastreifen an den Beinen, der starke Nacken, der kurze Kopf mit den breiten, knochigen Backenteilen, die Genügsamkeit und Winterhärte (Winterfell) und schließlich das ausdauernde Laufvermögen – mühelos 120 km täglich – verraten ein durch Jahrhunderttausende zu optimaler Anpassung gediehenes Steppentier – das von Natur aus in den Hochgebirgstälern der Fjorde nichts zu suchen hat! Wie also kam, warum blieb es? Schnappte eine Falle zu, weil die Meere sich vor etwa 8000 Jahren zu schnell auffüllten und den Rückweg versperrten? Oder hatte damals schon der Mensch seine Hand im Spiel?

Die Nordhälfte Englands, Irland, die Orkneys, die Färöer, Island, Grönland – das sind die weiteren Stationen der Vereisung. Allerdings wissen wir heute durch intensive Ausforschung der zirkumpolaren Tier- und Pflanzenwelt, daß es auch während der letzten Eiszeit entlang der Küsten eisfreie, wenn auch von Eis umschlossene »Refugien« für die pflanzliche und tierische ›Lebewelt‹ gegeben hat. Dazu trug sicherlich bei, daß das europäische Nordmeer – zwischen Island, Spitzbergen, Grönland und Norwegen – in zwei Bekken große Tiefen aufweist, deren wärmere Wassermassen eine starre und beständige Eisdecke in der Regel nicht zuließen.

Bemerken wir aber, ehe wir Europa verlassen, eine Anomalie: Die genau (und ausgerechnet!) nach Norden verlaufende Eisgrenze Moskau–Murmansk, und das vor dieser Front eisfreie Sibirien, eisfrei bis hin zur Bering-Brücke!

Ganz anders traf die Vereisung das nördliche Nordamerika. An der Atlantikküste stand sie deutlich weiter südlich, entsprechend etwa der Lage unserer gleichfalls vergletscherten Alpen. Landeinwärts aber schwang die Eisfront nochmals weit nach Süden bis fast zum 40. Breitengrad, einer Linie also, der bei uns Lissabon, in Asien Ankara und Peking entsprechen. Wir machen dafür einmal das kältere Inlandklima und außerdem die den Rocky Mountains vorgelagerten Hochflächen und diese selbst verantwortlich. Die Stärke des Eispanzers hat dabei vielfach 2000 m erreicht.

Ein Rückblick auf Abb. 2 enthüllt auch hier eine Anomalie: Alaska – und insoweit auch die Aleuten – war an der Südküste (dies ist kein Druckfehler!) vergletschert, die nördlichen Dreiviertel des

Wildpferdkopf. Höhle von Niaux (Pyrenäen), mittleres Magdalénien (etwa 20–15 000 v. d. Zr.)

Kopf eines Fjording; eine Pferdeart, die es bis vor 100 Jahren nur noch in den Fjorden Westnorwegens gab; heute in ganz Nord- und Mitteleuropa verbreitet.

Landes dagegen nicht! Wir werden uns später etwas eingehender darüber wundern, hier nur ein naheliegender Gedanke: Wenn man damals dem Laufe des Yukon quellwärts folgte, dann ergaben sich in einer Höhe von wenig mehr als 1000 m Meereshöhe direkte Durchlässe nach Süden hinunter in Gebiete, die von wärmeren Meeresströmungen bis hin zu den vergletscherten Zentralmassiven zumindest im Sommer eisfrei gehalten wurden. Wenn auch eine präzise örtliche Festlegung noch nicht erarbeitet wurde, so ist sich die Forschung doch darin einig, daß es einen solchen eiszeitlichen, von Nord nach Süd verlaufenden Korridor durch das Eis hindurch gegeben haben muß.

Damit sind wir wieder bei den ersten Menschen der Neuen Welt. Was mochte sie bewogen haben, von weither hierher zu kommen und noch immer keine Ruhe zu geben? All unser Wissen zusammengenommen ist zu lückenhaft für eine jetzt schon gültige Antwort. Aber wir wissen immerhin zwei Dinge:

Diese steinzeitlichen Jäger waren so zahlreich, daß sie in verhältnismäßig kurzer Zeit einen wesentlichen Teil der einheimischen Fauna auszurotten vermochten – das Wildpferd, das Mammut, das Mastodon, das Urkamel und, natürlich, als viel leichtere Beute, das Riesenfaultier. Und das auf dem ganzen weiten Doppelkontinent. Auch der Tote von Palli Aike hatte zuvor ein Wildpferd erlegt.

Diese Tatsachen verdienen, daß man über sie nachdenkt. Es erscheint unbegreiflich, daß einige Tausend oder Zehntausend, ja selbst Hunderttausende von Steinzeitjägern alle diese Tierarten in nur 20000 Jahren derart dezimiert haben sollen, daß die Geburtsrate schließlich nicht mehr ausreichte, die Verluste zu ersetzen. Es gibt jedoch vergleichbare Vorgänge in Nordeuropa. Darüber später mehr. Im gegenwärtigen Stadium unserer Studie sei lediglich festgehalten, daß die Zahl der Zuwanderer groß gewesen sein muß. Und das hatte zur sicheren Folge: die Zugangswege waren bekannt, sie wurden von weiteren Trecks nicht zufällig, sondern gewollt und mit Umsicht genutzt, und auch die zunächst irgendwo ›Daheim‹-Gebliebenen erhielten durch gelegentliche Rückkehrer Kunde von den neuen Jagdrevieren. So gab es immer neuen Zuzug.

Und zweitens weiß man: Alle je in den beiden Amerika gefundenen steinzeitlichen Menschen waren schon Cro-Magnon-Menschen, unsere unmittelbaren Vorfahren also. Das ist gar nicht so selbstverständlich, wie es sich liest! Denn – wenn wir den ersten Menschen auf dem amerikanischen Schauplatz der Menschheitsgeschichte schon jetzt, nach nur bisherigen Funden, rund 30000 Jahre zubilligen müssen, dann bescheinigen wir ihnen eine annähernde Gleichzeitigkeit mit der Invasion des gleichen Menschentyps in das eiszeitliche Europa! Wir nennen diese Zeit vor 40000 bis 50000 Jahren das Aurignacien. Woher auch immer er gekommen sein mag, der Cro-Magnon-Mensch erschien an so weit voneinander entfernten Schauplätzen wie Amerika und Europa, Afrika und Australien sozusagen gleichzeitig. Das legt den Schluß nahe, daß der neue Menschentyp weniger reviertreu war als sein Vorgänger, den wir den Neandertaler nennen, und der sehr bald von der Bildfläche verschwand. Ein Menschenschlag, der in relativ kurzer Zeit den ganzen Erdball durchdrang, für den konnte Reviertreue als Verhaltensweise keine entscheidende Bedeutung haben.

Der Cro-Magnon-Mensch – so genannt nach dem Fundort an der Vezére unweit Les Eyzies de Tayac – war offenbar aufgrund höherer Intelligenz im Besitz besserer Technik und besserer Kommunikationsmittel (Sprache!). Das half ihm, den Kampf ums Dasein überlegen zu meistern und, als Folge davon, den Nachwuchs besser und mit größerem numerischen Erfolg aufzuziehen. Vermehrte intellektuelle Neugier schuf den weltoffenen, den nomadischen Menschen, mehr Nachkommenschaft half dabei, einmal Gewonnenes zu halten.

Was den Jäger nordeuropäischer und westsibirischer Wälder und Tundren zuerst auch auf die Weiße Brücke hinauslockte, war sicherlich die Leichtigkeit, mit der er dort den Nahrungsbedarf auch für größere Sippen und Gruppen befriedigen konnte. Neugier und Jagdglück reizten zu immer weiteren Streifzügen. Wenn dabei dann rein zufällig auch Amerika ›entdeckt‹ wurde, dann war das so wenig beabsichtigt wie 30000 Jahre später.

Mit den Jahrtausenden der Altsteinzeit, die vergingen, wurde auch der Cro-Magnon-Mensch seßhafter. Gegen Ende der Eiszeit änderten sich die Lebensbedingungen für den Menschen diesseits der Weißen Brücke, und daraus ergaben sich neue, starke Beweggründe zum Marsch über das Meer. Wenn aber die Folgerungen der Forschung zutreffen und die vorkolumbischen Völker aus einer Mischung europäider und mongoloider Elemente hergeleitet werden müssen (und dies Buch wird dafür erstmals handfeste Beweise vorlegen!), dann war die Weiße Brücke keine bloße Alternative zur Bering-Brücke: Dann lebten die Zuwanderer vorher in Europa selbst, am Brückenkopf der Weißen Brücke also, und damit war der 2500 km lange direkte Weg nach Nordalaska neben allen anderen Vorteilen auch noch gut 3000 km kürzer!

Entlang der europäischen Verankerung der Weißen Brücke finden die Forscher Zeugnisse menschlichen Lebens während der Eiszeit, und es ist längst gesichertes Forschungsergebnis, daß bei diesen Funden von Frankreich bis nach Sibirien hinein eine erstaunliche Übereinstimmung besteht. Wir können daraus schließen, daß der Steinzeitmensch seine Jagdzüge bis an den Rand des Eises vortrieb. Daß ihm das Eis vertraut war. Dies findet seine Erklärung in den Gewohnheiten des Wildes, dem der Jäger folgte. Alle Arten Wildes subarktischer oder alpiner Zonen wandern im Sommer dem weichenden Schnee nach. Der Grund dafür ist der hohe Eiweißgehalt des sommerlichen Grüns, das spät aufkeimt und schnell an Masse gewinnt. Das Mutterwild, das gerade im Sommer einen hohen Eiweißbedarf hat, macht weite Wanderungen, um an dies wertvolle Futter zu kommen. Wir können daher aus der Beobachtung etwa der Rene und Elche schließen, daß auch die eiszeitlichen Wisente, Urrinder und Wildpferde im Sommer Hunderte von Meilen eiswärts wanderten, um das frische Grün zu finden. Der Jäger hatte ihnen zu folgen.

Da, wo Land und Eis zusammenstießen, hörte tierisches Leben auf dem Eise bald auf. Denn tierisches Leben auf arktischem Eise bedarf des offenen Wassers zur Nahrungssuche. Offenes Wasser aber gab es innerhalb der Weißen Brücke nur ausnahmsweise. An den südlichen Rändern hüben wie drüben dagegen in Hülle und Fülle.

An den beiden Schnittpunkten zwischen Land, Meer und Eis, die sich in Nordwest- und in Nordosteuropa ergaben, stieß der dem Herdenwild folgende Jäger zugleich auf die subarktische und arktische maritime Fauna mit ihrem Reichtum an Robben, Walrössern, Seekühen, See-Elefanten. Mit anderen Worten: während im Innern der Eisbrücke kein Anreiz zu tieferem Eindringen geboten wurde, lockte leichtes Jagdglück an den Nahtstellen zwischen Land, Eis und Meer den Jäger schnell auf die Weiße Brücke. Hier sei auch bedacht, daß dies naturgemäß im Sommer geschah, denn nur im Sommer folgte das Herdenwild dem frischen Grün eiswärts, und nur im Sommer tummelten sich die Robben und Walrösser in Herden zwischen Eis und Meer, wo sie ihre Jungen aufzogen und für den nächsten Winter fit machten. Wir können uns recht klare Vorstellungen von dem außerordentlichen sommerlichen Reichtum dieser halbmaritimen, arktischen Fauna machen, wenn wir uns vergegenwärtigen, wie groß umgekehrt der Nahrungsreichtum war, der diesen Meeressäugern zur Verfügung stand. Alle diese Dickhäuter leben von Fischen und Plankton, und beides findet sich in großer Fülle immer dort, wo warme und kalte Meereswasser zusammentreffen. Genau dorthin fahren noch heute unsere Fangflotten. Während der Eiszeit aber hätte es keiner großen Anmarschwege bedurft: Der Golfstrom, der heute weit nach Norden auseinanderfächert, stieß sich schon bald an der kompakten Eisbarriere und schob sich an ihr entlang auf die französisch-iberisch-nordafrikanische Küste zu, und mit ihm das, was den Robben den Tisch deckte: Fische und Plankton in unübersehbaren Mengen.

Für den Steinzeitjäger gab es kaum eine leichtere und lohnendere Jagd als das Erlegen dieser Tiere. Sie waren leicht zu überrumpeln, auf Land oder Eis behindert in ihrer Bewegung und zu schneller Flucht unfähig. Die Fleisch- und Fettausbeute war hervorragend. Wahrscheinlich beachteten die Tiere einen einzelnen Jäger kaum, und selbst das Schlagen einer Robbe löste anfangs noch keine allgemeine Flucht aus. In dem Maße allerdings, wie größere und zahlreiche Gruppen von Jägern in die weiße Welt der Robben eindrangen, wurde der Mensch zunehmend als Feind erkannt und möglichst frühzeitig die Flucht ergriffen. Dieser Umstand lockte die Jäger immer weiter hinaus, denn weiter draußen gab es noch arglose Tiere und damit leichtere Beute, die den weiteren Weg lohnte.

Und vergessen wir nicht: all dies geschah während der Sommermonate, in strahlendem Sonnenschein, bei langen Tagen und kurzer Nacht, auf einem Eise, das durch die Luftwärme glatt und schlüpfrig war und daher zur Verwendung von Schlitten ermutigte. Verglichen damit ist die dem Eskimo heute nur im Winter mögliche Jagd schwerste Mühe. Allein die Pflege der Gleitfähigkeit seiner Schlitten, durch die schneidende Kälte gleich Null, erfordert ständige Arbeit. Aber gerade der Gedanke an den Eskimo hilft uns erneut weiter. Wir wissen natürlich nicht, ob es damals schon Eskimos gab. Eigentlich spricht nichts dagegen. Aber die normalen Marschleistungen des Eskimos während eines arktischen *Winters* lassen doch Vergleiche auf die möglichen Marschleistungen der eiszeitlichen Jäger während eines nördlichen *Sommers* zu. Die Wanderungen des Eskimos sind einmal von dem Wechsel der Jagdmöglichkeiten, von Fischen zu Robben und Füchsen oder Bären, zum anderen von seinem Geselligkeitstrieb bedingt. Es macht ihm nichts aus, zwei- oder dreihundert Meilen über das Eis zu wandern, um Freunde oder Verwandte zu besuchen. Der schon erwähnte Gontran de Poncins, der in den dreißiger Jahren einen Winter unter Eskimos verbrachte, berichtet, daß er – trotz langer Zwischenaufenthalte auf den Stationen und in Eskimolagern – während dieses einen Winters mehr als 1500 Meilen zu Fuß und mit Schlitten zurückgelegt habe. Dabei ist zu bemerken, daß die Benutzung des Schlittens sich im allgemeinen auf den Transport des Gepäcks und Geräts beschränkte, während er – meist im Laufschritt – das Hundegespann auf der richtigen Spur zu halten hatte. Wir entnehmen dieser Erzählung zwei wichtige Fakten: 1. daß der Mensch auch ohne zwingende Gründe die Neigung hat, große Entfernungen zurückzulegen; und 2. daß dem Eskimo eine tägliche Marschleistung von 30 bis 40 Meilen selbst im arktischen *Winter* keine besondere Anstrengung bedeutet. Wenn wir diese Beobachtung auf den Jäger der ausgehenden Eiszeit, dessen große Lauffähigkeit in vielen Felsbildern beredten malerischen Ausdruck gefunden hat, ausdehnen, dann können wir folgern, daß eine Überquerung der Weißen Brücke theoretisch in 60 Marschtagen, praktisch in rund drei Monaten zu bewältigen war. Und diese drei Monate waren zugleich Zeiten eines einmaligen Jagdglücks. Dabei war die erste Etappe zugleich die längste ohne ›landmark‹, hernach wurden die Abstände von Landpfeiler zu Landpfeiler immer kürzer. Das ist nicht ohne Gewicht: Hatte man die Erfahrung »Drüben ist ja auch Land!« erst einmal gemacht, dann ging man die nächste Strecke um so unverdrossener an.

Auch außerhalb der Verlockungen der Weißen Brücke selbst entstanden Faktoren, die ein Abwandern begünstigen mußten. Im eiszeitlichen Europa und Asien hatte sich allenthalben der Cro-Magnon-Mensch durchgesetzt. Am Ausgang der Eiszeit und gegen Ende der älteren Steinzeit war die menschliche Bevölkerung der großen erkennbaren Kulturzentren nicht nur zahlreicher, sondern auch erfinderischer, beweglicher und weltoffener geworden, und sie hatte sich zweifellos schon in weit größeren Zusammenhängen organisiert als zuvor. Zugleich blieben Menschen außerhalb dieser Kerngebiete kulturell und organisatorisch zurück; wir haben ja selbst in unserer eigenen Zeit noch Volksstämme, die wie die Eskimos, die Jakuten u. a. m. auf wenig mehr als Steinzeitstufe leben.

Wir wissen nun, daß der Mensch sehr bald nach dem Ende der Eiszeit – zuerst in Vorderasien – zum Ackerbau fand und dadurch den Mangel an Wild ausglich, den das Ende der Eiszeit brachte. Wir wissen aber ferner, daß zwischen der Zeit des Jägers und der Zeit des Ackerbauers eine Periode des Hirten lag. Das Domestizieren des bisherigen Wildes noch in der Eiszeit selbst muß ja für die höher entwickelten Gemeinschaften sehr nahe gelegen haben, und tatsächlich zeigen schon die Felsmalereien manchen Hinweis auf den Fang lebender Tiere, und auch Andeutungen von Halfterung. Diese Bildung und Haltung von Herden ist auch an den Sahara-Felszeichnungen deutlich zu verfolgen. Zugleich aber muß diese Entwicklung zu den ersten kämpferischen Auseinandersetzungen zwischen den Menschen verschiedener, aber gleichzeitiger Entwicklungsstufen geführt haben, und zwar zwangsläufig:

Während die einen unter großen Mühen Herden von – z. B. – Urrindern domestizierten und hegten, sie gegen Raubzeug verteidigten, sie auf die fettesten Weiden trieben und im Winter geschützte Gegenden aufsuchten, machten die anderen, die Noch-Jäger, keinen Unterschied zwischen freiem und gehaltenem Rind und brachen frisch-fröhlich in die Herden der Hirten ein. Aus der Abwehr entstand der Kampf. Es ist daher wohl kein Zufall, daß erst aus dieser Zeit steinzeitliche Felszeichnungen von Kämpfen zwischen Menschengruppen berichten. Da die Hirten als die Fortgeschritteneren eine höhere soziale Ordnung gefunden hatten, waren sie wahrscheinlich in Zusammenhalt und Widerstand auf die Dauer die Stärkeren. Wir können folgern, daß sich nach Ende der älteren Steinzeit (und das ist ja zugleich gegen Ende der Eiszeit) eine Aussonderung der Menschen nach Jägern und Hirten ergab, und daß die letzteren die besseren Gegenden beherrschten und die ersteren abdrängten. Es ist klar, daß die solcherart Verdrängten sich teils nordwärts, teils in unzugängliche Gebirgsgegenden zurückzogen, ein Umstand, der sich heute noch an mancherlei Anzeichen ablesen läßt. Die Masse der Nicht-Hirten wird sich nordwärts gewandt haben.

Diese Gedankengänge erklären zweierlei zugleich: Erstens einen zusätzlichen Anreiz, ein von wachsamen und kämpferischen Hirtenvölkern beherrschtes Gebiet zu verlassen, und zweitens die Tatsache, daß es Jägervölker waren, die zuerst nach Amerika gelangten: Noch als die Spanier nach Amerika kamen, war die Masse der einheimischen Bevölkerung auf Jagd, Fischfang und das Sammeln von Muscheln und Früchten angewiesen. Neben einigen Hirtenvölkern gab es erst seit etwa 2000 Jahren, d. h. mit 6000 Jahren Verspätung gegenüber unseren vorderasiatischen Kulturen, Ackerbau.

Es ist ferner ein Charakteristikum frühen Hirtentums, im Wechsel der Jahreszeiten große Wegstrecken in nordsüdlicher oder – wie bei den Lappen – aus den tieferen in höher gelegene Weidegründe und zurück zu durchstreifen. Wir wissen aus unserer eigenen Geschichte, daß diese Hirtenvölker, die wir auch »Nomaden« nennen, schon in frühester Zeit als besonders kriegerisch und bedrohlich galten. Wir werden da an die Mongolenhorden des Dschingis Khan erinnert, denen zu Anfang unseres 13. Jahrhunderts die militärische Vernichtung des Islam und beinahe sogar die Unterwerfung Europas gelang, oder an die *Hyksos,* welche das Ägypten der Pharaonen unterjochten. Aus solchem Holze mochten jene geschnitzt sein, denen die weniger zahlreichen und weniger hochstehenden Jägerstämme der Alten Welt auswichen und in kleinen Gruppen schließlich über das Eis abwanderten. Vermutlich war es den Jägern von früheren Vorstößen über die Weiße Brücke schon bekannt, daß es ein Ende dieser Eiswelt gab, und daß man drüben wieder auf Land stieß. Denn war auch die erste Entdeckung der Welt jenseits des Eises ein Zufall, so kann man doch mit Sicherheit von der Annahme ausgehen, daß der Entschluß zur eigentlichen Einwanderung auf der vorherigen Kenntnis jenseitiger Lebensmöglichkeiten fußte. Die Art, wie der amerikanische Kontinent bei seiner Entdeckung und ersten Durchdringung besiedelt war, läßt hier eindeutige Rückschlüsse zu.

Es ist zunächst klar, daß die Notwendigkeit, sich auf dem Marsch über das Eis für eine Zeit von 3 bis 4 Sommermonaten aus dem »Lande« selbst zu versorgen, die gleichzeitige Bewegung großer Gruppen ausschließt. Hier konnten nicht Völker, sondern höchstens Sippen wandern, nicht Tausende, sondern höchstens einige Dutzend Menschen. Kamen diese Gruppen drüben an, dann wurden sie von der Weite des neuen Raumes verschluckt wie ein Stein, den man in einen Teich wirft. So war es immer wieder von neuem ein Unternehmen, ein Wagnis, wenn eine weitere Gruppe sich entschloß, die alte Freiheit der Jagdgründe auf neuem Boden zu finden. So sicher sie sein durften, daß Herden und Hirten ihnen dorthin nicht folgen konnten, so schwer fiel es ihnen wohl, sich aus der gewohnten Welt zu lösen. Die Tatsache, daß nur kleine Gruppen eine Überquerung unternehmen konnten, und die unermeßliche Weite des jenseitigen Kontinents erklären besser als alles andere, daß es so zahlreiche kleine und wenig zahlreiche Volksstämme in Amerika gab, die unabhängig voneinander lebten und in ihrer Entwicklung so verschiedene Wege gingen. Auch die Tatsache, daß im Norden selbst wenig Menschen blieben, sondern die meisten weit südwärts zogen, begünstigte eine weite Streuung mit der Folge, daß die einzelnen Gruppen, die sich schließlich zu Stämmen vermehrten, wenig Berührungsmöglichkeiten untereinander hatten. Daher die geringe gegenseitige Beeinflussung der Entwicklungen in kultureller und religiöser, in technischer und sozialer Hinsicht. Daher auch die äußerlich so großen Unterschiede in der sprachlichen Entwicklung.

Auf den ersten Blick ist man versucht, anzunehmen, daß die Einwanderungen in erster Linie von West-Europa her erfolgt sein müßten. Dafür spricht das reiche tierische Leben, dessen Grundlage der Golfstrom entlang der südlichen Weißen Brücke bildete. Trotzdem besteht hier die Möglichkeit eines Trugschlusses.

Wir sprachen bisher von der quantitativen Ausdehnung der eiszeitlichen Nordeiskappe; es ist an der Zeit, von der qualitativen Komponente dieses Phänomens zu sprechen, um einen Fehlschluß zu vermeiden.

Karte 6 veranschaulicht die heutige Vereisung des Nordpols zusammen mit den Vereisungsgrenzen der Eiszeit, soweit sie auf Land feststellbar sind, und auch soweit sie über die Meere hinweg vermutet werden können. Der Unterschied, der uns dabei auffällt, ist neben der quantitativen Ausdehnung die sehr unterschiedliche Verteilung des Eises. Die anschließende Karte 7 zeigt die Landmassen unter Eis, wiederum heutigentags und während der Eiszeit.

Wir haben diese Karten absichtlich mit dem heutigen Nordpol im Zentrum der Darstellung wiedergegeben, weil so deutlicher wird, wieviel geographisches Umdenken nötig ist, um sich die Verhältnisse während der letzten Eiszeit zu vergegenwärtigen. Zunächst einmal ist nicht einzusehen, warum die Vereisung auf der atlantischen Seite bis zum 40. Breitengrad heruntergereicht haben soll, während auf der entgegengesetzten Seite des Pols die Verbindung der küstennahen Endpunkte des Kontinentaleises – Kola und Nordalaska – eine Linie ergibt, die kaum den 80. Breitengrad überschreitet. Wenn verminderte Sonneneinstrahlung allein die Zunahme des Poleises bewirkt haben soll, dann können nicht derartige Differenzen (40° = 4440 km! – das ist die Entfernung vom Nordkap nach Capri) aufgetreten sein. Da sie aber nachweislich bestanden, bleibt nur die

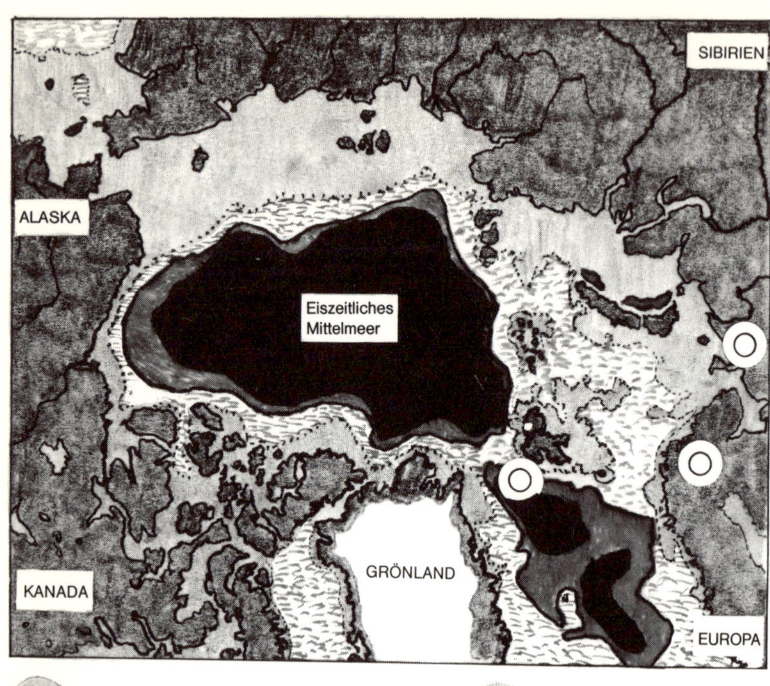

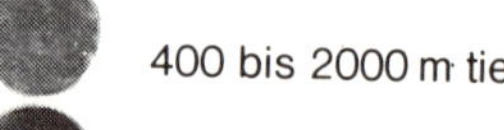

unter 2000 m tief

Folgende Beobachtungen verdienen Beachtung: (Abb. 6)

1. Fundstellen markieren bereits den halben Weg auf der Weißen Brücke.
2. Das Absinken des Meeresspiegels vergrößerte das heute 300 km lange Spitzbergen zu einem 750 km langen Brückenpfeiler.
3. Von russischen Forschern dort entdeckte Felszeichnungen, ein Ren und ein WAL (!) beweisen unsere These von dem Jagdparadies auf der Weißen Brücke.
4. Die Tiefen des eiszeitlichen Mittelmeeres und des Nordmeeres verhinderten durch Austausch von relativ wärmerem Wasser aus der Tiefe eine starre Vereisung – nur wo das Meer weniger als 400 m tief war, ergab sich eine permanente Brücke.
5. Der äußerste Norden Grönlands ist sogar heute noch nicht vergletschert!
6. Vor allem: Die Lücken zwischen den eiszeitlichen Küsten Nordnorwegens und Spitzbergens und Grönlands waren sehr viel schmaler als heute!

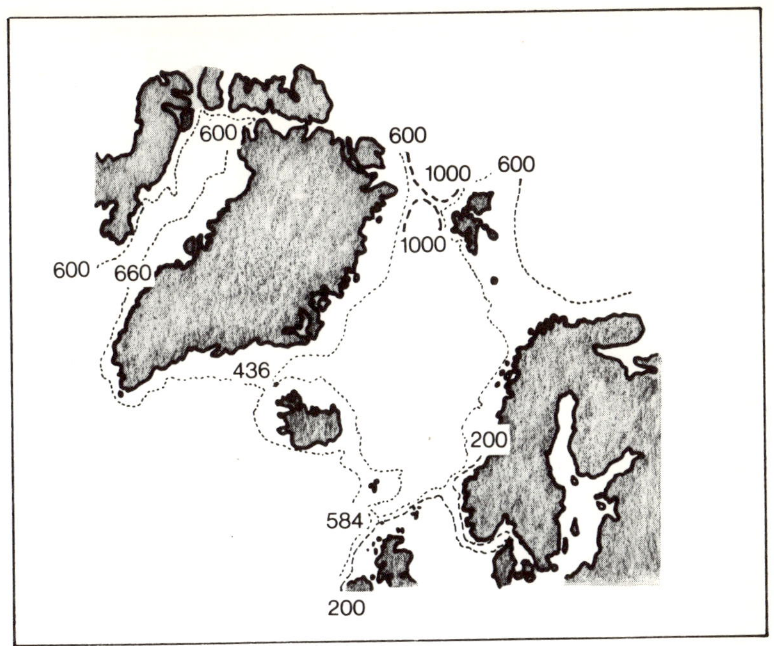

(nach Lindroth)

»Die Fundamente der >Weißen Brücke<«
zwischen Nordeuropa und Grönland:
Unterseeische Bergketten, die bis auf 200 – 500 m an die eiszeitliche Meeresoberfläche heraufragen. (Abb. 7)

Schlußfolgerung, daß ›unser‹ Nordpol nicht identisch mit dem Nordpol (und natürlich auch nicht mit dem Südpol) der Eiszeit ist!!

Die zweite Karte macht das noch deutlicher. Hier sehen wir, wie wenig Landmassen heute vereist sind, während vor 12000 Jahren große Teile Europas und Amerikas unter bis zu 3000 m dicken Eisbergen begraben waren. Unsere Wissenschaftler haben im Geophysikalischen Jahr 1958 umfangreiche Forschungen mit dem Schwerpunkt Antarktis durchgeführt. Ein gewisses Augenmerk galt dabei den geophysikalischen Gewichtsverhältnissen am Südpol, die das besondere Interesse der Physiker weckten, weil der antarktische Kontinent nicht konzentrisch, sondern exzentrisch um den Pol herum gelagert ist. Welche Bewandtnis es damit hat, mag ein Beispiel erläutern:

Im Jahre 1908 erlebte die südliche Sahara einen ungewöhnlich heftigen Sandsturm, der gewaltige Sandmassen so hoch hinauf wirbelte, daß sie in die Stratosphäre gelangten. Der dadurch verringerten Schwerkraft war es zuzuschreiben, daß diese Sandmassen jahrelang die Erde umkreisten und bei klarem Wetter in den Abendstunden als gelbrote Wolke am Himmel standen. Ähnlich wie unsere modernen Satelliten hatten sie jedoch eine beschränkte Umlaufzeit, und im Jahre 1911 senkten sie sich wieder zur Erde. Ein Zufall wollte es, daß sich fast die gesamte Sandmenge auf Dänemark ergoß und dieses Land mit einer fast gleichmäßigen, 10 mm starken Sandschicht bedeckte. Das gab schon damals den Geophysikern Anlaß zu Berechnungen der Wirkung einer so einseitigen Gewichtsanlastung auf die Erdachse. Das Ergebnis dieser Berechnungen war gewiß nicht aufregend: Eine Verschiebung der Pole um 12 m wäre die Folge, verkündete man, wenn die Erde eine vollendete Kugelgestalt hätte. Da das nicht der Fall sei, genüge die zusätzliche Last nicht, um die stabilisierenden Kreisel-Kräfte auszuschalten, welche durch den größeren Erddurchmesser am Äquator gebildet werden.

Nun, so wenig praktische Wirkung der Saharasand auf die Erdachse hatte, so stark sind die Bedenken der Wissenschaft bezüglich der gigantischen Eisgewichte, die an der Statik des Südpols zerren. Wie die Abbildung 8 zeigt, liegen fast drei Viertel der antarktischen Landmassen auf der einen, und nur ein gutes Viertel auf der entgegengesetzten Erdhälfte (d. h. praktisch 2/4 der Gesamtoberfläche sind exzentrisch!). Und ganz zweifellos liefert ein halber, belasteter Kontinent von 2000 m dickem Eis eine andere Gewichtsanlastung als die 10 mm Saharasand auf Dänemark. Hinzu kommt, daß sich die Gewichtskräfte am Südpol Jahr für Jahr vermehren; denn was immer an Schnee fällt, bleibt liegen und wird unter dem Druck des nachfolgenden zu Eis. Folglich muß man damit rechnen, daß irgendwann einmal die exzentrischen Kräfte am Pol die zentrifugalen Stabilisierungskräfte am Äquator übertreffen. Dann müßte die Erdachse derart auspendeln, daß die antarktischen Landmassen ungefähr zentrisch um den neuen Pol herum liegen. Einziges Hindernis: das im Norden gelagerte Gegengewicht GRÖNLAND!

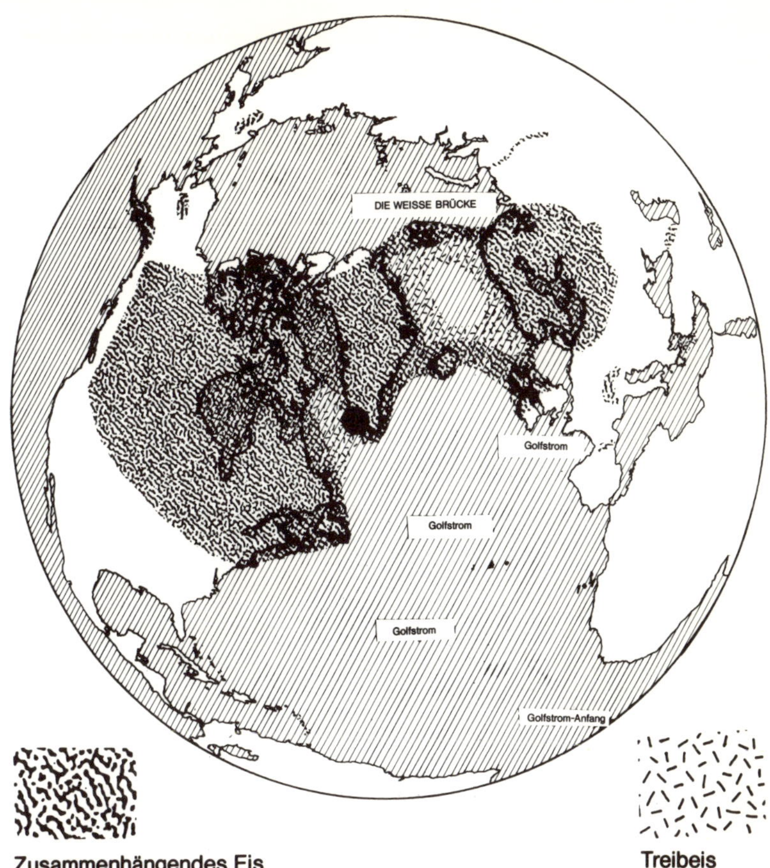

Die Vereisung der Nordhälfte der Erde

Mit einem in Südgrönland angenommenen Nordpol, zugleich ungefährer Mittelpunkt der Vergletscherung. (Abb. 8)

Ziehen wir nun die sich am Südpol abzeichnenden Möglichkeiten unserer Zeit zum Vergleich heran, um die während der letzten Eiszeit um den Nordpol herrschenden Verhältnisse zu beurteilen, so drängen sich Beobachtungen und Folgerungen von großer Tragweite auf. Hatte uns schon die gleichmäßige Sonneneinstrahlung an der Möglichkeit derartiger Differenzen in der Ausbreitung des Eises zweifeln lassen, so ergeben die Gesichtspunkte der Gewichtseinwirkung noch stärkere Argumente für eine andere Lage des Nordpols während der Eiszeit, d. h. während der Zeit, da die Vorfahren des Menschen von Palli Aike amerikanischen Boden betraten. Da schwimmendes Eis keinen unmittelbaren Gewichtsdruck auf die Erdachse ausüben kann, gewinnt die Verteilung der unter Eis begrabenen *Land*massen noch mehr an Bedeutung. Tatsächlich liegen nämlich die Landmassen der letzten Vereisung *heute* alle auf der atlantischen Erdhälfte, und sowohl ihre damalige Ausdehnung wie die Höhe ihrer glazialen Vereisung übertreffen bei weitem die heutigen antarktischen Entwicklungen. Andererseits wissen wir, daß große Teile des heute arktischen Alaska in der Eisheit, d. h. trotz der größeren Gesamtausdehnung des Eises und trotz der geringeren Sonnenwärme, *nicht* vereist waren! Das gleiche gilt von Sibirien. Die heute kältesten Gebiete Nordasiens (einschließlich des absoluten Kältepols bei Jakutsk) hatten paradoxerweise während der Eiszeit nicht etwa ein noch kälteres, sondern ein wesentlich milderes Klima! Wir wissen das ganz genau.

Diese genaue Kenntnis stammt von den sattsam bekannten Mammuts, die man im Norden Sibiriens in gefrorenem Zustand gefunden hat, und deren Fleisch noch frisch und genießbar war, weil sie aus rätselhaften Gründen nicht nur einen gewaltsamen und plötzlichen Tod gefunden haben, sondern auch gleichzeitig blitzartig tiefgefroren wurden. Schon die Tatsache, daß elefantengroße Tierkolosse mit einem Futterbedarf von etwa 6 Zentnern täglich gefunden wurden, deutet auf eine sehr üppige Vegetation, die nur in milderem Klima denkbar ist. Einige der gefundenen Mammuts, die in Gegenwart von Wissenschaftlern freigelegt wurden, hatten noch Futterreste im Maul, und unter Gräsern und Laub fanden sich gut erkennbare Blätter von Löwenzahn. Solches Futter findet sich heute, 10000 Jahre *nach* der Eiszeit, *nicht* in der Umgebung der Fundstätten. All dies führt geradezu zwingend zu dem Schluß, daß der eiszeitliche Nordpol eine wesentlich andere Lage gehabt haben muß als der heutige. Die annähernde Antwort auf die Frage, wo er denn nun wohl gelegen habe, hat keine geringe Bedeutung für unser Problem der Überquerung der Weißen Brücke.

Wir wissen seit Georg Wegener, dem deutschen Geologen und Urheber der Kontinentalverschiebungs-Theorie, daß der Erdball und seine – am Inhalt gemessen relativ – dünne Kruste keine starre, sondern eine höchst plastische und bewegliche Hülle darstellt. Angesichts der außerordentlich geringen Umdrehungsgeschwindigkeit – nur einmal in 24 Stunden – wird es leicht zu verstehen sein, daß unser Weltkörper, der sich von selbst immer wieder in einen Gleichgewichtszustand auspendelt, an und für sich auf einseitige Belastungen verhältnismäßig empfindlich reagiert.

Wenn wir nun die Karte der Landmassen unter dem Eise der letzten Glazialperiode genauer studieren, dann findet der abschätzende Blick etwa im südlichsten Teile Grönlands den wahrscheinlichsten Schwerpunkt.

Wir werden unsere Erörterungen an diesem Punkte später wieder aufnehmen, denn zu mächtig ist in diesem Augenblick die Versuchung, einen Blick auf das Geschehen beim Ende der Eiszeit zu werfen. War alles bis hierher nüchterne Überlegung und trockene Abstraktion, so kommt es mit dem Weiterverfolgen der bisherigen Gedankengänge zu geradezu dramatischen Folgerungen zur Erhärtung unserer These von der Weißen Brücke und zu verblüffenden Erklärungen für eine Reihe von Geschehnissen, die bis heute noch ein Rätsel bleiben mußten.

Wenn wir von der Annahme ausgehen, daß der Nordpol während der Eiszeit im südlichen Teil Grönlands gelegen hat, dann entsprach dieser südlicheren Lage des Nordpols eine genau entsprechende nördlichere des damaligen Südpols. Mit anderen Worten, die Landmassen des antarktischen Kontinents lagen noch weit exzentrischer zur Erdachse als heute. Als Folge der geringeren Sonneneinstrahlung, die ja für die südliche Erdhälfte genauso zutraf, mußte auch dort die Eislast von Jahrtausend zu Jahrtausend relativ schwerer geworden sein. In dem Augenblick aber, in dem eine wieder verstärkte Sonneneinstrahlung das Ende der Eiszeit bewirkte, ergaben sich für Nord- und Südpol Entwicklungen mit sehr unterschiedlichen Auswirkungen. Während der Antarktisblock praktisch intakt bleiben konnte, brachen im Norden zunächst einmal *die* Eismassen auf, die, den Landmassen vorgelagert, bis in einige hundert Meter Tiefe auf dem Meeresgrund auflagen. Denn nur, solange genügend Gewicht oberhalb der Wasserlinie sie hinabdrückte, blieben sie liegen – Eis ist ja leichter als Wasser. Wo immer dieses Übergewicht schwand, riß sich das Grundeis los und tauchte auf – und verlor in der gleichen Sekunde sein geophysikalisches Gewicht. Die unmittelbare Wirkung dieses Vorgangs bestand einmal in einer Vielzahl von Flutwellen, welche vor allem die nördlichen Ozeane von einem Ufer zum anderen durcheilten, und zum anderen in der raschen Zerstörung der Weißen Brücke. Was sie westwärts überquert hatte, konnte nie mehr zurück; weitere Abwanderungen der nördlichen Jägervölker waren unmöglich; Ultima Thule wurde zu einer SAGA.

Die mittelbaren Wirkungen waren von noch größerer Gewalt. Die Entlastung der Kontinentsockelränder vom Grundeis leitete ein Auftauchen der Landmassen ein, das bis heute noch nicht zum Stillstand gekommen ist. An den Steilküsten gab das Eis den Fels frei. Die Sonne der langen nördlichen Sommer erwärmte den Fels und beschleunigte das Abtauen des Eises. Jede Beschleunigung des Gewichtsverlustes im Norden erhöhte aber den relativen Druck auf den Südpol.

Eine solche Beschleunigung ergab sich ferner auch aus dem Wandel der Strömungsrichtung des Golfstroms. Wir erinnern uns, daß der Golfstrom während der Eiszeit an der atlantischen Eisbarriere seine Grenze fand. Wohl war er dadurch einer stärkeren Abkühlung ausgesetzt als heute, wohl mochte er eine niedrigere Ausgangstemperatur haben – aber auf der anderen Seite war sein Weg nur halb so weit wie jetzt: er endete damals in der Bucht von Biskaya, und nicht erst, wie heute, am Nordkap. Seine Abkühlung war also eine geringere. Wir ahnen heute, daß es diese eiszeitliche Zwangslage des Golfstroms war, welche zwischen Pyrenäen, Alpen und Nordeis jene warme Enklave schuf, in der die Höhlenmaler von Niaux, Lascaux, Rouffignac, Altamira oder Bedeilhac lebten, welche ferner die westafrikanische Sahara zu einem regenreichen und daher fruchtbaren Gebiet machte, welche die Meerenge von Gibraltar durch eine riesige Nehrung schloß, da die Regenwinde des Golfstroms jenes

Niederschlagsgefälle zwischen Atlantik und Mittelmeer aufhoben, das heute 200000 cbm/sec Atlantikwasser in letzteres einströmen läßt. In dem Augenblick aber, in dem das schwimmende Packeis vor den Küsten aufbrach, drang der Golfstrom kraft seiner durch die Erddrehung nordwärts tendierenden Schwere an die freiwerdenden Küsten. Er beschleunigte nicht nur das Aufbrechen des küstennahen Grundeises, sondern auch das Auftauen des Landeises. Seine Regen zerstörten die glatte Eisoberfläche, und die so vergrößerte Fläche bot dann den Sonnenstrahlen um so mehr Angriffsfläche. Wer den Norden kennt, weiß auch, welche enorme Rolle die Verschmutzung dabei spielen kann. Solange Eis im Werden ist, wird jede Verschmutzung überdeckt und das Eis strahlend weiß. Sobald das Eis sich jedoch im Rückgang befindet, wird die alte Verschmutzung wieder frei und die neue nicht mehr überdeckt – jeder kleinste Schmutzfleck aber ist, wie die Erfahrung zeigt, Mittelpunkt einer rasch zunehmenden Erwärmung.

Der Abschmelzungsvorgang des Inlandeises hat alles in allem rund 15000 Jahre gedauert. In dieser Zeit schmolzen 1500 m dicke Eispanzer im Schnitt mit 10 cm im Jahr. Der Meeresspiegel stieg um 100 m, d.h. 7 mm jährlich. Der tatsächliche Ablauf weicht jedoch von diesen mittleren Werten ab. Es begann sehr langsam etwa 20000 Jahre vor unserer Zeitrechnung, erst um 12000 kam mehr Fahrt in das Geschehen. Von 10000 bis 7000 v. Chr. ergab sich die größte Beschleunigung; was danach übrigblieb, waren Reste. In jener Zeit stieg das Meer erheblich schneller, und das Inlandeis gab Jahr für Jahr einen bis zu 300 m breiten Streifen Land frei. An seiner Oberfläche nahm es nicht mehr nur um die oben erwähnten 10, sondern um 50 cm und mehr ab.

In Zahlen ausgedrückt ergab sich für Europa eine jährliche Abschmelzung von 360000 Megatonnen (1 MT = 1 Millionen Tonnen) an den Randzonen, und 1,5 Billionen Megatonnen von der Eisoberfläche. Da in Nordamerika wegen der erheblich größeren Oberfläche etwa das Dreifache zu Wasser wurde, ergab die jährliche Summe der Gewichtsverringerung im Norden rund 6 Billionen Megatonnen, und das einige tausend Jahre lang.

Die eiszeitlichen Küsten Europas bei 100 m Absenkung des Meeresspiegels. Durch starke Gletscherabflüsse stieg das Kaspische Meer dagegen an und vergrößerte sich entsprechend. (Abb. 9)

Und so konnte sehr wohl der Augenblick kommen, da die relativ und absolut wachsenden exzentrischen Kräfte der Antarktis, welche wegen ihrer Eismassen auf Land auch durch die einsetzende Erwärmung keine Einbuße erfuhren, die statischen am Äquator überwanden und ein plötzliches Einpendeln der Erdachse auf die neuen Rotationsgewichte erzwangen.

Dafür, daß der Gewichtsverlust zuzeiten eine Beschleunigung weit über die Mittelwerte hinaus erfahren haben muß, gibt es gewissermaßen vor Ort handfeste Beweise, fixiert durch die Strandterrassen Nordnorwegens. Nach dem Wirksamwerden der beschleunigten Abschmelzung begann der große skandinavische Block sich zu heben, zuerst im Süden, dann im Osten und Westen, zuletzt im Norden. Daher sind die Terrassen noch nicht sehr alt und fast unzerstört. Die Eiszeitgletscher hatten das hier anstehende kambrische Schiefergestein in unvorstellbaren Mengen zerbrochen und an den Hängen zu riesigen Geröllhalden abgekippt. Diese Art des nordischen Schiefers ist dick und zerbröckelt bald, wie man an Straßen- und Bahndurchbrüchen allenthalben feststellen kann. Läßt man eine ca. 10 cm dicke Platte etwa 2 m tief fallen, zerspringt sie in mehrere Brocken. Die nordnorwegischen Strandterrassen bestehen aus diesem Schieferschutt. Sie klettern in Treppen den Geröllhang hinauf, auf je 60 bis 80 cm Höhe (bei einer Böschung von rund 45°) folgen jeweils etwa 2 m breite, fast ebene Flächen, und das achtzig- oder hundertmal, soweit das Auge reicht. Das Überraschendste für den nachdenklichen Betrachter ist dabei der Zustand der Schieferbrocken: sie sind alle ungefähr gleich groß, im einzelnen entsprechen sie einer kräftigen Faust. Das aber beweist, daß angesichts der leichten Zerstörbarkeit des Materials die einzelne Strandlinie immer nur kurz im Mahlwerk der Meereswellen gelegen haben kann, und daß sie nach verhältnismäßig kurzer Zeit schon wieder aus der Zone der Zerkleinerung und Zermahlung herausgehoben wurde. Man hat nun die Wahl, in den einzelnen Stufen Reflexionen auf die jährlichen Intervalle zwischen sommerlichem Abschmelzen und winterlichem Innehalten zu sehen, oder anzunehmen, daß erst nach einer gewissen, stärkeren Entlastung durch Abschmelzen ein schubweises Auftauchen der Küste in größeren Zeitabständen erfolgte. Im ersteren Falle dauerte der ganze Vorgang kaum hundert Jahre.

Eiszeiten waren nach dem heutigen Stande der biogeographischen Forschung in aller Regel Trockenzeiten. Warmzeiten brachten zugleich verbreitet feuchte Klimata. Bei unserer Tour d'Horizon sollten wir auch dem Mittelmeer einige Seiten lang die verdiente Beachtung schenken, einfach, weil wir vor Beginn der großen Fahrt in Unbekanntes so viel wie möglich über die Umweltbedingungen unserer eiszeitlichen Vorfahren wissen und folgern sollten.

Eine Absenkung des Weltmeeresspiegels um 100 m, wie man sie für die letzte Eiszeit als gesichert ansehen darf, bewirkte bereits eine Schließung sowohl der Dardanellen als auch des Bosporus. Mehr noch: die große, von Südwestspanien und Marokko begrenzte Atlantikbucht mit der Straße von Gibraltar in ihrer Tiefe zwang jede etwa vorhandene Meeresströmung (Golfstrom!) in eine küstennahe und küstenparallele Bahn. Bei eiszeitlicher und daher kühlerer Witterung im Mittelmeerraum mußte das den Aufbau einer Nehrung von Küste zu Küste zur Folge haben. Natürlich ist das nur eine Spekulation, vielleicht aber verhilft sie uns zu weiteren Erkenntnissen.

Die große Atlantik-Bucht westlich Gibraltar ist sehr flach, ihr sandiger Untergrund reicht etwa auf der Höhe von Tarifa von jedem Ufer her 6 km weit hinaus und läßt dann eine 10 km breite Rinne von heute 200 m, zur Eiszeit von kaum 100 m Tiefe frei. Wenn man die Anlandungen in der Nachbarschaft z. B. nördlich Cadiz, an anderen Stränden, z. B. zwischen Séte und Agde, oder gar die Landes im Golf von Biskaya zum Vergleich bemüht, dann wird vorstellbar, daß schon zu Beginn der letzten Eiszeit ein kompakter Sandpfropfen den Zugang zum Mittelmeer verschloß.

Diese dritte eiszeitliche Brücke – nennen wir sie die Trafalgar-Tanger-Brücke – erklärt sicherlich auf einfache Weise die afrikanische Fauna, die schon vor 40000 Jahren auf die Höhlenwände von Les Combarelles an der Vezère geritzt wurde. Die Wirkung dieser dritten Brücke ging aber über die Vermittlung von Flußpferden und Giraffen nach Norden hinaus. Das Mittelmeer ist heute ein Defizitmeer. In jeder Sekunde strömen 200000 cbm Wasser durch die Enge von Trafalgar-Tanger, um zu ersetzen, was die Oberfläche des Binnenmeeres verdunstet und durch Flüsse nicht ausgeglichen wird.

Unterbindet ein Damm den Ausgleich vom Atlantik her, dann sinkt der Spiegel des Mittelmeeres ziemlich schnell. Der deutsche Geologe W. Sörgel hatte in den zwanziger Jahren ein komplettes Projekt ausgearbeitet, um das Mittelmeer in etwa 100 Jahren um 200 m abzusenken und die gewaltige Energie des verbleibenden 200 000 cbm/sec Zustroms zur Elektrizitätserzeugung zu nutzen. Unter eiszeitlichen Klimaverhältnissen war die Verdunstung und damit der Zustrom geringer. Ein vorübergehender Zustand eines solchen annähernden Gleichgewichts war ja nötig, um den Bau der Nehrung durch die Strömung zu ermöglichen. Wieder größer wurde das Defizit, wenn nach einer generellen Absenkung von etwas mehr als 50 m Dardanellen und Bosporus sich schlossen und die Schwarzmeerzuflüsse ausfielen. Anscheinend stand dann der Trafalgar-Tanger-Deich schon. So mußte sich der Wegfall von Donau, Dnjestr, Dnjepr und Don auswirken, blieb doch nur die nicht allzu reichliche Wasserführung von Nil, Po, Rhône und Ebro. Sicherlich können wir nicht an Absenkungsraten von 2 bis 3 m denken, wie sie Sörgel in seine Berechnungen einführte, aber selbst ein Bruchteil davon, nur 0,10 m im Jahr, hätte alle 5000 Jahre eine Absenkung um 100 m bewirkt. Kaspisches und Totes Meer beweisen, daß so etwas zu den erdgeschichtlichen Tatsachen zu rechnen ist.

Wir sind nicht ohne Anhaltspunkte, um die maximale Absenkung zu schätzen. Schädelteile eines Neandertalers, eines Menschentyps also, der vor 40 000–50 000 Jahren ausstarb, wurden zusammen mit Mammutknochen auf der Insel Malta gefunden. Unterstellen wir das Selbstverständliche: Mensch und Tier kamen zu Fuß, über Land also, dorthin! Die mehrfach erwähnte generelle Absenkung des Weltmeeres um – im Maximum – 100 m hätte die Insel Malta zwar vergrößert, hätte sie aber weiterhin eine Insel bleiben lassen. Erst wenn man sich den Meeresspiegel um weitere 500 m (oder 25 000 Jahre Defizit) tiefer liegend vorstellt, ergibt sich eine schöne breite Landbrücke zwischen Sizilien und Tunesien, mit Malta als markantem Bergland. Die gleiche Vorstellung würde auch Korsika-Sardinien und die Balearen zu Halbinseln erhöhen, zugleich aber ihre vorgeschichtliche Besiedlung erklären, die für die mittlere Steinzeit durch mehrere tausend Megalithbauten, Nuraghen, Talayots und Dolmen bezeugt, die jedoch von gleichzeitigen zyklopischen Bauwerken rund um das Mittelmeer abweichen:

Während daher die Besiedlung noch über Land erfolgte, fallen die besonderen Bauten in eine Zeit, da das Mittelmeer schon längst wieder geflutet und eine offenbar recht zahlreiche Bevölkerung zu Insulanern geworden war.

Der gleiche Vorgang kann für Kreta, für die Kykladen, für Rhodos, Lemnos, Samothrake, Lesbos, Thasos, Chios und andere angenommen werden. Gewannen die unfreiwilligen Insulaner von Kreta gar aus dem Miterleben der Isolierung den Anstoß, die ersten Seefahrer der Menschheit zu werden?!

Für Fachleute mehrerer Forschungszweige mögen solche Vorstellungen eine Flut von Ideenassoziationen auslösen – wir lassen es dabei bewenden. Uns genügt eine abschließende Folgerung: ein Absinken des Mittelmeeres mußte als einseitige Entlastung eine Wanderung der Erdachse in unserem Sinne begünstigen, eine Wiederauffüllung das Gegenteil bewirken helfen. Wenn in jener vor rund 12 000 Jahren beginnenden Beschleunigung des Abschmelzens der Weltmeeresspiegel relativ schnell anstieg, dann mußte auch der

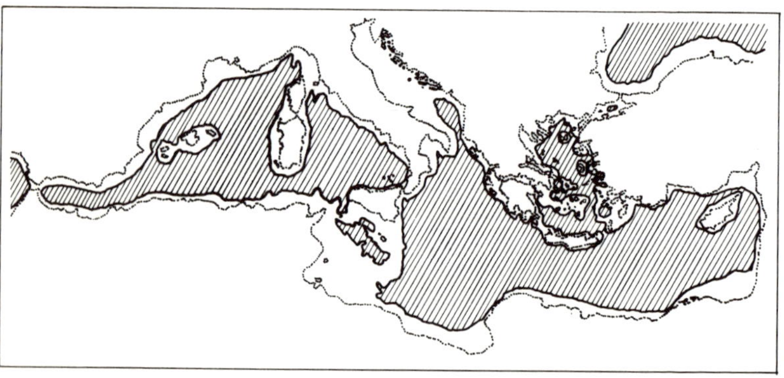

Absenkung des Mittelmeeres um weitere 500 m

Erst bei einem Tiefststand von −550 m wird die vorgeschichtliche Besiedlung von Inseln der Ägäis, von Malta, der Ägäischen und Balearischen Inselgruppen möglich.

(Abb. 10)

Zeitpunkt kommen, da das Wasser des Atlantik über den Trafalgar-Tanger-Damm hinwegschwappte und ihn, da er ja nur aus Sand bestand, wegspülte. Die heutige Form des Meeresgrundes im östlichen Teil der Rinne, und, weiter weg, in der Straße von Messina, könnte möglicherweise auf ein solches Überlaufen, erst bei Gibraltar, und dann bei Sizilien (das im Süden eine sehr breite Verbindung zu Nordafrika besaß), hindeuten.

Die erneute Flutung des Mittelmeerbeckens hatte zweifellos neben den unmittelbaren Folgen des »Land-unter« auch mittelbare – Erd- und Seebeben, Vulkanausbrüche und Vulkanexplosionen als Folge des Eindringens von Meerwasser, sowie Hebungen und Senkungen der Küsten insbesondere Italiens.

Unsere Vorstellung von diesen Vorgängen bietet auch eine Erklärung – eine mehr unter den vielen schon versuchten – für die Berichte von der Sintflut oder, wie wir genauer formulieren möchten, für die vielen Berichte von vielen Sintfluten. Denn gerade die Tatsache, daß es bei den verschiedensten und verschiedenartigsten Völkern an ganz verschiedenen Orten der Erdoberfläche solche, im wesentlichen immer das gleiche aussagenden Sagen und Berichte gibt, wäre hier auf sehr einfache Weise erklärt. Denn wenn dieses Ereignis erst etwa 10000 Jahre zurückliegt, dann ist es selbstverständlich, daß seine Überlieferung noch allenthalben so lebendig ist, wie es die Bibel an *einem* Beispiel zeigt, an einem von Dutzenden. Und ebenso selbstverständlich ist es, daß eine solche Naturkatastrophe weltweite Auswirkungen hatte und die weitaus meisten Menschen irgendwie in Mitleidenschaft gezogen wurden; die an den Küsten lebenden naturgemäß durch katastrophale Flutwellen, andere durch katastrophale Regenfälle, Vulkanausbrüche, Erdbeben.

Aber zurück zur Weißen Brücke, zurück zu der Zeit, da sie noch bestand, und da sie den Verdrängten oder den Abenteurern unter den Steinzeitmenschen einen Weg zu neuen Ufern bot. Nach unseren Überlegungen über die eiszeitliche Lage des Nordpols wird nun klar, daß die Weiße Brücke fast symmetrisch zu beiden Seiten des Nordpols verlief, und ferner, oder folglich, daß *beide* Routen zur Verfügung standen, also nicht nur die atlantische am Golfstrom entlang.

Ein neuer Blick auf die Karte, diesmal mit dem Nordpol an der vermuteten Stelle, wird uns sogar zu der überraschenden Feststellung zwingen, daß ganz im Gegenteil nicht diese, die atlantische, sondern die andere, die Alternative-Route, die größere Chance hat, als die meist oder als die allein begangene Zone der »Weißen Brücke« zu figurieren – soweit es sich um vollendete Überquerungen handelt. Zweifellos wurde auch die atlantische Seite begangen, aber zu einer Überquerung von Land zu Land war sie reichlich lang! Während es hier rund 7000 km zu überwinden galt, war die »mediterrane« Strecke nur etwa 2500 km lang, d. h. im einen Falle genügten etwa 60 Marschtage, im anderen waren 175 erforderlich. Wir können also davon ausgehen, daß die Neue Welt auf der kürzeren Strecke zuerst erreicht wurde. Daraus folgt, daß auch die zielbewußten Überquerungen auf dieser zuerst bekannten, weil kürzeren Route erfolgten. Wir können dagegen nicht ausschließen, daß ein steinzeitlicher Kolumbus auf die Idee gekommen sein kann, jenes ferne Land auch auf der anderen Seite zu erreichen. Da es möglich, wenn auch beschwerlicher und gefährlicher war, *kann* es sein, daß auch von Südengland und Frankreich aus einige wenige erfolgreiche Versuche unternommen wurden. Die Wahl der kürzeren Route wird aber durch gewisse geographische Gegebenheiten noch wahrscheinlicher. Unsere Karte macht das sehr deutlich. Sie zeigt nicht nur, daß sich die kontinentalen Küsten Nordnorwegens und Nordalaskas außerordentlich nahe gegenüberliegen, eine Erkenntnis, welche heutzutage die Polrouten mancher interkontinentalen Fluglinien inspiriert hat. Sie zeigt auch, daß hier in kurzen Abständen Inseln einander ablösen, welche zur Eiszeit wie Pfeiler im Meere, einem meist flachen Meere übrigens, standen. Da sind es zuerst die norwegischen Inseln Björnö und Svalbard, die auf dem Wege nach Grönland eine willkommene Unterbrechung boten. War Nordgrönland erreicht, war das meiste geschafft.

Jenseits Grönlands ist dann der Anschluß an die amerikanische polare Inselwelt bis zur Kontinentalküste besser mit Pfeilern bestückt als der Weg *nach* Grönland. Vergegenwärtigen wir uns aber, daß diese Randzone des Polarmeeres damals nicht dem Norden, sondern dem Süden zugewandt war und solchermaßen in den vollen Genuß der sommerlichen Sonneneinstrahlung kam. Diese Küste war vom eiszeitlichen Nordpol ganze 2500 km entfernt, genug also, um Sommer von nordskandinavischer Art zu haben. Solche Sommer sind sehr warm. Dadurch, daß die Sonne wochenlang nicht untergeht, akkumulieren Fels und Gestein die mittägliche Wärme und geben sie in der kühleren »Nacht«, wenn die Sonne flach und wirkungslos am Nordhimmel dahinschleicht, wie ein Kachelofen an ihre Umgebung ab. Folglich wird es bei Schönwetterperioden ständig wärmer. Das ist dann der Grund, warum während des Hochsommers nicht Spanien oder Italien, sondern manchmal die schwedische Lappmark die europäischen Wärmerekorde vermeldet. So etwa können wir uns die Verhältnisse an der eiszeitlichen Süd-, der heutigen Nordgrenze Grönlands vorstellen. Der damalige Reichtum an Wild dürfte die ausschweifendste Phantasie eines heutigen Robbenschlägers noch übertreffen. Dies, die sommerliche Wärme und die ständige Unterbrechung der Eisflächen durch Fels- und Landmassen mit ihren Quellen, ihrem frischen Grün und ihren wahrscheinlich sehr geringen Niederschlägen (während an der atlantischen Seite der Zusammenstoß von Golfstrom und Eismassen häufige und ausgedehnte Nebelbildungen begünstigen mußte) ist sicherlich der Grund dafür, daß die Jäger der Steinzeit während der warmen Jahreszeit hierher kamen und weit über das Eis und die Inseln und schließlich bis nach Alaska schweiften.

Hier entsteht nun eine große Versuchung. Wir kennen aus der nordischen Überlieferung den Begriff der »ULTIMA THULE«. Wir wissen, daß Überlieferungen dieser Art außerordentlich weit zurückreichen, und wir wissen über jeden denkbaren Zweifel hinaus, daß es eine Fülle von Überlieferungen gibt, die bestimmt in die alte Steinzeit und damit in die Eiszeit zurückreichen. Der Sprachforscher, der als Paläolinguist vorgeschichtlichen Sprachformen nachspürt, bringt den Namen THULE als Wort für den Begriff ›Insel‹ ohne Schwierigkeiten in seinen ursprachlichen Worttafeln unter. Was uns fesselt, ist das geschichtliche Bewußtsein der germanischen Stämme um eine solche »letzte Insel«, um eine ferne, schützende Zuflucht also für den, der um ihr Geheimnis weiß. Als ein tyrannischer König Norwegens freie und freiheitsliebende Männer und Sippen bedrängte, da wandten sie sich zu Beginn des 9. Jahrhunderts meerwärts und gedachten, auf Thule ihre Freiheit und ihren Glauben zu bewahren, fern dem Zugriff aller Tyrannen. Sie wußten um dieses Ziel aus ihren Sagas, und wir wissen, daß der frühe Mensch keinen Unterschied zwischen Sage und Wahrheit machte, ja, dies nicht einmal machen konnte: für ihn waren ja die Sagas Berichte von tatsächlichen Vorgängen, die von Mund zu Mund weitergereicht wurden. Wir wissen heute, daß mündliche Überlieferung vorgeschichtlicher Zeit viel genauer und wahrheitsgetreuer war als die seit der Erfindung der Schrift eingeführte Geschichtenschreiberei.

Bedenken wir, daß die Wikinger, die etwa im Jahre 800 westwärts in die Weiten des Atlantik vorstießen, keinerlei sonstiges Vorwissen besaßen. Sie kannten noch keinen Kompaß und hatten bis dahin ihre Navigationskünste nur in Küstennähe und bei Abkürzungen zwischen bekannten Ufern erprobt. Auf dieser ihrer wagemutigen Reise ins Ungewisse, wie *wir* es heute sehen, suchten sie THULE und fanden *Island*. Sie mochten das Gefühl haben, daß dieses Island nicht mit den Sagas über THULE übereinstimmte, denn erstens nannten sie es *nicht* THULE, und zweitens brachen sie knapp zweihundert Jahre später erneut auf (was wissen wir von dazwischen liegenden aber erfolg*losen* Versuchen?!) und erreichten zunächst Grönland und schließlich, im Jahre 980, »Markland«. Sie kehrten unversehrt zurück, und heute wissen wir, daß sie damals, 512 Jahre vor Kolumbus, Amerika erreicht hatten. Auf der Suche nach THULE! Mit anderen Worten: *war* THULE das frühere (Nord-)Grönland oder gar das eiszeitliche Amerika, das sie nur darum nicht »fanden«, weil ein gewaltiger Klimawechsel seitdem die Überlieferungen zwangsläufig »unwahr« gemacht hatte?

Gewiß, dies sind Fragen, die nicht nur Antworten, sondern weitere Fragen herausfordern – aber geben wir zu, daß es recht interessante, ja, dramatische Fragen sind, die sich da stellen. Denn sicher fällt uns ein, daß es Berührungspunkte mit der anderen Seite gibt: Führt man nicht den geringen Widerstand der amerikanischen Hochkulturen gegen die barbarischen Invasoren auf eine Überlieferung, auf eine noch lebendige Prophezeiung zurück: einst würden *weiße* Götter *vom Osten her* über das Meer kommen?! Könnte es sein, daß die THULE-Vision eine Erinnerung weißer Menschen an das ferne Land, und daß die »Prophezeiungen« der Maya und Azteken eine Erinnerung an einstige Nachbarn anderer Art darstellen?

Denn – hier ergreift der Paläolinguist das Wort: Beide Menschenrassen sprachen einst eine verwandte Sprache, und alles, was bis hierher gesagt wurde, sind die nachdenklichen Spekulationen eines Sprachforschers, der sich seine Entdeckungen und Funde zu erklären versucht.

Eine von den Tatsachen, die den forschenden Geist überaus nachdenklich stimmen müssen, ist erst seit wenigen Jahren einem kleinen Kreise von Menschen, Wissenschaftlern und Technikern hauptsächlich in Nordamerika und Dänemark bekannt. Dabei handelt es sich um die nähere Umgebung des Flugstützpunktes THULE im äußersten Norden Grönlands, an einer Stelle, wo die Ost-West verlaufende Küste scharf nach Süden abbiegt. Dieser Stützpunkt liegt an einer Bucht und zieht sich in ein etwa 10 Meilen langes Tal, das jährlich nur etwa 50 mm Niederschläge erlebt. Obwohl der Boden dadurch in seiner Tiefe permanent gefroren ist, genügt die einige Wochen währende Sommerwärme, um eine reiche Flora zu entfalten. Ja, dann schlüpfen sogar dickliche schwarze Fliegen aus dem Boden und führen ein 6 bis 7 Wochen währendes Leben, ehe sie sich zu erneutem Winterschlaf verkriechen. Im oberen Teil dieses Tales, das nur 600 Meilen vom Nordpol entfernt liegt, gibt es einen See. Der versorgt heute die Luftbasis mit Trinkwasser. Er friert in jedem Winter natürlich zu, taut aber in den wenigen Wochen für kurze Zeit auf, was weit weniger natürlich ist.

Dies sind die Tatsachen, soweit sie von Menschen, die dort lebten oder leben, berichtet werden. Es fällt ihnen nichts Besonderes daran auf, und wir dürfen sicher sein, daß es noch eine ganze Reihe befremdlicher Tatsachen gibt, die bisher noch niemandem aufgefallen sind. Kreisen wir die bekannteren drei Erscheinungen behutsam mit unseren Fragen ein.

Da sind zunächst die Pflanzen auf dem Permafrost. Es sind Blütenpflanzen darunter. Ist es denkbar, daß der Samen dieser Pflanzen irgendwoher aus der Eiswüste über Entfernungen von 2500 km hierhergeweht wurde? Fallen Vögel als Überbringer nicht aus, da die arktische Vogelwelt allein vom Fleisch der Fische oder von Aas lebt? Möwen und andere Vögel der Arktis werden kaum die winzigen Samen dieser Pflanzenarten als Nahrung betrachten und daher fressen. Oder könnte es sein, daß diese Pflanzen übrig geblieben sind aus einer Zeit reicheren Wachstums und aus einer Zeit milderen Klimas? Wir wissen, daß die Natur ihren Geschöpfen einen weiten Spielraum für die Anpassung an veränderte Verhältnisse läßt. Man denke an die Wasserpflanzen der Kalahari-Wüste Südafrikas. Wenn, oft erst nach Jahren der Dürre, ein plötzlicher Regen die flachen Geltas im Gestein mit Wasser füllt, dann bildet sich schon nach einer Stunde aus dem scheinbaren Nichts unter Wasser ein Teppich von grasartigen Pflanzen. Nach einer weiteren Stunde erheben sich veilchenblaue Blüten über das Wasser, die, schnell befruchtet, wieder in das nasse Element zurücksinken. Nach drei Wochen ist der Same ausgereift. Dann kann wieder eine jahrelange Dürre einsetzen. Aber das Leben dieser Wasserpflanzen überdauert die tödliche Dürre der Wüste bis zum nächsten Regen.

Und die Fliegen? Es scheint eine ganz besondere Art zu sein, die es sonst nirgends gibt, und sie gab schon Anlaß zu einer wissenschaftlichen Expedition. Die Frage, woher sie gekommen sein könnten, fällt hier also schon fast fort. Um so drängender empfindet man die Alternativ-Frage, ob diese Tiere schon vorhanden waren, als ein milderes Klima ihre Anwesenheit sinnvoller erscheinen ließ? Daß sie inzwischen nicht ausgestorben sind, nimmt den Naturforscher nicht wunder. Er mag an australische Flüsse denken, die nur alle paar Jahre einmal für einige Monate Wasser führen, und die trotzdem – kaum glaublich! – Fische haben. Wenn der Fluß von neuem auszutrocknen beginnt, wühlen sich die Tiere in den Uferschlamm, bauen sich eine Gänseei-große Höhle, deren Wandung durch das Trocknen eines abgesonderten Schleimes steinhart wird. Darin harren sie aus; wenn es sein muß, mehrere Jahre lang. Bis eine neue

Regenzeit das Flußbett für kurze Zeit wieder füllt und die kleinen Fischmumien zu neuem Leben erweckt. Auch diese Fische *müssen* zu einer Zeit in die Flußtäler gelangt sein, als deren Umgebung noch nicht Wüste war.

Und der See?

Soll ein Süßwassersee 80 000 Jahre Eiszeit gewissermaßen »überlebt« haben, zu einer Zeit, da gleichzeitig viel weiter südlich Meere bis auf den Grund ausfroren, hunderte von Metern tief? Soll ein solcher Süßwassersee 600 Meilen vom Pol entfernt etwa *nach* der Eiszeit erst entstanden sein? Beide Fragen können nur rhetorischen Charakter haben, denn es wäre Unsinn, sie ernsthaft stellen zu wollen.

Wir stellen diesen Fragen unsere Alternative entgegen, die von einem eiszeitlichen Nordpol im Süden Grönlands ausgeht:

Das Tal von »Thule«, das vielleicht wirklich einst ein Teil des vorgeschichtlichen THULE war, lag während der 80 000 Jahre Eiszeit im damaligen *Süden* Grönlands, 2500 bis 3000 km vom damaligen Pol entfernt. Es hatte warme Sommer, eine reiche subarktische Flora und Fauna, und selbstverständlich in den Tälern kleine Seen und Wasserläufe. Hier brüteten Hunderttausende von Seevögeln in den Felsen, hier paarten sich die Säuger des Meeres, und hier brachten sie ihre Jungen zur Welt. Als sich dann irgendwann der *damalige* Nordpol weit südwärts verlagerte und seine heutige Stellung einnahm, hatten das Tal und der See von »Thule« das Glück, in eine außerordentlich niederschlagsarme Zone zu geraten. Dadurch wuchs das Eis auf den umgebenden Bergen nicht weiter an, und das Tal wurde jedes Jahr in kurzen Sommerwochen schneefrei. Der See fror zu, aber wenn seine Eisdecke einmal einen guten Meter stark war, dann bildete dieses Eis selbst den besten Wärmeschutz für das Wasser des Sees darunter. Da der Seegrund nicht gefror, hielt das Wasser selbst in den zehn jährlichen Wintermonaten eine fast konstante Temperatur, die in jedem Jahr zusammen mit Sonne und Luft die Eisdecke zerschmolz. Dadurch blieb es seit dem nacheiszeitlichen Klimasturz für den See beim alten: er *blieb* ein See, und fror nicht aus. Da uns dies als die einzige plausible Erklärung für die beschriebenen Umstände erscheinen will, wagen wir den Rückschluß, daß insbesondere der See des Flugstützpunkts am Nordrand von Grönland ein recht durchschlagender Beweis für unsere These von der Weißen Brücke und der eiszeitlichen Lageveränderung des Nordpols ist.

Teil II

Landschaft und Gottheit im Spiegel der Sprache

Dem aufmerksamen Leser wird die Bemerkung des Verfassers auf Seite 59f. nicht entgangen sein, mit der er alle vorangegangenen Darlegungen mit den Spekulationen eines Sprachforschers, genauer, eines Paläolinguisten gleichsetzt, der Erklärungen für seine eigenen Funde und Entdeckungen sucht. Nun sind Paläolinguistik und Geographie, Geologie oder Geophysik Wissensgebiete, die einander sehr fremd sind. Natürlich weiß der Paläolinguist mehr von Geographie als der Geograph von Sprachforschung. Dies liegt nicht zuletzt daran, daß viel von der ersteren, wenig von der letzteren in die Tagespresse und in die populärwissenschaftlichen Zeitschriften dringt. Abgesehen von stereotyp wiederkehrenden mehr oder meist weniger interessanten Abhandlungen über die Verbreitung des Wortes »Vater« oder »Wasser« erhält der Durchschnittsleser (also auch Geographen und Geophysiker) wenig Kunde von den Forschungsergebnissen der Linguisten. Um so mehr erfährt er (und mit ihm der Paläolinguist) über die Theorien und Expeditionen und Forschungsergebnisse der Geographen. So wurden auch die Gedankengänge des ersten Teiles dieser Schrift im wesentlichen auf dem Allgemeinwissen aufgebaut, das die publizistische Aktivität der Geographen, Geologen und Geophysiker dem interessierten Leser zur gegenwärtigen Zeit zu bieten hat, und das Gebotene wurde ohne sonderliche Kritik übernommen. Wenn nun trotzdem die hier geäußerten Gedanken den Forschern der anderen Fakultät neu sein und ein eigenes Licht auf diese oder jene Tatsachen werfen sollten, so ist der Verfasser gern bereit, sich darüber zu freuen und im Verlaufe seiner weiteren Arbeiten eine Abhandlung über die Geographie des Steinzeitmenschen vorzulegen, welche die starken Berührungspunkte aufzeigen wird, die zwischen Erdkunde und der Erforschung vorgeschichtlicher Sprachen bestehen. Was nämlich für den Etymologen der Schriftfund, das ist für den Paläolinguisten das uralte Sprachgut, das sich ganz besonders auch in überkommenen Landschaftsbezeichnungen erhalten hat. Gewiß darf man erwarten, daß der Sprachforscher den ihm zugänglichen Wissensbestand anderer Forschungszweige nicht einfach für seine Zwecke zurechtbiegt; andererseits werden jene anderen Wissenszweige an den hier gewonnenen Erkenntnissen nicht achtlos vorbeigehen können, sondern sie in das eigene Bild einordnen oder andere Erklärungen für die dargestellten Funde anbieten müssen.

Stecken wir unsere Ausgangsstellung noch einmal klar ab, bevor wir weiter in die vor uns liegende Terra incognita vorstoßen.

Wir rechnen mit folgenden Tatsachen:

1. Es gibt eine amerikanische Urbevölkerung, die bei der sog. Entdeckung Amerikas nicht nur vorhanden war, sondern eine eigenständige Kultur und einen Menschentypus geschaffen hatte, wie dies nur infolge jahrtausendelanger Abgeschlossenheit geschehen konnte.

2. Es ist klar, daß diese Ureinwohner Amerikas sich nicht in Amerika selbst entwickelt haben, d. h. unabhängig von den anderen Menschenrassen entstanden sein können.

3. Die Ureinwohner der Neuen Welt sind von außen her eingewandert. Als Ursprungsgebiete kommen Asien, Europa und Afrika infrage.

4. Das Grab von Palli Aike erlaubt den Schluß, daß solche Einwanderungen schon vor etwa 12000 Jahren stattfanden. Es ist bisher nicht bekannt, ob es sich dabei um erste, letzte, oder zu jener Zeit übliche Wanderungen handelt.

Wir gehen weiter von folgenden Annahmen aus:

5. Amerika wurde von Norden nach Süden bevölkert.

6. Die Einwanderer waren Nomaden und Jäger. Sie waren zur Zeit der Einwanderung weder Hirten noch Ackerbauer.

7. Die Bering-Straße scheidet als Eingangspforte zur Neuen Welt wahrscheinlich aus. Wäre sie der tatsächliche Zugang, dann hätte sich der Zustrom laufend verstärken und bis in geschichtliche Zeit

hineinreichen müssen. Amerika hätte dann heute eine eindeutig ostasiatische Bevölkerung.

8. Die Einwanderung erfolgte über das Polareis, und zwar vorwiegend oder gar ausschließlich auf der sehr viel kürzeren, insgesamt nur etwa 2500 km langen Strecke Kola-Spitzbergen-Grönland-Alaska.

9. Der eiszeitliche Nordpol lag im Mittel-, oder besser Schwerpunkt der damaligen Vereisung.

10. Mit dem Ende der Eiszeit erfolgte zu einem noch nicht bestimmten Zeitpunkt eine Korrektur der Erdachse auf ihre heutige Stellung hin; zugleich erfolgte eine Unterbrechung weiterer Einwanderungen. Seitdem und bis zum Jahre 980 bezw. 1492 waren Alte und Neue Welt *getrennte* Welten.

Wir folgern zunächst einmal, daß Gemeinsamkeiten in Technik, Kultur, Religion und Sprache zwischen Alter und Neuer Welt sich nur aus *der Zeit vor* der Unterbrechung der Weißen Brücke ableiten lassen können. Der Zeitpunkt dieser Unterbrechung kann zwar, aber *muß* nicht mit dem Ende der Eiszeit zusammenfallen. Es kann noch Hunderte, ja tausend Jahre gedauert haben, ehe sich das Grundeis löste und die relativ schmalen Eisbrücken sprengte. Mit großer Wahrscheinlichkeit dürfen wir annehmen, daß diese als Zeitkriterium wichtige Unterbrechung etwa 8000–9000 Jahre vor unserer Zeitrechnung erfolgte.

Vielerlei war der Menschheit vor 10000 Jahren schon gemein. Die ältesten datierbaren zeichnerischen Darstellungen von Pfeil und Bogen stammen aus der Steinzeit und dürften 10000 Jahre alt sein. Es ist dies eine Waffe, welche dem Jäger der Steinzeit eine große Überlegenheit verschaffte, und welche sogar sein Überleben sicherte, als der Wildreichtum nachließ und das von entsprechend mehr Menschen gejagte Wild vorsichtiger und wachsamer wurde. Schon damals begann wohl die Wechselwirkung zwischen Fauna und Bevölkerungsdichte. Die Erfindung des Bogens ist, für sich betrachtet, eine hervorragende technisch-geistige Leistung, die zudem eine große handwerkliche Geschicklichkeit in der Herstellung erforderte. Es ist kaum anzunehmen, daß diese Erfindung an vielen Orten von einer

Mehrzahl von Einzelmenschen unabhängig voneinander gemacht worden ist. Um so mehr verdient die Tatsache, daß praktisch *alle* Menschen schließlich den Bogen benutzten, nachdenkliche Beachtung. Wir wissen, auch die Ureinwohner Amerikas kannten und nutzten den Bogen. Wenn man heute Gelegenheit hat, die Waffen einiger am Amazonas lebender Indiostämme zu sehen, dann wird man an den sagenhaften Bogen des Odysseus erinnert, den außer ihm selbst kein Sterblicher zu spannen vermochte. Die Bogen der Indios sind mannshoch, ihre in Spitze und Schaft unterteilten Pfeile ca. 2 m lang. Das Holz ist von außerordentlicher Härte, und der erste Eindruck des Beschauers ist, daß die eigenen Arme viel zu kurz sind, um einen solchen Bogen – abgesehen von der Zähigkeit des Holzes – überhaupt spannen zu können. Schon das Einhängen der Sehne erfordert große Kraft. Nun, des Rätsels Lösung liegt darin, daß die Indios diese Art Bögen mit dem *Bein* spannen, beidhändig Sehne und Pfeilende umfassen und die Schaftlänge voll ausziehen. Trotz des Umstandes, daß sie demnach beim Schuß auf nur einem Bein stehen, grenzt die Weite und die Treffsicherheit ans Wunderbare.

Aber es sind nicht diese vordergründigen Gemeinsamkeiten, deren es gewiß eine ganze Reihe gibt, die uns neue Einsichten verschaffen. Wenn wir schon von dem Gedanken ausgehen, daß es die abgedrängten und auf wahrscheinlich niedrigerer Stufe stehenden Jägervölker der ausgehenden Steinzeit waren, die den Weg über die Weiße Brücke nahmen, dann frappiert und beschäftigt uns eine so erstaunliche Gemeinsamkeit, wie sie etwa zwischen den megalithischen Sakralbauten im Mittelmeerraum oder Vorderasien (einschl. der Pyramiden) und gleichartigen Bauwerken der mittel- und südamerikanischen Hochkulturen, oder zwischen den TOLA genannten Tumuli der Quichua-Indianer und den THOLOI auf Kreta oder zwischen einem YUKON genannten Fluß in Alaska und dem YUGAN in Nordwest-Sibirien, oder zwischen einem Ortsnamen AIKE im äußersten Süden Patagoniens und sprachlich identischen im Herzen Europas oder in den Hochtälern des Altai bestehen.

Schon mit diesen Bemerkungen, die kaum Andeutungen sind,

setzen wir uns in schärfsten Gegensatz zu einem der führenden amerikanischen Etymologen mit dem deutschen Namen Max Müller, der noch in der 1956er Ausgabe des Funk & Wagnall's NEW STANDARD DICTIONARY OF THE ENGLISH LANGUAGE mit der axiomatischen Feststellung zitiert wird, derzufolge »die vergleichenden Philologen Amerikas dazu ermutigt würden, aus ihrer Erforschung der indianischen Sprachen die Schlußfolgerung zu beweisen, daß ein gemeinsamer Ursprung von Sprachen unmöglich sei«.

Nicht nur ist das Gegenteil inzwischen bewiesen[1], sondern wir werden darüber hinaus sogar die sehr merkwürdige Mittlerrolle der Sprache bei dem Zustandekommen solcher und anderer Gemeinsamkeiten nachweisen können. Gerade Letzteres aber ist der eigentliche Grund, warum das Problem der vorgeschichtlichen Eroberung Amerikas lange vor seiner eigentlichen Entdeckung nur von der Sprachforschung her weiter erhellt werden kann. Denn das dürfte die Einleitung zu dieser Arbeit schon klar gemacht haben: materielle Funde aus der Zeit dieser ersten Einwanderungen können wir kaum erhoffen. Solche Fundstätten kann es in der Weite des Doppelkontinents nur ganz vereinzelt geben. Ein Teil solcher Fundstätten muß in heute unzugänglichem Gelände vermutet, und ein weiterer Teil müßte in arktischen Regionen gesucht werden. Dagegen ist die *Sprache* der präkolumbischen Menschen etwas, was selbstverständlich die 8000–10000 Jahre vom Ende der Eiszeit bis zum Beginn der Neuzeit überdauert hat. Gelingt es uns, zu ihren Grundformen durchzustoßen, dann wird der Erfolg unserer Bemühungen auch nicht ausbleiben können. Da diese Grundformen die gleichen sind, auf denen unsere eigene Sprache aufbaut, betreten wir damit nicht einmal ein uns fremdes Gebiet.

Da dem interessierten Leser im dritten Teil dieser Arbeit ein unmittelbarer Einblick in einen neuen, noch in Entfaltung befindlichen Forschungsvorgang geboten wird, erscheint es gerechtfertigt, in einer hier folgenden Kurzdarstellung die wesentlichen Gedankengänge und Arbeitsmethoden freizulegen, die zur Entdeckung steinzeit-

[1] »Die Sprache der Eiszeit«, Berlin 1962.

licher Sprachelemente geführt haben, und die entgegen allen gängigen Meinungen zu der Feststellung zwingen, daß es in grauer Vorzeit einen *allen* damals lebenden Menschen gemeinsamen Urwortschatz gegeben hat. Die Verfolgung dieser Urwörter über die Weiße Brücke in die Neue Welt stellt dabei ein wichtiges Kriterium für die Altersbestimmung solcher Wörter dar.

Die Frage, *wann* die Sprache in die Entwicklungsgeschichte des frühen Menschen eintrat, beschäftigte das Denken der Menschen schon in präantiker Zeit. Auch die allerältesten Schöpfungsgeschichten der Kulturvölker nennen fast regelmäßig eine Zeit oder ein Ereignis, womit dem Menschen die Gabe der Sprache zuteil wurde. Die moderne Zoologie und Verhaltensforschung weiß zu berichten, daß es Tierarten gibt, die ein fast perfektes System der absichtsvollen Verständigung innerhalb ihrer Art entwickelt haben; trotzdem sei die *Sprache* bisher dem Menschen allein vorbehalten. Der Zoologe und Verhaltensforscher[1] neigt zu dem Schluß, daß die Sprache am Anfang der eigentlich-menschlichen Entwicklung steht und die Herauslösung des Menschen aus der Tierwelt mit verursacht oder doch schon begleitet hat. Diese Auffassung trifft sich auf merkwürdige Weise mit den Einsichten des Paläolinguisten, der zu seiner Überraschung feststellen muß, daß die frühe Sprache zwischen Mensch und Tier keinen grundsätzlichen Unterschied macht.

Wir alle kennen die biblische Anekdote von der babylonischen Sprachverwirrung, mit der Gott den Turmbau, der bis in den Himmel hinaufgeführt werden sollte, vereitelte. Der wahre Kern dieser Geschichte wird darin bestehen, daß der Bau dieser prächtigen Tempelpyramide des ZIQQURAT, wie sie jede größere Stadt des Zweistromlandes errichtete, so viele Arbeitskräfte erforderte, daß sie von weither herangeholt werden mußten. Da schon zu der damaligen Zeit eine weitgehende Aufsplitterung der primären Sprachstämme in selbständige Sprachen und Mundarten erfolgt war, gab es natürlich sprachliche Schwierigkeiten mit der zahlreichen Gastarbeiter-

[1] Vgl. die Veröffentlichungen der Biologen Lorenz, Köhler und Illies (»Zoologie des Menschen«, München).

schaft. Es kann sich aber nur um anfängliche und vorübergehende Schwierigkeiten gehandelt haben, denn der »Turm«, in Wahrheit die berühmte Tempelpyramide, gehörte neben dem Ischtar-Tor und den »Hängenden Gärten« der Semiramis zu den berühmtesten Bauwerken Babylons. Immerhin erfahren wir aus der jedermann zugänglichen Bibel, was uns die Entzifferung der hethitischen Schrift und Sprache aus der gleichen Zeit, vor rd. 4000 Jahren, ebenfalls berichtet: schon damals waren die Sprachen der Kulturvölker im modernen Sinne »fertige« Sprachen, und der Unterschied zu unserer heutigen geradezu minimal, wenn man beide mit den Ausgangsformen vergleicht. Fragt man sich, wie groß der Wortschatz des Neandertalers während der letzten Eiszeit gewesen sein mag, so wird man ihn vorsichtig auf fünfzig, kaum mehr Wörter schätzen. Dagegen würden wir dem aktiveren und produktiveren Cro-Magnon-Menschen drei- bis vierhundert oder eher mehr konzedieren. Menschen, welche die Höhlen von Lascaux, Rouffignac, Altamira und Nerja ausmalten, lallten nicht. Sie hatten bestimmt schon einen Wortschatz, der die Vielzahl ihrer Geräte, ihre Farben und deren Herstellung, ihre Kulte und Feste zu qualifizieren und zu differenzieren verstand. Auch die Ur-Ur-Amerikaner waren schon Cro-Magnon-Menschen.

Da die seit etwa 150 Jahren betriebene Sprachforschung, die sich »Etymologie« (d. h. die Lehre von der wahren Wurzel der *Wörter*) nennt, sich eng an das schriftlich überlieferte Wort hält und ihr Forschen an den ältesten Inschriften ihre natürliche Grenze findet, ertrinkt sie zwangsläufig und hilflos in einem Ozean von Vokabeln. Denn ganz gleich, ob es sich um ägyptische, minoische, hethitische, toltekische oder peruanische Schriften handelt – immer zeugen diese Schriften von bereits fertigen Sprachen, mit kompletter Grammatik, mit Substantiven, Verben, Adjektiven, Pronomina, Adverbien usw. usw. Und so kommt es, daß die Forschung, die eine ungeheure und bewundernswerte Kleinarbeit geleistet hat, um die Verwandtschaften untereinander festzulegen, trotzdem den Wald vor lauter Bäumen, die große Ordnung vor lauter Einzel-Systemen nicht sieht.

Auch die Naturwissenschaften haben jahrhundertelang geforscht und aufgrund ihrer Forschungsergebnisse Gesetze und Regeln aufgestellt, die in dem Augenblick korrigiert, revidiert oder annulliert werden mußten, als das System der Elemente und der Aufbau des Atoms entdeckt waren. So wie es einst die erstgeborene Geographie (die Erdbeschreibung) ertragen mußte, daß nach und neben ihr die Geologie (die Lehre von der Zusammensetzung, der Struktur und den Kräften der Erde) heraufkam, ebenso wird sich die Etymologie mit den Erkenntnissen der Paläolinguistik abfinden müssen. Denn hier wie dort genügt nun einmal dem forschenden Geist die Kenntnis von der Oberfläche allein nicht mehr. Selbst wenn wir die vorsichtigeren der verfügbaren Maßstäbe anlegen, sind die 4000–5000 Jahre Sprachgeschehen, die wir diesseits des Atlantiks überblicken können, nur ein sehr kleiner Abschnitt der Gesamtentwicklung, vergleichsweise nur eine Viertelstunde am Ende eines vollen Tages. So wenig wie die politischen Geschehnisse seit dem Jahre 1930 ein Bild von der Geschichte der deutschen, englischen oder amerikanischen Völker vermitteln können, so wenig vermag das an die Schrift gebundene Wort über die gesprochene, dem Klang verbundene Sprache ein zuverlässiges und gültiges Bild zu zeichnen.

Wieder haben wir es mit drei Tatsachen zu tun, von denen wir einige Annahmen ableiten können:

1. Die ältesten lebenden oder toten Sprachen, die wir kennen, waren auch vor 5000 Jahren schon »fertige« Sprachen.

2. Das Mittel der Sprache zur absichtsvollen Verständigung ist eines der frühesten Charakteristika, das den Menschen aus der Tierwelt heraushob.

3. Der allererste Sprachschatz des Menschen bestand zwangsläufig nur aus wenigen Wörtern.

Selbstverständlich unterlag die Sprachbewegung von den Anfängen bis in unsere Zeit einer ständigen Entwicklung in sowohl qualitativer wie vor allem quantitativer Hinsicht. War aber die Entwicklung eine *gleichmäßige*, d. h. wurde je Jahrtausend stets der gleiche Fortschritt erzielt? Es ist mehr als eine ›Annahme‹, wenn wir hier entschieden verneinen. Einmal zeigen alle Entwicklungen menschlicher Fähigkeiten, technischer wie geistiger, eine zunehmende Beschleunigung. Die Unterschiede zwischen menschlichem Leben vor 100 000 und vor 10 000 Jahren waren ungleich geringer als die vor 10 000 und vor 2000 oder gar die vor 2000 und die vor 100 und erst recht die vor 100 Jahren und die von heute. Wir nehmen an, daß die sprachliche Entwicklung ähnlich verlief, und daß die verwirrende Vielfalt, Zahl und Differenzierung unserer 1500 Sprachen ein Werk der letzten 15 000 Jahre ist. Diese Annahme läßt sich überzeugend auch dadurch belegen, daß wir das Bild einer geometrischen Reihe heranziehen. Ein einzelnes Ur-Wort mußte zwangsläufig, wenn es außer ihm nur 10 oder 20 andere gab, eine zweite und weitere Bedeutungen bekommen. Nehmen wir an, WASSER wäre ein solches Urwort. Es hatte eine klare *primäre* Bedeutung. Dazu kam der Ausruf WASSER!, wenn man »Durst« hatte. WASSER gewann also die sekundäre Bedeutung von »Durst«. Wenn es regnete, dann war das WASSER, und so erhielt es die Bedeutung »Regen«. ›Regnete‹ es, dann wurde alles naß, und noch immer reichte dafür der Ausdruck WASSER. Da man vom Wetter eigentlich nur wirklich Notiz nahm, wenn es regnete, so stand WASSER schließlich sogar für den Begriff »Wetter«: vergleichen wir die entsprechende Assoziationsreihe in der englischen Sprache: 1. Water (Wasser); 2. wet (naß); 3. weather (Wetter). Für das Stillen von »Durst«, also für ›trinken‹, ›tränken‹ (engl. to water cattle = Vieh tränken): WASSER. See, Fluß, Bach, Pfütze, Lache: WASSER.

Selbstverständlich blieben Mißverständnisse nicht aus. Und langsam begann die Sprache, die unterschiedlichen Sinngehalte durch leichte Unterschiede in der Aussprache besser kenntlich zu machen. Aber jeder neuen Variation ging es genauso, und auch bei ihr wurden den vermehrten Sinngehalten entsprechend weitere Abwandlungen notwendig. Wo einst *ein* Wort und *ein* Sinngehalt bestanden, ergaben sich deren zwei. Aus den zwei wurden vier, aus den vier acht, aus den acht sechzehn usw. usw. in geometrischer Reihe. Wenn wir ferner annehmen, daß das Bedürfnis zur Differenzierung von primitiven Menschen weit weniger empfunden wird als von höherstehenden (während Shakespeare der Gebrauch von 60 000 Wörtern nachgerechnet wurde, verwendet der Durchschnittsengländer 1200 bis 1400, ein Londoner Dockarbeiter nach englischen Quellen jedoch nur gerade noch 200 [!]), so wird klar, daß der Sprachschatz der Völker mit dem Aufblühen der spätsteinzeitlichen und frühen antiken Kulturen innerhalb relativ kurzer Zeit jene Aufblähung erfuhr, die heute den Etymologen das Leben so sauer macht. Denn nun begann der Mensch ja auch bewußt zu konstruieren, und da man sich inzwischen über den ganzen Erdball verstreut hatte, da keine Vergleichsmöglichkeit mehr gegeben war, und da jedes Volk mit den Gegebenheiten *seiner* Umwelt und *seiner* Entwicklung fertig zu werden hatte, ergab sich neben der Vervielfachung der Sprachen und der Vermehrung der Wörter innerhalb jeder einzelnen Sprache ein so starkes Auseinanderstreben, daß man vom Endzustand her gesehen sehr wohl zu der Auffassung kommen kann, daß es für so unterschiedliche Formen und Entwicklungen keinen gemeinsamen Ursprung geben kann. Aber das genaue Gegenteil ist richtig.

Die Parallele zur geometrischen Reihe drückt gleichzeitig aus, daß wir eine Kontinuität der Überlieferung annehmen. Auch diese Annahme ist mehr als eine nur abgeleitete oder konstruierte Vermutung. Sie ergibt sich aus der Generationenfolge.

Wenn wir unter Verwandten und Bekannten Umschau halten, und wenn wir in den Zeitungen die Berichte über bekannte Persönlichkeiten oder Familien verfolgen, dann vermerken wir mit einem besonderen Akzent, wenn diese oder jene Familie mit dem Dahingehen eines letzten Sprosses erloschen ist. Über der Anteilnahme an solchem negativen Geschehen vergessen wir andererseits unsere eigene, positive Rolle. Denn: Jeder einzelne von uns ist – wortwörtlich! – der lebende Beweis für eine noch *nie* unterbrochene Geschlechterfolge. So wie wir selbst, hat jeder einzelne unserer Vorfahren Mutter und Vater sein eigen genannt. Je mehr wir uns in diesen Vorgang hineindenken, um so stärker werden wir das biologisch Selbstverständliche dieses Vorgangs als ein merkwürdiges und in seinen Auswirkungen kaum abzuschätzendes Phänomen begreifen. Wir stehen in einer Generationenreihe, die uns unmittelbar und auf die natürlichste Weise mit Menschen verbindet, die im Mittelalter, im Altertum, in der Steinzeit und in der Eiszeit gelebt haben.

Nun bewirken aber die genealogischen Überschneidungen schon während der letzten tausend Jahre, daß die Angehörigen eines heutigen Volkskörpers praktisch blutsverwandt untereinander sind. Es ließe sich kaum bestreiten, wenn jemand unter uns behauptete, er stamme von Karl dem Großen ab. Wenn wir darüber hinaus die Möglichkeiten der Vermischungen in zwanzig, vierzig und sechzig Jahrtausenden, wie sie seit der Schaffung der eiszeitlichen Felsmalereien und Gravuren vergangen sind, in Rechnung stellen, dann steht jeder von uns in Les Eyzies de Tayac, in Aurignac, im Fezzan, im Tassili, im Altai, im Kattegat oder in Neuessing vor den Manifestationen eines *seiner* ganz persönlichen Vorfahren. Jedoch älter noch als selbst die ältesten Zeichnungen ist die *Sprache* des Menschen.

Nicht nur der Lebensfunke wurde von Generation zu Generation – schon *vor* dem Einzug in die Neue Welt, und danach weiter bis zu uns diesseits und jenseits der Ozeane – weitergereicht. Auch die Sprache begleitete in nie unterbrochener Aufeinanderfolge Geschlecht um Geschlecht. So wenig wie einer unter uns ist, dessen Ahnenreihe je eine Unterbrechung erfuhr, so wenig hat je ein Mensch anders zu sprechen gelernt wie seine Mutter und seine Mitmenschen ihm vorsprachen.

Wir würden diese Feststellungen nicht mit solcher Bestimmtheit treffen, wenn wir nicht erfahren hätten, daß ursprachliche Elemente in unseren heutigen Sprachen z. T. recht offen zutage liegen. So wie sie eine nie unterbrochene Kontinuität der Sprache bezeugen, so ist diese Kontinuität die einzig mögliche Erklärung für das Auffinden sprachlicher Urformen.

So verwirrend ein kurzer Blick hinter die Fassaden unserer heutigen Sprachen – und erst recht der sehr fremdartigen indianischen – erscheinen mag, so sehr vereinfacht sich die Aufgabe bei der Freilegung sprachlicher Urformen selbst.

Wenn wir uns zu der Annahme verstehen, daß auch der allerfrüheste Wortschatz des Menschen zu einem Teile Bestand einer ununterbrochenen Überlieferung geworden ist, dann müssen diese Formen noch vorhanden sein. Sie aufzufinden, mag im ersten Augenblick als ein hoffnungsloses Beginnen anmuten. Da wir jedoch *wissen,* daß wir konkrete Funde erwarten dürfen, verengt sich unsere Problematik auf das *Wie* solchen Findens, also auf die zweckmäßigste Methode der Suche.

Eine solche Methode wurde durch die folgenden Überlegungen bestimmt, die sich siebartig verdichten und nur noch eine kleine Auswahl zur genaueren Untersuchung durchlassen:

1. Etwaige Urwörter müssen *kurz* sein, ein, zwei, drei oder höchstens vier Laute vereinigen, wie etwa ACQ, BAKK, BA, KALL.

2. Etwaige Urwörter liegen, weil sie sehr einfache Laute verwenden, klanglich sehr nahe beieinander: etwa GAT, TAG, KAP, BUKK.

3. Etwaige Urwörter betreffen logischerweise zuerst den Menschen selbst, seinen Körper, seine Beziehungen zum anderen Geschlecht, seine Beziehungen zur Gemeinschaft.

4. Daran schließt sich, was der frühe Mensch unter *seinen* Umweltbedingungen und im Rahmen *seiner* Möglichkeiten zum Leben benötigte – Nahrung, Wasser, Werkzeuge, Schutz.

5. Es folgen auffällige und sein Leben unmittelbar beeinflussende Naturerscheinungen (Berg, Tal, Quelle, Höhle, Wild); hierbei wird jedoch bereits vom Menschen auf die Umwelt projiziert (heute: Berg»rücken«, Fluß»arm«, »Mündung«, d. h. körpereigene Formen werden auf wesensgleiche, wenn auch völlig andersartige Umwelterscheinungen angewendet).

6. Wo immer daher eine Urform zur Landschaftskennzeichnung verwendet werden konnte, können wir an letzterer die Richtigkeit unserer Vermutung testen. Denn Landschaftsnamen stellen eine Konserve alter Wörter dar.

7. Wann immer die Nachahmung eines Klanges oder eines charakteristischen Geräusches möglich war, ist frühe Sprache natürlich auch lautmalerisch (heute: Kuckuck, Krähe, Rassel, Ping-Pong).

8. Ein Wort muß neben der Erfüllung der oben angegebenen Voraussetzungen in einer Mehrzahl lebender und/oder toter Sprachen an weit voneinander entfernten Punkten der Erdoberfläche vorkommen, wobei ein gewisser, in sich aber begründeter Sinnwandel (frz. blanche = weiß und deutsch blank; engl. small und deutsch schmal; engl. gross = dick und deutsch groß) zu akzeptieren ist.

9. Je nach Art des vermuteten Urwortes müssen immer diejenigen Voraussetzungen, welche sinngemäß Anwendung finden *können*, *voll* erfüllt sein. Bei Widersprüchen scheidet das betr. Wort aus.

10. Die Urform muß in allen Variationen und Abwandlungen eine *innere Dominanz* erkennen lassen, die aufzuspüren umgekehrt die verläßlichste Methode zur Erkennung eines wirklichen Urwortes ist.

Diese zehn Siebsätze deuten z. T. schon an, *wo* am zweckmäßigsten mit der Suche begonnen werden sollte. Es ist einleuchtend, daß der Mensch selbst zu allen Zeiten Gegenstand besonderer sprachlicher Aufmerksamkeit war. Wie schnell man hier auf ursprachliche Zusammenhänge stoßen kann, mag ein Einzelbeispiel besser als viele grundsätzliche Erklärungen aufzeigen:

Nehmen wir unser Wort »wohnen«. Wir betrachten die zweite Silbe als Endung, also als ein nicht zum eigentlichen Wort gehöriges Anhängsel. Es hat damit eigentlich nur zwei *Laute.* In den nordischen Sprachen wird daraus »bo« (sprich: BUH), in der englischen »woo« (sprich: u-uuh). Dort bedeutet unser Wort aber *nicht* ›wohnen‹, sondern »beiwohnen«! Daran erleben wir, was sich immer wieder einmal zeigt: irgendeine Sprache hat den primären Sinn eines Wortes bewahrt. Ist es nun so verwunderlich, daß von diesem »Beiwohnen«, dessen Urform wir in BA sehen, die Zuordnung des Sinngehaltes ›wohnen‹ ausgeht? Das Paar, das sich einander in Liebe ergeben war, füreinander sorgte und eine Familie gründete, gab dieses dadurch zu erkennen, daß es zusammen, und getrennt von den anderen, *wohnte!*

So ist BA ganz zu Anfang einfach der BUH-le (und auch dieses Wort gehört hierher), und zwar gleichgültig ob Mann oder Frau. Zusammengenommen ein PAAR (merke: B und P sind einander sprachlich gleichwertig, und aus beiden entsteht in der Folge gleich leicht ein F, M oder V/W). In PAAREN, PAARUNG, aber auch in PARENTES steckt daher das Ur-BA deutlich erkennbar. Das dem PA folgende –R– stellt eine plurale Form dar; der primitive, oder besser: primäre Sinn ist nichts anderes als die »einander Beiwohnenden«, die »Buhlenden«.

BABA beweist noch die ursprünglich mangelnde Differenzierung: eine Reihe von Sprachen setzt es für Vater, Pascha, Bey, andere für Mutter, Großmutter oder, wie das Tagalog der Philippinen in BABAE für »Frau«, und in BOBAYA für alles Weibliche. Bei uns führte eine weichere Aussprache des BABA zu MAMA, eine härtere zu PAPA.

Anders ausgedrückt: alle unsere europäischen und viele außereuropäische Bezeichnungen für Vater, Mutter und sogar MA, MAN, »Mensch« gehen eindeutig auf BA zurück. Ebenso die für Kinder wie BABY, BAMBINO, BOY, schott. BAIRN, nord. BARN, schwed. POJK, arab. BANI, hebr. BENI. Oder andere Verwandtschaftsgrade: Base, Vetter, Muhme. So wie noch unser Fremdwort »Nation« die Ableitung von lat. »natum« = ›geboren‹ und damit seine Herkunft aus dem Zeugungs- und Fortpflanzungskreis der Sprache verrät, tut dies das lat. POPULUS für ›Volk‹ genauso wie das BA der BANTU-Sprachen (in der gleichen Bedeutung). In eine Vielzahl von Völkernamen hat es sich aus diesem Grunde eingeschlichen – diesseits und jenseits aller kontinentalen, rassischen und sprachlichen Grenzen, präkolumbische nicht ausgeschlossen.

Von BA über VA (z. B. WEIB) zu FA ist sprachlich nur ein kleiner und folgerichtiger Schritt. FA haben wir bei uns in den alten Wörtern »ent›fah‹en«, »umb›fah‹en« (Empfang), nord. FAVN für ›Schoß‹, frz. FEMME, ferner FAMilie, FEMINA, aber auch FÄHE, nord. FÄ oder FJE, unser VIEH, womit in der Bauernsprache immer die Muttertiere gemeint sind, und selbstverständlich auch in der FEE, der gütigen, lieben Frau unserer Märchen, und in der FEFINA, wie bei den Tonga Ozeaniens eine Frau genannt wird.

Von BA im Sinne des ›Beiwohnens‹ und ›Wohnens‹ geht die zweite große Entwicklungslinie ab, die wir im Nordischen stellvertretend für andere gleichartige zitieren:

Das nordische »nabo«, das englische »neighbour« und das deutsche »Nach-bar« (der am nächsten Wohnende) erinnern uns nochmals an die Ausgangsform »bo« oder BA auch für ›wohnen‹. »Bu« ist dann das, worin man wohnt, ein ›Bau‹, oder »bur«, ein ›Bauer‹ (bei uns noch in ›Vogelbauer‹). ›Bauen‹ selbst ist »bygge«; und »bygd«, das Gebaute, ist unser ›Dorf‹. ›Bourg‹ im Französischen und »By« ist dann die ›Stadt‹. Unser »Burg« ist ursprünglich nichts anderes; erst im Mittelalter entwickelte sich daraus der Begriff einer befestigten Stadt. Im zentralen Afrika ist das unverfälschte BA Bestandteil vieler Ortsnamen, in China (man denke an die o. a. Lautwandlung BA zu FA) wandelt es sich bei gleicher Bedeutung zu FU.

Gerade hieraus müssen wir lernen, daß das Lexikon nicht immer ein ausreichendes Mittel der Sprachforschung ist. Wenn wir unter deutsch »Stadt« das chinesische »FU« aufschlagen, dann ergibt sich absolut keine Verwandtschaft. Aber Nicht-Verwandtschaft zwischen *Wörtern* schließt nicht die Möglichkeit einer Verwandtschaft zwischen den *Sprachen* aus! Fu und Stadt sind von zwei verschiedenen Elementen abgeleitet; das kommt sehr häufig vor. Aber auch das Chinesische hat Ableitungen von dem gleichen Urelement, von dem wir unser Stadt abgeleitet haben! Hier stehen wir von einem Phänomen, das der Sprachforschung an der Oberfläche so viele Fallstricke spannt:

Ein Wort für »Frau« kann einmal von dem ebenerwähnten BA für Beiwohnen usw. abgeleitet sein, vornehmlich dann, wenn das sexuelle Motiv bei der Kennzeichnung im Vordergrund steht. Es kann aber auch von der Tatsache der Mutterschaft, d. h. von der Fähigkeit, Leben zu gebären, herrühren, und das ist denn auch schon von Anbeginn etwas ganz anderes. Dasselbe gilt für Tiernamen, und nicht weniger für Gewässernamen; einmal ist es das Wasser selbst, das den Namen prägt, ein andermal die Quelle, die Mündung, oder der durch den Wasserlauf verursachte Einschnitt im Gelände, das Tal, oder das Bergland, aus dem es kommt. Tatsächlich gehorchen *alle* alten Gewässernamen (ganz gleich wo in der Welt!) einer dieser ursprachlichen Dominanten; aber die Fülle der Ableitungen und Variationen verdeckt diese Zusammenhänge, zumindest oberflächlich.

Hier möge uns eine vereinfachende Vorstellung vor der Angst bewahren, einer zu komplizierten und zu verwickelten Materie gegenüberzustehen.

Nehmen wir daher der Wahrheit am nächsten an, daß es in fernster Vergangenheit einmal eine Zeit gab, in der der Urwortschatz der Menschheit ganze 20 Urwörter umfaßte. Im Laufe der Auseinanderentwicklung der verschiedenen Menschengruppen und ihrer Sprachen bewahrte jede dieser sich nun bildenden unterschiedlichen Zungen 10–15 jener Urwörter, natürlich aber nicht immer genau die gleichen. Bei anderen Urformen ergaben sich Unterschiede des Gewichts: während die einen Sprachen ein bestimmtes Wort mit Vorrang variierten und vermehrten, fiel es bei anderen fast unter den Tisch. Ausgehend von der gemeinsamen Urform verschob sich auch die Betonung des Sinngehalts einmal so, einmal anders.

Eine große Hilfe bedeutet dem Forscher, was man etwas umständlich die Namen-Wort-Konserve nennen könnte. Es ist die Nutzanwendung des lateinischen Sprichwortes: »Nomen est omen.« Anders und methodisch ausgedrückt: ein Wort, das zum Namen wird, wird aus dem normalen Abschleifungs- und Wandlungsprozeß herausgenommen und im wesentlichen so konserviert, wie es zu der Zeit lautete, da es zum Namen wurde. Das einfachste Beispiel sind unsere Alpen. Für uns ist es heute ein *Name* wie jeder andere und genausogut wie die Rocky Mountains. Bei den letzteren erkennen wir noch klar, daß es sich um zwei Wörter handelt, die wir zusammen und getrennt auch unabhängig von den Rocky Mountains selbst jederzeit verwenden können. Genauso erging es einst den ›Alpen‹: ALB war einfach ein *Wort* für ›Berg‹. In gewissen Wendungen der Älplersprache wird das heute noch klar, und im Keltischen, einer aussterbenden Sprache, steht das *Wort* »alp« für ›hoher Berg‹. Die Alpen also, die Alpilles an der Rhônemündung, die Albières der Pyrenäen, die Fränkische und die Schwäbische Alb, die Albanerberge, der Elbrus im Kaukasus und das Elbursgebirge am Südrand des Kaspisees sind solche Konserven, bei denen ein Omen dadurch, daß man es zum Nomen machte, verewigt wurde. Man kann mit Fug und Recht sagen, daß praktisch jeder Berg- oder Gebirgsname eine solche Konserve repräsentiert, bei der einst mit Worten das besondere Merkmal der Landschaft beschrieben wurde.

Eine weitere sehr wesentliche Hilfe für den Paläolinguisten sind die »Bilinguen«, ein Ausdruck, der sich in der Etymologie für Schriftfunde, bei denen zwei Schriften oder Sprachen den gleichen Text aufweisen, von denen die eine lesbar ist, eingebürgert hat. »Bilinguen« halfen bei der Entzifferung ägyptischer Hieroglyphen, akkadischer Keilschriften oder hethitischer Bildschriften. Zweisprachige Funde mit dem gleichen Sinngehalt in zwei völlig verschiedenen Ausdrucksarten bilden sich gern und besonders häufig beim Umbruch zu neuen sprachlichen Entwicklungen. Gern ist zuvor aus dem Omen ein nun nicht mehr verstandenes Nomen geworden, das man durch die angehängte oder vorgesetzte Übersetzung in Form eines neuen Omen zu erklären trachtet. Nehmen wir »Aach«, einen nicht seltenen Flußnamen. Zum Namen geworden, setzte man ihm das neue Wort für ›Fluß‹ vor, und daraus wurde bei uns »Aar-ach«, in Frankreich »Ar-d'-eche«, und in den Pyrenäen »Ar-i-ège«. »Jyritunturitjaerretjokko« ist ein lappischer Bergname, und er enthält fünf verschiedene Abwandlungen eines anderen Urwortes für ›Berg‹. Unser Kloster »Maulbronn« trägt seinen Namen nach einem Brunnen, oder richtiger, nach einer Quelle: Aber sowohl »Mul« als auch »Born« sind alte Wörter, die das gleiche meinen, nämlich das Aufkommen von Quellwasser.

Die Frage nach der *Dominanz* eines Wortes taucht immer dann mit besonderer Dringlichkeit auf, wenn wir auf ein Wort stoßen, das nach Passieren der 10 Siebsätze in einer Mehrzahl von Sprachen praktisch gleich lautet und doch jedesmal etwas anderes bedeutet: Unser »Tier« ist unser Allgemeinbegriff für alles Animalische, das englische »Deer« bezeichnet die Gattung Hirsch, das griechische »Tauros« und das spanische »Toro« beschränken sich auf die Bedeutung »Stier«, das polnische »Tur« ist der Ur, der Auerochs, während kaukasische Dialekte mit »Tur« einmal ein Wildschaf, zum anderen einen Steinbock kennzeichnen. Die Frage nach der Dominanz ist in Fällen wie diesen immer die Frage nach dem, was allen solcherart gekennzeichneten Objekten gemeinsam ist. Hier scheint es offensichtlich: nämlich das Gehörn; das ist richtig, aber erst der halbe Weg.

Das lat. »Deus« für ›Gott‹ und der griechische »Zeus«, dessen älterer Name »Dios« lautete, und der vedische »Dyauspitri« – alle diese Namen sind sprachlich gesehen identisch miteinander; in die gleiche Reihe gehört auch der »deoful«, unser ›Teufel‹ – auch hier muß es also etwas Gemeinsames, eine Dominante geben! Gewisse Etymologen sehen die wahre Wurzel des »Teufel« absurderweise in der Zusammensetzung des griech. »dia-« (quer, hindurch) mit »ballein« (werfen) und bleiben in souveräner Mißachtung des common sense eine vernünftige Erklärung für diesen Querschläger schuldig. Dagegen sehen wir in -teu- oder -deo- die gleiche Grundform wie in »deus«, also ›Gott‹, und erkennen in -fel- bzw. -ful-, -fol- oder gar (Anglo-Saxon »dio-bal«!) -bal- das Urwort BAL für Feuer und Wärme, wie wir es in dem phönizischen Sonnengott BAAL, in dem germanischen BALDUR, in dem semitischen BEELZEBUB, in der vorgeschichtlichen Sonnenmuttergottheit WARBETH oder BORBETH, in dem nordischen BÅL, dem englischen BALE, dem finnischen POL für ›Feuerstoß‹ oder gar in dem etruskischen VEL-CHANS, dem VULCANUS der Tyrrhenier, in breiter Streuung antreffen. Der »Teufel« ist in wortwörtlicher Übersetzung der ›Gott des Feuers‹. Es gibt in der Mythologie der Völker viele Gottheiten, die aus Wohltätern zu Missetätern wurden und die gleiche Rolle spielen mußten wie unser »armer« ›Teufel‹.

Aber die etymologische Gleichung Teufel = dia und ballein ist ein Musterbeispiel für die Miß-Folgerungen, die man aus einem Vergleich der *Wörter* allein ziehen kann; merke: Vokabeln allein sind noch keine Sprache!

Ein letztes Beispiel möge die geistige Reaktionsweise des Paläolinguisten auf einen äußeren Reiz veranschaulichen. Der äußere Reiz besteht in der Buchankündigung eines bekannten Verlages, der unter dem Titel »Die Erdgöttin« die interessanten Berichte eines Forschers empfiehlt, der in den Hochanden und im Gran-Chaco-Gebiet Boliviens zu kaum bekannten Indio-Stämmen vorgedrungen ist, die noch heute ihre Erdgöttin PACHAMAMA verehren.

Der Anstoß, der von PACHAMAMA ausgeht, ist sehr heftig. Bedeutet MAMA hier »Mutter« im Sinne unserer von BA abgeleiteten ›Mama‹, und wenn ja, ist diese Form originell, d. h. nicht doch durch iberische Einflüsse erklärbar? Letzteres kaum – heidnische Götternamen werden entweder ausgemerzt oder deutlicher christianisiert.

Nun gut, MAMA *kann* Mutter bedeuten. Doch halt: bei den Yakuten Sibiriens ist MAMA die ›Erde‹ – von ihnen stammt der Ausdruck »mamantu« für die aus dem *Boden* gefundenen Leichen der Eiszeitelefanten, der »Mammuts«, wie wir inzwischen sagen. Was ist nun »Erde«: MAMA oder PACHA? PACHA ist in Mexiko und im Hochland der Anden ein sehr häufiger Ortsname, und es ist sehr wohl denkbar, daß die vorkolumbischen Ackerbauer mit PACHA den Ort bezeichneten, wo sich ein Acker bebauen ließ. PACH findet in der Form BACH eine sehr merkwürdige Parallele in den Mittelgebirgen Deutschlands: Genau entlang der Grenzen, die die eiszeitliche Vergletscherung freiließ, finden wir Tausende von Ortsnamen, die auf -bach enden und die offensichtlich nichts mit Bächen zu tun haben (die gibt es zwar auch, aber unter anderen Namen!). Vielmehr gehen die deutschen BACH-Formen auf BAKK zurück, das einen leicht erhabenen Hügel oder ›Buckel‹ meint, dessen Oberfläche nicht Fels, sondern Erdreich bildet. Im nordischen »bakk« ist das sehr deutlich erhalten. Es bedeutet aber zugleich auch ›Boden‹ *(baggern)*, ja, sogar ›Land‹ schlechthin: die »Bake« ist eine ›Land‹marke, das »Back«bord bei Schiffen die Seite, mit dem das Schiff am Lande anlegte, als das Steuerruder wirklich noch ein großes Ruder war und steuerbords eingehängt war – wo das Steuer hing, konnte man also nicht anlegen. Man hätte das Ruder gefährdet, und man hätte die Manövrierfähigkeit des Bootes beim Ablegen von Land behindert.

Von BAKK kommt auch das romanische »bajo« oder »basso« für ›niedrig‹, ›unten‹. Noch in unserem »backen« von Erdreich, d. h. der Klumpfähigkeit, steckt diese ursprüngliche Bedeutung.

An diesem Punkte angelangt, legt der Forscher die indianische Erdgöttin PACHAMAMA, ohne eine vorschnelle Entscheidung nötig zu haben, in sein Lauerfach. Irgendwann einmal wird sich an Vergleichsfunden klären lassen, wie ihr Name zu übersetzen ist. Und so geschieht es denn auch. Er stößt auf YAKUMAMA, einen Wassergeist, und auf MAMACONES, ausgewählte Mädchen, die der göttliche Inka verdienten Freunden und Honans (Adligen) zur Frau zu schenken pflegte. Damit löst sich das Rätsel: YAKU ist Wasser, PACHA ist Erde und MAMA ist Frau und Göttin.

Teil III

Wanderungen von Menschen und Namen

So sicher wir sein können, daß die vor 80000 Jahren beginnende Eiszeit dem auch heute noch bestehenden Temperaturgefälle folgend den nordamerikanischen Kontinent in der Folgezeit bevorzugt vergletscherte und dabei den Nordpol nach und nach südwärts zwang, so wenig Sicherheit haben wir bei der – zunächst naheliegenden – Vermutung, daß das Ende der Eiszeit eine ebenso allmähliche Rückwanderung des Pols brachte. Warum solche Zweifel?

Da ist zuerst einmal ein quantitaver Unterschied. 60000 Jahre lang nahm das Eis an Umfang und Dicke zu, langsam und stetig. Eine Anpassung der Erdachse an die neuen Gewichtsverhältnisse war schon erreicht, wenn die Pole sich jährlich um 50 m weiterbewegten. Auf die sechzig folgten zehn Jahrtausende einer Stagnation. Dann aber verschwand der 70000 Jahre alte weiße Spuk in *nur* fünf- oder sechstausend Jahren. Angesichts der allmählichen Gewichtsvermehrung zu Beginn der Eiszeit konnten alle Anpassungsvorgänge gleichfalls sehr langsam und ohne unmittelbar spürbare Wirkungen erfolgen. Auch der sogenannte Äquator-Wulst vermochte sich anzupassen, weil Erdkern und Erdmantel elastisch sind. Das ›bißchen‹ Erdkruste, auf der wir wandeln, wird vom Erdinnern nach Bedarf zurechtgebogen, entspricht ihre Dicke doch der Stärke eines 1 mm starken Deckblattes auf einem 30 cm ⌀ Globus. Der Wulst am Äquator ist gut 20 km stark (um 42 km ist die Achse von Pol zu Pol kürzer als der Äquator-Durchmesser), wenig genug, denn wir brauchen eine Modellkugel von 3 m Durchmesser, um diese Quantität maßstäblich mit 1 cm darstellen zu können! Trotzdem bewirkt der Wulst eine deutliche Stabilität der Erdachse. Merkwürdigerweise haben genaue Messungen während des Geophysikalischen

Jahres ergeben, daß die Erdkugel eine – natürlich sehr geringe, aber doch immerhin – Birnenform hat, daß also die ideale Kugelform auch unter Berücksichtigung des Wulstes immer noch einiges zu wünschen übrig läßt. So, als ob der Wulst, der nach unserer Vorstellung am Ende der Eiszeit im Atlantik 3000 km südlicher gelegen haben muß, seither seine alte Form noch nicht recht wiedergefunden hätte...

Wenn wir von einem plötzlichen Umkippen der Erdachse am Ende der Eiszeit nicht recht loskommen, dann deshalb, weil damit eine Reihe sonst rätselhafter Vorgänge erklärt zu werden vermag. Denn wenn der Nordpol durch plötzlich auftretende Ursachen über seine heutige Lage zunächst hinausschoß und sich dann einpendelte, dann mußten diejenigen Teile Sibiriens, welche Grönland genau gegenüberliegen, den größten Kälteeinbruch erleben. Und gerade dort fand man die blitzgefrosteten Mamantu, ohne jedes Anzeichen von Verwesung, dagegen hier und da mit Spuren von Gewalteinwirkung. Das wäre nur eine zwingende Folge: die plötzliche eisige Kälte mußte die Tiere, denen das Trinkwasser zu Eis und der weiche Boden unter den Füßen zu harter Masse erstarrte, zu panischer Flucht treiben. Stürze führten zu Verletzungen, die sich infolge der polaren Kälte verheerend auswirken mußten. Mammuts sind sehr groß, darum findet man sie als erste; andere Tierarten, wie Lemminge oder Feldmäuse, bleiben unbeachtet. Vor einigen Jahren rollte bei Grabungsarbeiten ein tiefgefrorener Molch aus dem Permafrost. Als man ihn auftaute, glaubte man einige Augenblicke lang, ihn wieder zum Leben erwecken zu können.

Die Mamantu haben weiter im Süden, auf gleicher geographischer Länge, einen Leidensgenossen, dem allerdings nicht ganz so übel mitgespielt wurde: den Amurtiger. Auch er erlebte einen Klimasturz, der einer Nordversetzung um 3000 km entsprach – heute vergleichbar der Distanz Capri–Tromsö oder Frankfurt–Spitzbergen (Svalbard). Da ihm zur Flucht keine Zeit blieb, paßte er sich an und gefällt sich seitdem in der Rolle eines Paradoxons: tropische Raubkatze in subarktischer Taiga!

Das gleiche Paradoxon können die rotgesichtigen Makaken Nord-

Ein Quechua. In den Hochanden Perus.
Gezeichnet nach einem Gemälde von Kristian Krekoviç.

japans für sich in Anspruch nehmen. Auch diese als die intelligentesten Primaten bekannten Affen im Norden von Hokkaido, deren Verwandte in tropischen und subtropischen Landschaften leben, haben gewiß nicht freiwillig gelernt, sich eis- und schneereichen Wintern anzupassen. Auch sie haben, nochmals ein halbes Tausend Kilometer südlicher als der Amurtiger, eine plötzliche 3000-km-Klimawende erlebt, die sie – am Heute gemessen – von Panama nach Ottawa, von Timbuktu nach Madrid ›verschob‹. Der Grund: auch ihr Lebensraum lag genau ›auf der anderen Seite‹ und mußte darum die maximale Wucht der Klimaverschiebung hinnehmen. Im Augenblick dieser Katastrophe war ihnen offensichtlich der Rückweg schon abgeschnitten: Die nur bis zu 100 m tiefe und daher vor 12 000 Jahren noch trockene Straße von Tsugaru, welche Hokkaido von der japanischen Hauptinsel Hondo trennt, muß durch die vor 12 000 Jahren einsetzende beschleunigte Abschmelzung schon wieder so weit geflutet gewesen sein, daß der Weg der Makaken in den wärmeren Süden endgültig versperrt war.

Hätten sich Erdachse und Nordpol am Ende der Eiszeit genauso gesittet verhalten können wie am Anfang derselben, dann wäre letzterer schön langsam über Grönland hinweg nordwärts gewandert, und er wäre dem oben erwähnten Süßwassersee bei ›Thule‹ lange genug nahe genug gewesen, um ihm seine spätere Rolle als Süßwasserbecken für einen Flugstützpunkt zu versagen. Nur ein *schnelles* Vorübergleiten der Polkälte konnte ihn so ungeschoren davonkommen lassen.

Die Strandterrassen Nordnorwegens bezeugen ein für geologische Vorgänge außerordentlich schnelles Auftauchen des Kontinentalblockes, dem eine starke Abschmelzung und Entlastung vorausgegangen sein muß. Verständlich nur, wenn man an den Golfstrom denkt, der nach einem Auspendeln der Erdachse rund 3000 km nördlicher seinen Anfang nahm und entsprechend wärmer weiter nach Norden drängte als zuvor.

Die Zerstörung der Weißen Brücke durch Aufdriften des Grundeises war zugleich der erste Akt des Dramas. Fraglos begann er am südlichen atlantischen Ende, setzte sich aber als eine nicht mehr ab-

Ein Same (Lappe) unserer Tage, aus Nordschweden.

reißende Kettenreaktion quer über den Atlantik fort und erfaßte zuletzt den jenseitigen Teil am subpolaren Mittelmeer.

Und weil dieser Teil der Weißen Brücke der eingefahrene Zugangsweg zur Neuen Welt war, darum hörte mit seiner abrupten Zerstörung der Zustrom weiterer Einwanderer auf. Alle Zeichen deuten auf einen plötzlichen und endgültigen Abbruch der Zuwanderungen.

Indianischen Mythologien ist die Gewißheit gemeinsam, einst von weither, und zwar aus dem Osten gekommen zu sein. Von Osten! – also über die Weiße Brücke. Der Weg über die Bering-Brücke wäre ja ein Weg von Westen her gewesen. Gemeinsam war ihnen auch die Erwartung neuer Zuwanderer, und oft hört man, dieser oder jener Gott oder Halbgott sei nach Osten in seine Heimat zurückgekehrt. Der Bericht des Cristóbal Colón, weiße Götter wären von den »Indern« aus dem Osten erwartet worden, beruht möglicherweise auf zwei Mißverständnissen. Mittelamerikanische Wörter für ›Mensch‹ und für ›Gott‹ – TEK, TSCHAK – sind fast identisch; nur zu verzeihlich also, wenn die Spanier die schmeichelhaftere Deutung »Götter« vorzogen. Das Charakteristikum »weiß« konnte aber sehr wohl bedeuten: ›Leute wie wir‹. Denn für die Eingeborenen waren umgekehrt die sonnverbrannten Spanier wahre ›Rothäute‹! Sie selbst sahen sich als Weiße, sicherlich mit dem gleichen Recht wie viele heutige Europäer dunklen Typs auch.

Sogar in der Alten Welt ist das frühe Wissen um ein jenseitiges Land nie mehr ganz verloren gegangen. Dafür gibt es Zeugnisse schon in der Antike. Einer der eifrigsten Sammler solcher Informationen war – Kolumbus.

Der Verfasser rechnet es zu den Glücksfällen seines Lebens, daß er auf den Balearen dem peruanischen Maler Kristian Krekoviç, einem gebürtigen Kroaten, begegnete. Viele Male dessen Gast, wurde er nicht müde, die in einem Museum am Stadtrand von Palma de Mallorca ausgestellten Gemälde zu sehen. Krekoviç hat – nach erfolgreichen Jahren in Wien und Paris – lange in Cuzco, der alten Inkametropole hoch in den peruanischen Anden, gelebt. Von den Indios fasziniert, malte er jahrelang die heutigen Nachfahren der

Inkavölker, geschmückt mit den Preziosen und bekleidet mit den Gewändern jener Zeit, von den großen Museen bereitwillig ausgeliehen. Weil man fürchtete, diese Kostbarkeiten der peruanischen Hochkulturen (doppelt wertvoll, weil sie die Conquista überdauert hatten) nicht sicher genug konservieren zu können, war man froh, in dem Maler Krekoviç einen Weg gefunden zu haben, jene Herrlichkeiten auf Jahrhunderte hinaus in getreuer Wiedergabe wenigstens als Bilder bewahren zu können. Die Hauptstadt Lima besitzt heute ein Museum voll seiner Gemälde.

Unter diesem Aspekt war es natürlich, daß die Regierung neben der Hergabe musealer Schätze auch bestrebt war, als Modelle solche Indios und solche Indias zu gewinnen, die nach Expertenurteil als besonders reinrassige Nachfahren der Quechua- und Aymaravölker anzusehen waren.

Und Menschen dieses Schlages, wie sie sich mir von den Gemälden des Krekoviç eingeprägt hatten, saßen im letzten Sommer an meinem Tisch, nicht etwa in den Anden Perus, sondern in Gällivare, einem zentralen Ort des schwedischen Lappland. Es waren junge Männer, »Samer«, wie sich die Lappen selbst nennen, die aus nahen Büros kamen, um ihr Mittagessen einzunehmen. Gerade weil sie keine Tracht, sondern ganz normale Kleidung und der Mode entsprechend etwas längere Haare trugen, war die Übereinstimmung mit jenen Bildern aus Peru so überzeugend; denn nichts lenkte von der Wirkung dieser Gesichter ab.

Weiter im Norden hatte die typische Lappentracht mit Mütze, Halstuch, hohem Kragen zuviel verdeckt, weiter im Süden, wo ich lange Gespräche mit dem lappischen Lehrer an einer Nomadenschule und einem lappischen Universitätsprofessor führte, wäre mir nur noch die völlige Übereinstimmung mit beliebigen Mitteleuropäern aufgefallen.

Es war ein Erlebnis, vergleichbar dem des Porträtmalers Smibert, der 1739 in Boston nach der Begegnung mit »Indians« voller Bestimmtheit erklärt hatte: »They are Mongols!« Halten wir ihm zugute, daß er sich in einer ihm noch fremden Sprache etwas lapidar ausdrückte – er hatte zuvor einige Jahre am Zarenhofe porträtiert

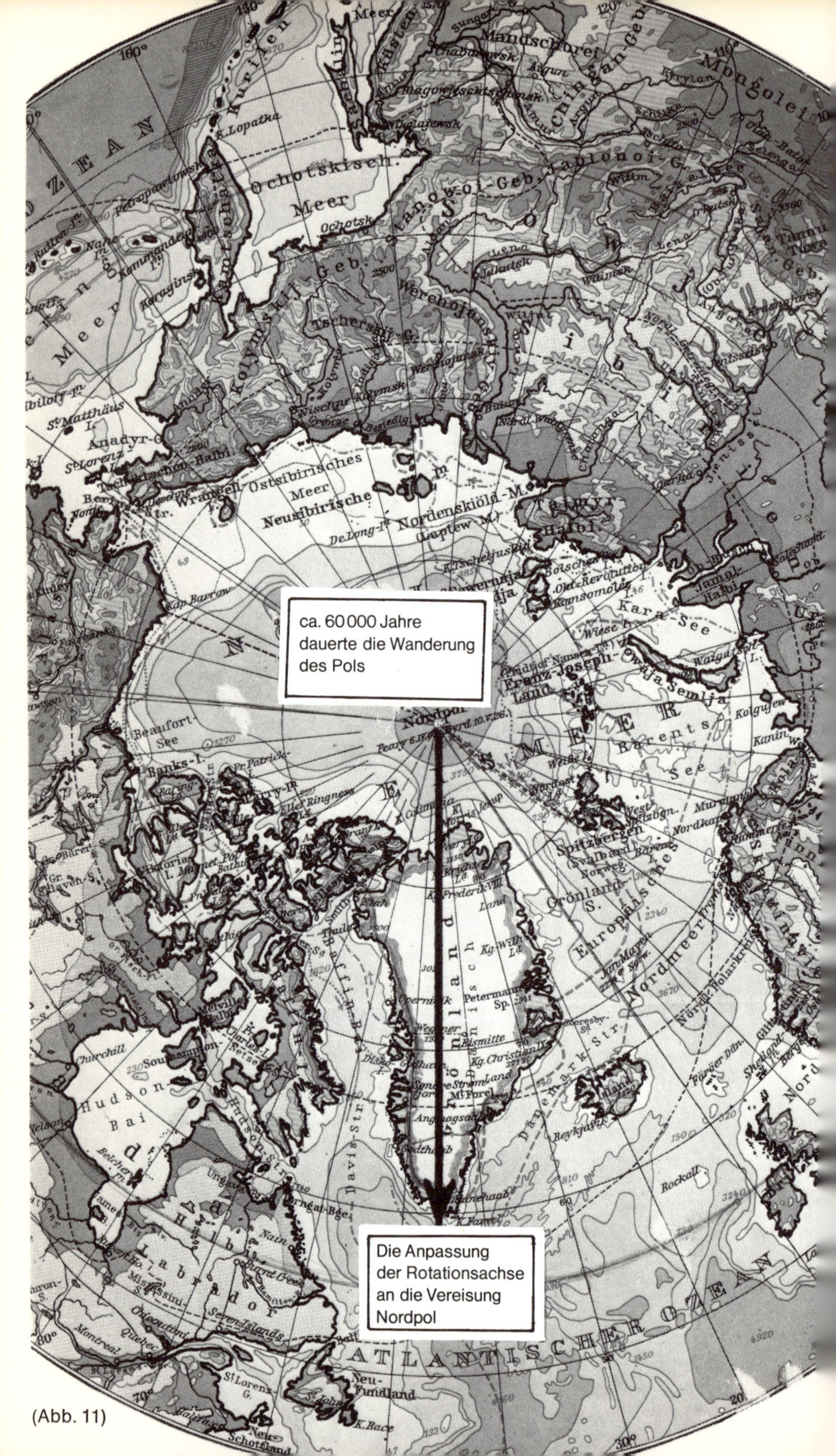
ca. 60 000 Jahre dauerte die Wanderung des Pols
Die Anpassung der Rotationsachse an die Vereisung Nordpol

(Abb. 11)

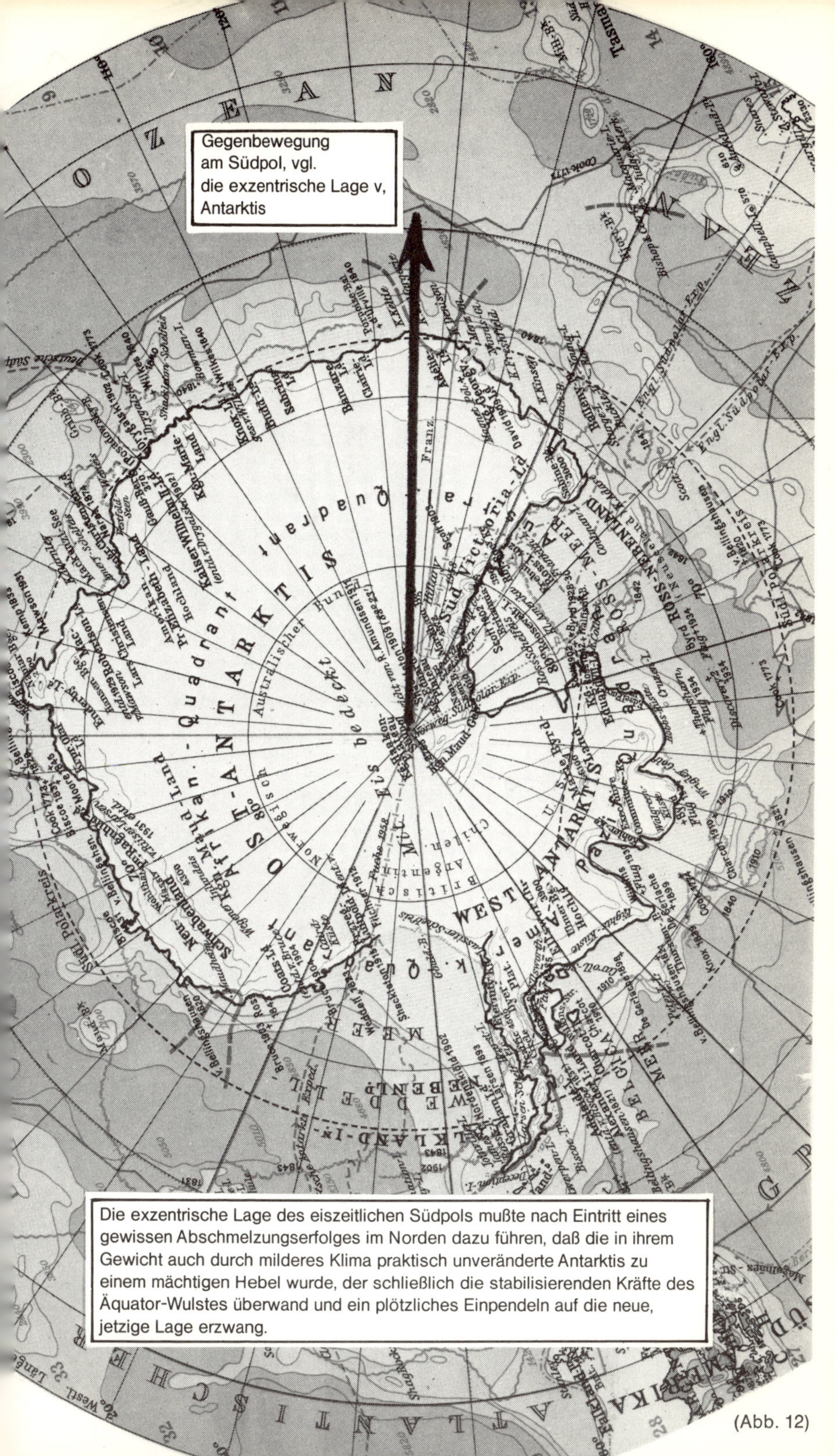

Die exzentrische Lage des eiszeitlichen Südpols mußte nach Eintritt eines gewissen Abschmelzungserfolges im Norden dazu führen, daß die in ihrem Gewicht auch durch milderes Klima praktisch unveränderte Antarktis zu einem mächtigen Hebel wurde, der schließlich die stabilisierenden Kräfte des Äquator-Wulstes überwand und ein plötzliches Einpendeln auf die neue, jetzige Lage erzwang.

(Abb. 12)

und dabei einige Sibirjaken gesehen.[1] Und das ist ein Unterschied. Sibirjaken sind keine mongolischen Prototypen, sie sind mit den Ungarn, Finnen und Lappen verwandt. Letztere betrachten die meist sehr wenig zahlreichen Stämme, für die »Sibir'jaken« (Sibir›menschen‹) nur ein Sammelbegriff ist und die sich aus Samojeden, Syrjänen, Korjaken, Tungusen, Sojotern, Ostjaken, Juraken, Tjuktjern u. a. m. zusammensetzen, als »frändefolk«, als Stammesverwandte also.

Die ethnische Bandbreite dieser vorwiegend arktischen Völkerfamilie, die zur ugrisch-altaischen Sprachfamilie gerechnet werden, reicht heute von der Bering-Straße bis zur Nordkalotte der Fennoskandinavischen Halbinsel, welch letztere im übrigen identisch ist mit dem nordöstlichen Brückenkopf der Weißen Brücke. Bei den westlichen Gruppen überwiegt das europäide Element, weiter nach Osten nimmt naturgemäß die mongoloide Komponente zu. Aber zusammen stellen sie genau die Mischung aus »europäiden und mongoloiden Elementen« dar, aus der die Forschung heute die Abstammung der amerikanischen Urbevölkerung herleiten zu müssen glaubt.

Alexander von Humboldt, 1769–1859, aus der Sicht des dickleibigsten amerikanischen Lexikons immerhin »a German philosopher, traveler, and author; explored South-America, Mexico, and Asia«, war vor 150 Jahren schon zu gleichen Schlußfolgerungen gelangt und hatte sich von späteren Sprachvergleichen eine Bestätigung seiner Forscher-Erfahrung erhofft. Was bisher daraus wurde, möge ein Zitat zeigen[2]: »Diese Hoffnung (Humboldts) hat sich indes nicht erfüllt. Vergleichende Sprachstudien sind zwar seitdem von Fachleuten und Phantasten in großer Zahl angestellt worden. Aber keine einzige der vielen Indianersprachen zeigt irgendwelche Verwandtschaft mit den Sprachen der Alten Welt. Ja, sie sind auch untereinander so verschieden, daß die Linguisten nicht weniger als 125 unabhängige Sprachgruppen, ein wahrhaft babylonisches Gewirr, aufgedeckt haben.«

[1] So berichtet 1937 von Clark Wissler und 1967 von Wilhelm Pferdekamp.

[2] Aus: W. Pferdekamp: »Die Indianerstory«, 1967, Paul List Vlg.

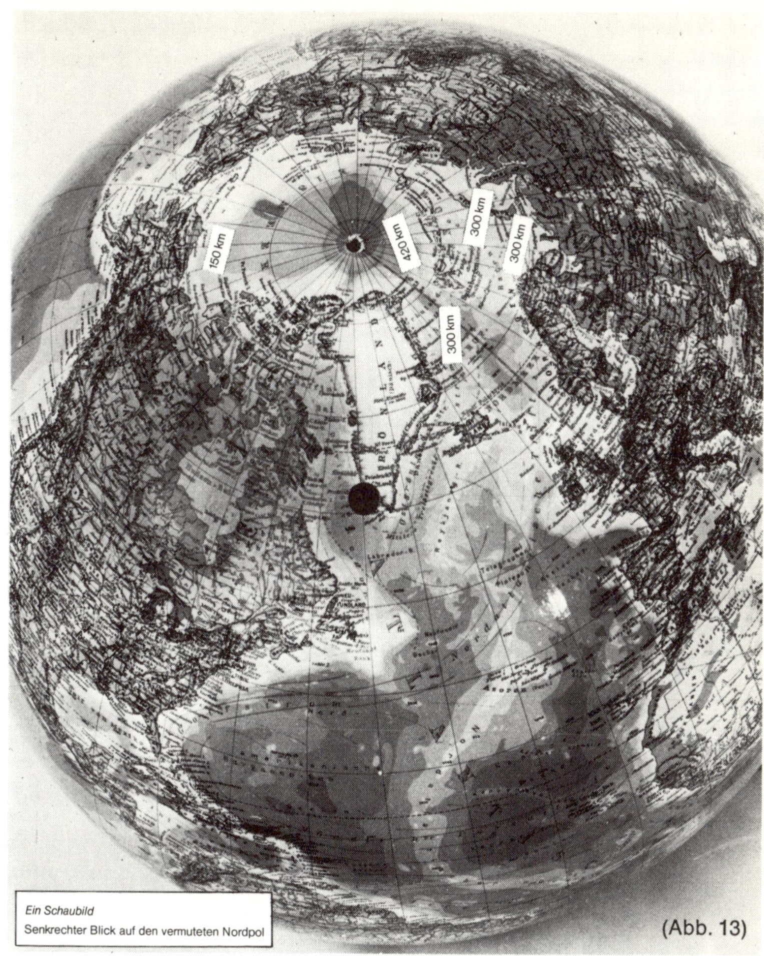

Ein Schaubild
Senkrechter Blick auf den vermuteten Nordpol
(Abb. 13)

Natürlich ist nicht das richtig, was Pferdekamp sinngemäß irgendwoher übernommen hat, sondern das, was Alexander von Humboldt geahnt und viele sogenannte Phantasten gesucht haben. Was die glücklosen Nicht-Phantasten auch immer gemacht haben mögen, *Forschung* haben sie jedenfalls nicht betrieben...

Der Verfasser empfindet es daher als Genugtuung, dem deutschen Philosophen und Forscher Alexander von Humboldt die Beweise für das nachzureichen, was er, Humboldt, schon 150 Jahre vor dieser Veröffentlichung gewußt hat. Er hofft zugleich, damit das gedankenlose Voneinanderabschreiben von Bekundungen zu unterbrechen und jüngeren, noch nicht festgefahrenen Forschern den Kopf frei zu machen für eigene Gedanken und unabhängige Überlegungen.

Weidende Rene. Gravur auf Elfenbein, gefunden bei Teyjat (Dordogne); frühes Magdalénien.
Perspektive und impressionistische Manier schon in der Altsteinzeit!

Im Nachfolgenden sei der Name SAME immer dann verwendet, wenn die ganze Gruppe der arktischen Völker von den Lappen bis zu den Tjuktjern, und insbesondere, wenn die gemeinsamen eiszeitlichen Vorfahren derselben gemeint sind. Wir setzen für die weitere Erörterung voraus, daß die heute über 6000 km Nord-Eurasien verstreuten Gruppen vor 20000 Jahren, d. h. im Magdalénien, zwar auf engerem Raume, aber im wesentlichen unter gleichen Umweltbedingungen lebten wie heute. Wir verstehen darunter eine Umwelt, deren ›Leitfossil‹ das Ren so war, wie es das für die Samen heute noch ist.

Das Magdalénien zeichnet sich ja durch die Ablösung der bis dahin hochentwickelten Technik, Werkzeuge aller Art aus Feuersteinknollen zu schlagen, aus. Bein trat an die Stelle von Stein. Das Ren vor allen anderen jagdbaren Tieren bot dem Menschen der ausgehenden Altsteinzeit, die zusammenfällt mit dem letzten Vorstoß der Eiszeit, neben dem Fleisch als Nahrung vielerlei Material für die Herstellung von Werkzeugen und Geräten. Es ist nur einige Jahrzehnte her, da fertigten auch die Samen noch Zelte, Kleider, Riemen, Behälter und Schuhe aus dem Fell, rutschfeste Sohlen aus dem Stirnfell, Hacken zum Kratzen, aber auch Harpunen, Speerspitzen, Nadelbehälter und allerlei Griffe aus Teilen des Geweihs, Schaber, Nadeln und Pfrieme aus den Langknochen, Dolche aus dem Schienbein, Messer aus dem Schulterblatt, Schnüre und Garn aus Sehnen und Därmen. Nicht einmal der Mageninhalt wurde verschmäht. Noch heute haben die Samen für jede Art Knochen, für jedes Teil des vielverzweigten Geweihs eine besondere sprachliche Kennzeichnung, und das ohne Hilfskonstruktionen wie Ober-, Unter-, Hinter-, Vorder- usw. usw.

Das Ren – und folglich auch der Same – lebt auf der Grenzzone zwischen Tundra und lichtem, arktischem Birkenwald. In der Waldzone weidet es Birkenlaub, im Winter auch Zweige, Moos, Flechten,

Ren. Zeichnung auf lappischer Schamanentrommel; Datierung etwa 2000 v. d. Zr.

Gräser, in der Tundra Laub von Zwergbirken, Zwergweiden, Silberwurz, mehr Flechten und Moos als Gras. Im Frühjahr und Herbst sucht es den Wald auf; im Winter liegt ihm dort der Schnee zu hoch, auf Fjell und Tundra gräbt es sich schneller zum Futter. Im

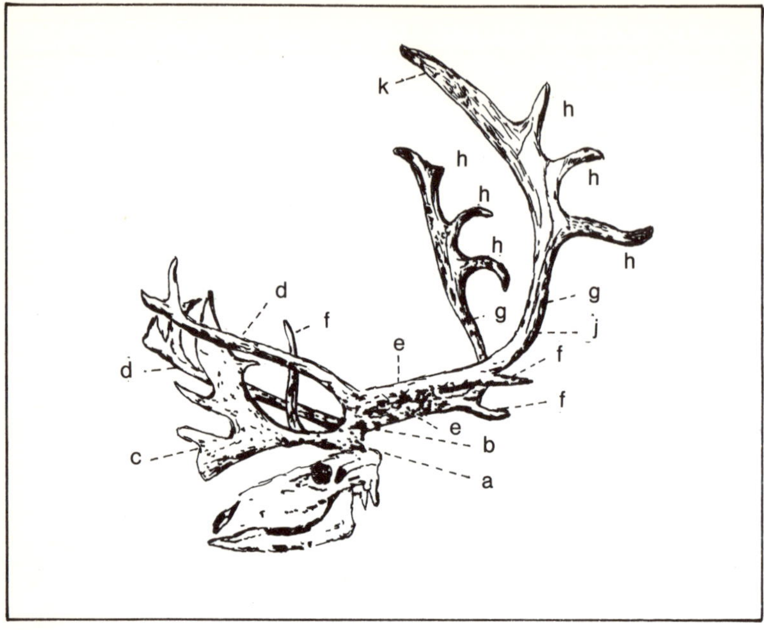

Bezeichnungen für das Rengeweih. (Abb. 14)
Übertragen aus der schwedischen Übersetzung:

a) Rosenkranz
b) Dickes Ende
c) Nasen-Spieß
d) Vorderspieß
e) Dickster Teil der Geweihstange
f) Rück-Spieß
g) Geweih-Arme
h) dgl.
i) Oberes Spießende
j) Geweihkrümmung
k) Enden

Sommer treiben es die Mückenschwärme aus dem Wald, im Hochsommer sucht es auf verbliebenen Schnee- oder Eisflächen Ruhe vor stechwütigen Bremsen. Solches Hinundherziehen kann je nach Landschaft einige Dutzend oder viele hundert Kilometer umgreifen – in der Tiefebene weiter als Berghänge hinauf, an denen sich die Vegetationszonen schneller ablösen.

Man kann die Zone der dem Ren genehmen Umwelt nachzeichnen, wenn man in einer Entfernung von 350 km eine Parallele zum Eisrand zieht. Das ist die fließende Naht zwischen Tundra und

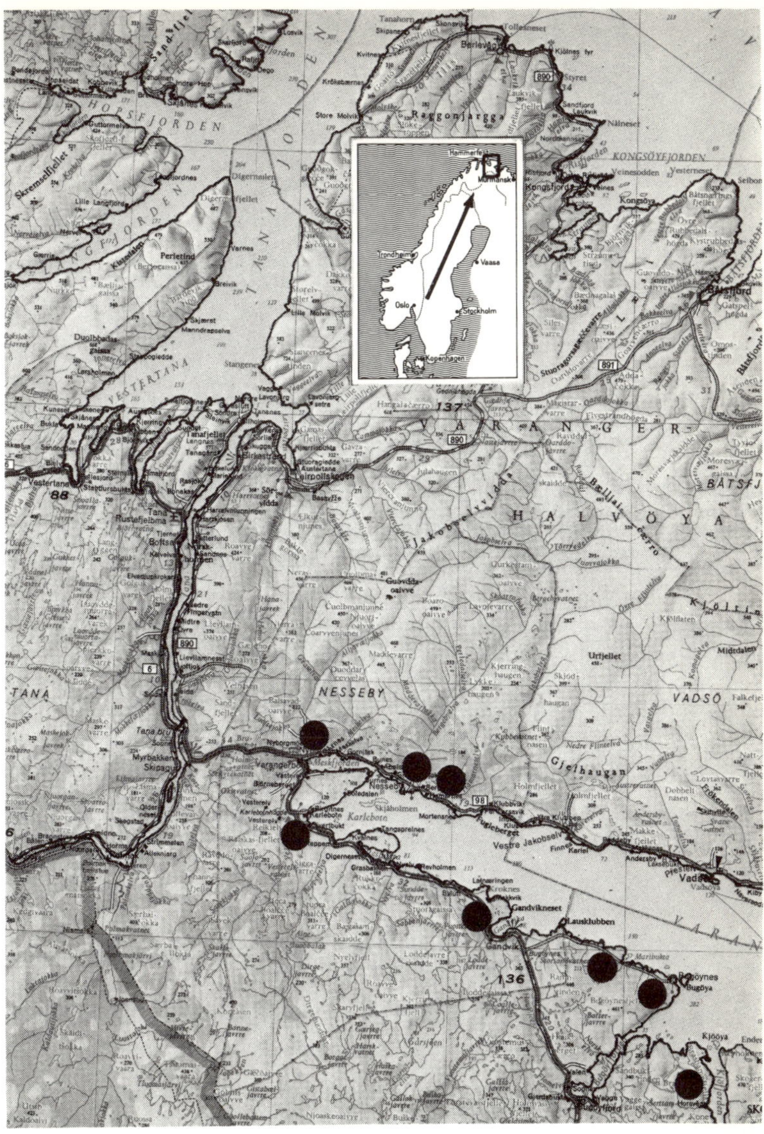

Die Varanger-Halbinsel nahe dem Nordkap.
Im unteren Teil der Varanger-Fjord mit den Fundstellen, insgesamt 62, die zwischen 1925 und heute entdeckt wurden. (Abb. 15)

arktischem Wald. Nur auf Frankreich läßt sich diese Faustregel nicht anwenden. Hier schuf der Golfstrom eine warme Enklave, die das Ren zumindest im Sommer mied. Aber an die Gletscherfronten der Alpen, der Pyrenäen und der Auvergne ging es zweifellos näher heran als an die nördliche Eisfront. (Abb. 20)

Trotzdem aber gibt es Beweise dafür, daß der Mensch, und da wohl in erster Linie Samen, am Eis entlang weit nach Norden vorstießen und z. B. an nordnorwegischen Fjorden Verhältnisse antra-

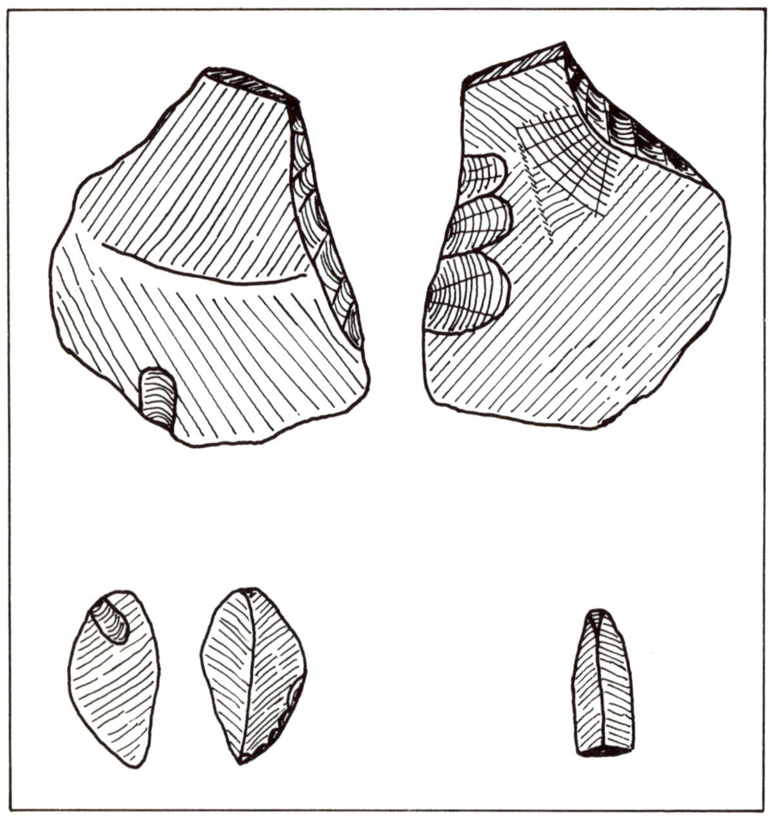

Einige Fundbeispiele der sogenannten Komsa-Funde vom Varanger-Fjord. Die Schätzungen schwanken zwischen 6 und 16000 Jahren. Geologisch gesehen zeugen die heutigen 50–70 m ü. MH. für das größere Alter, da die Wohnplätze einst nur wenig über dem Wasserspiegel lagen. (Abb. 16)

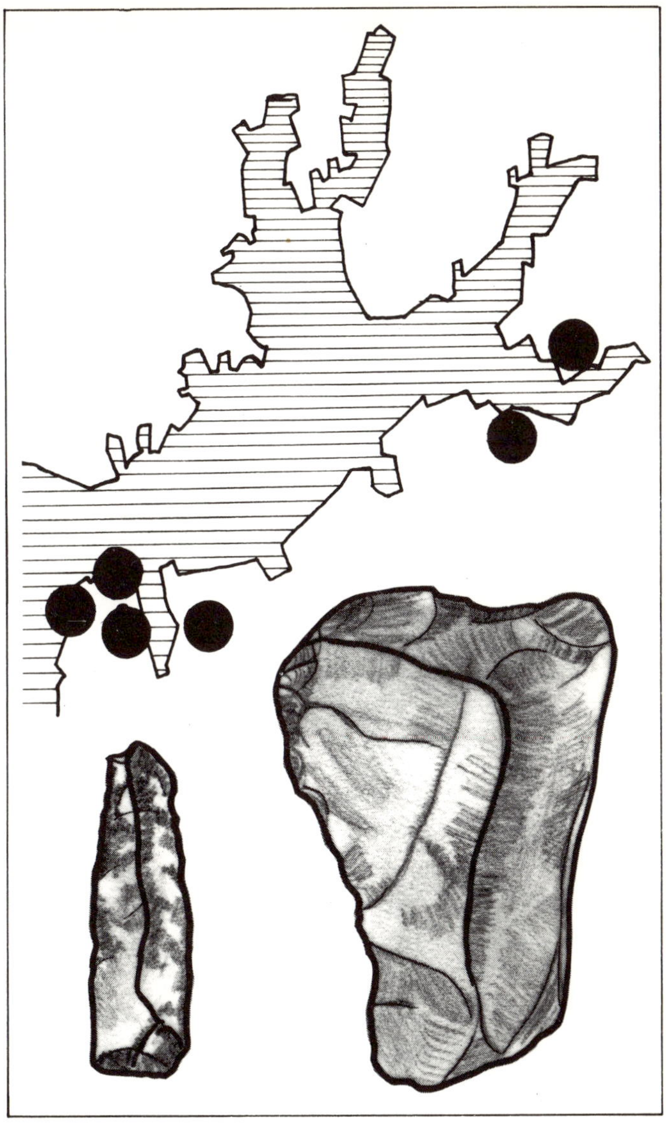

Der Eisfjord an der Westküste Spitzbergens mit Fundstellen von Feuersteingeräten wie die abgebildeten, erst 1972 publiziert. Gefunden wurden auch Felszeichnungen, die bisher noch nicht veröffentlicht wurden. Zufallsentdeckungen, denen nach systematischer Erforschung sicherlich weitere Funde folgen werden, die wie am Varangerfjord an oder dicht unter der Oberfläche liegen. (Abb. 17)

fen, die zum Verweilen ermutigten. Weil nicht sein darf, was nach dem relativen Stande der Forschung nicht sein konnte, fanden die schon 1925 von dem Norweger Nummedal entdeckten »Komsa-Funde« – heute im Museum von Tromsö (Abb. 16), nicht die Beachtung, die sie verdienten. Eher negative, weil man ja versuchen mußte, das eiszeitliche Alter lieber in den Hintergrund zu drängen. Nun gab es, wie wir inzwischen von nordischen Biologen wie Lindroth, Hultén, Segerstråle, Pirozenkov u. a. wissen, auch während der letzten Eiszeit sogar im hohen Norden Refugien und sogenannte Nunataks, eisfreie Vegetationsinseln mit Klein-Fauna. In Island gibt es heute noch solche Lebensinseln, von drei Seiten vom Inlandeis umschlossen. Wir können daraus folgern, daß auch die eiszeitliche Vegetation bis unmittelbar an das Eis heranreichte. Nur in Zeiten beschleunigter Abschmelze vermochte die Pflanzendecke mit dem zurückweichenden Eise – bis zu 300 m im Jahr! – nicht Schritt zu halten.

Andererseits sind Pflanzen und Kleintiere der Refugien kein Grund für den Menschen, diese Inseln im Eis zu suchen. Da das Gebiet um Komsa, die Varangerhalbinsel, unmittelbar am Zugang zur Weißen Brücke liegt, werden die Beweggründe sichtbar. Hier kam man auf dem Wege zur Neuen Welt durch, hier wartete man möglicherweise weitere Weggenossen und die beste Zeit für den Beginn des langen Marsches ab.

Die Menschen des Magdalénien lebten wahrscheinlich noch in einer matriarchalischen Ordnung. Die Jäger, die je nach Wildart in kleineren oder größeren Gruppen aufbrachen, jagten nicht für sich selbst, sondern für die Frauen, denen sie dienten (vgl. dt. FRON [!]), für die Kinder und alten Leute, und für die Werkzeugmacher, meist zu kleine oder durch Unfall und Kampf versehrte Clan-Mitglieder.

In Märchen und Sagen klingt das noch an – hinkende Schmiede, zwergenhafte Kunsthandwerker, Wieland, Hephaistos, Alberich, und wie sie alle heißen! Man lebte also nicht von der Hand in den Mund, sondern hielt Vorräte. Das ist in subarktischem Klima ohne Fäulnisbakterien kein Problem, eher eine unausweichliche Notwendigkeit, des langen und auch dunklen Winters wegen. Der Verfasser hat vor einem knappen Menschenalter noch miterlebt, wie norwegische Bergbauern tonnenweise Fische aus Gebirgsseen heranschafften und durch Räuchern, Trocknen und Gären haltbar machten. Ebenso wurden Hunderte von Renen, die man im gemeinschaftseigenen Fjellgebiet hatte verwildern lassen, erlegt und für die Winterbevorratung hergerichtet. Je weiter wir zurückdenken, um so größer war ein anderes Problem: die Vorräte an Fleisch vor Raubzeug zu schützen! Die Lappen bauten noch vor hundert Jahren NJALLAS, Blockhütten, die auf einem einzigen etwa mannshohen Stamm aufsaßen und weder Ratten noch Füchsen, Wölfen oder Luchsen eine Chance ließen. (Abb. 18)

Im Zusammenhang mit solcher Vorratswirtschaft muß man die wahren »Friedhöfe« von Wild sehen, auf welche die Prähistoriker

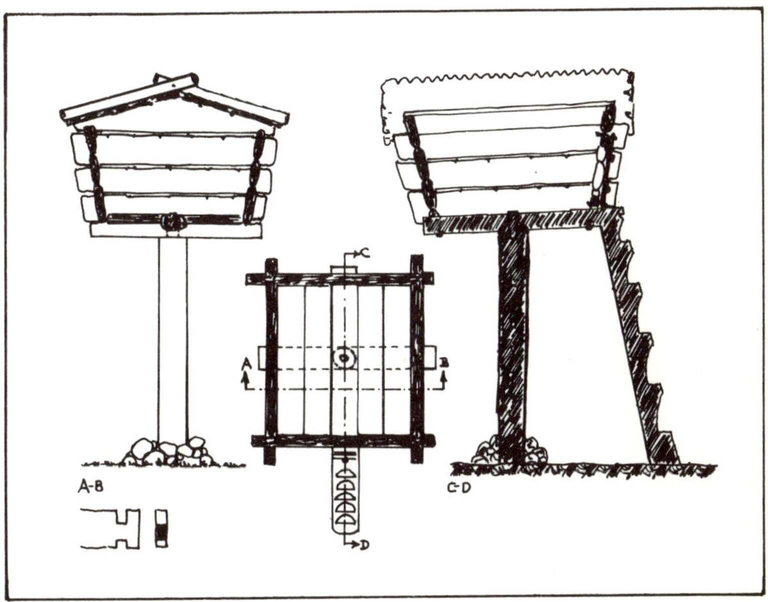

Eine lappische NJALLA, ein Vorratshaus auf einem Bein, sicher gegen kleines und großes Raubzeug, jetzt im Freiluftmuseum Skansen, Stockholm. Acta Lapponica XVIII.
Größe etwa 2x2 m. Die aus einem Stamm geschnittene Treppe wird nur bei Bedarf angelegt. (Abb. 18)

sowohl in der Alten als auch in der Neuen Welt von Zeit zu Zeit stoßen – bei Folsom auf Bisons, in Kalifornien auf Mammuts. Das verrät die Taktik der frühen Jäger, von den Lappen noch so lange geübt, wie es wilde Rene gab. Für Varanger, woher auch die Komsa-Funde stammen, im äußersten Norden Norwegens, beschreibt I. Ruong, Professor für die Lappische Sprache an der Universität Uppsala, die Massenjagd so (übersetzt vom Verfasser):

»Das Fanggrubensystem ist von Manker, Vorren und Johansson beschrieben worden. Fanggruben finden sich recht zahlreich in den nordfinnischen Gebieten, auch wenn sie noch nicht systematisch lokalisiert worden sind. Was sie auszeichnet, ist, daß sie immer an engen Durchlässen in der Landschaft plaziert sind, mal auf einer Landzunge zwischen zwei Seen, auf einem Hügel zwischen weiten Moorflächen, zwischen einem Fjord und einem Fluß, oder zwischen der Bucht eines Binnensees und einer Klamm (GÅR'SA). Wo immer zwei natürliche Hindernisse sich einander nähern, entsteht ein enger Durchlaß, in dem sich der Strom wandernder Renherden zusammendrängt. Es ist bezeichnend, daß das Samische für alle Arten von natürlichen Hindernissen die gleiche Bezeichnung verwendet, nämlich OACCI, ein altes Wort mit Entsprechungen in mehreren stammverwandten östlichen Sprachen. Die gewaltigste Anhäufung von Fanggruben findet sich auf dem Varanger-Eid, dem relativ schmalen Gelände zwischen dem Tana-Fluß und dem Varanger-Botten in Nordnorwegen (siehe Karte). Dort befinden sich Tausende von Fallgruben. Einen Teil dieses Gebietes nennt man ›Gollevarre‹. Das größte (zusammenhängende) System besteht aus 550 Gruben, die sich auf acht Grubenketten verteilen und zusammengenommen eine Länge von 8 km haben. Das Gollevarresystem verläuft in rechtem Winkel zum Tanastrom. Ein Blick auf die Landkarte der Finnmark zeigt uns, daß sich die weitgestreckte Varangerhalbinsel trichterförmig einengt, und durch diesen Trichtermund mußten die Wildrenherden auf ihrer herbstlichen Wanderung zu den Waldgebieten im Süden hindurch. In dieser Fangablage haben der Fänger und seine Familie bestimmt reiche Beute gemacht. Der Herbst war aller Wahrscheinlichkeit nach die beste Fangzeit. Aber Gollevarre war selbst-

Gruben Opferstätte Wohn-Goatte

Die Landenge zwischen Tana-Fluß und Varangerfjord. Auf Abb. 15 ist die Lage dieses Ausschnittes im größeren Zusammenhang sichtbar. Wahrscheinlich tausend und mehr Jahre alte Fallgrubensysteme der Wildrenjäger, lappischer Nomaden – unweit der Fundstellen steinzeitlicher Wohnplätze. (Abb. 19) verständlich nur eines – wenn auch das größte – von *fünfzehn* verschiedenen Fanganlagen auf dem Varanger-Eid.«

Hier sei eine Zwischenbemerkung gestattet: das heutige deutsche Wort FALLE bezeichnet mit »Mausefalle«, »Wolfsfalle« oder »Fallen-Steller« ein Gerät – trotzdem verrät es noch seinen ursprünglichen Sinn, der zuerst nur eine Grube meinen konnte, in die etwas zu »fallen« hatte.

Zu dem obigen Zitat bleibt zu folgern: Die Verhaltensweisen des Wildes wurden genau beobachtet und, darauf aufbauend, genau berechnete, gezielte Initiativen ergriffen, welche für sich genommen ein hohes Maß an Zusammenarbeit erforderten, vor hundert Jahren *noch,* und *schon* zur Folsom- oder Cochise-Zeit.

In hindernisfreiem Gelände wurde das Wild auf die Fallgruben hingetrieben. An den sich verengenden Flanken des Treibweges stellte man aus Steinen oder Baumstümpfen gefertigte primitive Figuren auf, die vom Wild als menschliche Verfolger gesehen wurden. Beim Ren kannte man ferner den Zwang, auf der Flucht vor Gefahr stets bergwärts zu laufen – also fand sich die Falle unmittelbar unter der Spitze eines Berges. Dem Jäger gefährliches Wild trieb man durch Flächenbrände in die gewünschte Richtung – Mammuts z. B. wurden sicherlich erst durch Waffen erlegt, nachdem sie zuvor wehrlos gemacht waren.

Dies erklärt einmal, warum es ›menschenmöglich‹ war, ganze Tierarten in relativ kurzer Zeit zum Aussterben zu bringen, zum anderen kommt es einem Alibi für samische Völker gleich, weil sie die gleichen steinzeitlichen Jagdtaktiken fast bis in unsere Tage anwendeten.

Gehen wir diesem Alibi noch etwas weiter nach.

Die Lappen Nordskandinaviens sind zum Teil noch heute Nomaden. Ihre bekannten Marschleistungen sind beachtlich auch deshalb, weil sie in der Regel in recht unwegsamem Gelände erbracht werden. Dabei ist es unerheblich, ob solche Wanderungen über weite Strecken im Sommer oder im Winter, im Gebirge, in Tundra oder Taiga stattfinden. Außerdem verfügen sie über ein bewundernswertes Orientierungsvermögen, auch ohne technische Hilfsmittel.

Sie bringen also wesentliche Eigenschaften für das Überqueren der Weißen Brücke und das Durchschreiten des amerikanischen Doppelkontinents von Alaska bis Patagonien mit. Auch die äquatoriale Zone konnte ohne Klima-Not überwunden werden, weil der Weg durch die Hochebenen der Anden führte, die selbst im Sommer bestenfalls skandinavische Temperaturen aufwiesen.

Zur Kennzeichnung lappischer Marschleistungen hier noch ein Zwischenbericht, der sich im Museum von Jokkmokk dokumentiert findet:

Der schwedische Forscher Erik Nordenskjöld unternahm im Sommer 1887 eine Grönlandexpedition. Ziel dieser Expedition war es, die vermutete Wahrheit alter, überkommener Berichte zu überprüfen, nach denen das Innere Grönlands eisfrei und bewohnbar sein sollte (es sei erlaubt, unter Hinweis auf Thule-Saga und oben vorgetragene eigene Vorstellungen vom einst eisfreien – jetzigen – Nordgrönland an diese Stelle ein dickes Ausrufungszeichen zu setzen)! An dieser Unternehmung nahmen zwei Lappen aus Jokkmokk teil. Nachdem landeinwärts der Steilanstieg überwunden und man nach Nordenskjölds Auffassung weit und mühevoll genug ins Innere vorgedrungen war, ohne auf freies Land zu stoßen, erboten sich Pavva Lars Tuorda und sein Kamerad, auf ihren mitgebrachten Skiern weiter vorzustoßen. Auf der sommerlichen und daher sehr glatten Harschfläche des fast ebenen Inlandeises kamen sie auf ihren 3 m langen Skiern zügig voran. Als sie nach 57 Stunden zurückkehrten, ohne eisfreies Land gesichtet zu haben, waren sie nach eigenen Angaben und Nordenskjölds Berechnungen 460 km weit ins Innere Grönlands vorgestoßen. Rechnet man 5 Stunden Pause zur Nahrungsaufnahme ab, und bedenkt man, daß die sommerliche Helle der Nächte keinen Aufenthalt erzwang, dann wird ersichtlich, daß die beiden zähen Burschen die ganze Strecke ohne nennenswerte Unterbrechung durchstanden und dabei einen Stundendurchschnitt von rund 16 km erreichten.

Da der Expedition im wesentlichen der Erfolg versagt blieb, war es nur zu natürlich, daß man daheim dem Erik Nordenskjöld auch diesen Teil seines Berichts nicht abnahm. Da selbst namhafte Forscherkollegen Zweifel äußerten, ließ er am 3. und 4. April 1884 das längste je gelaufene Ski-Rennen abhalten: Von Purkijaure nach Kvikkjokk und zurück, 220 km Lappland. Natürlich war die spätwinterliche Schneedecke Lapplands nicht mit der sommerlichen Före Grönlands zu vergleichen, trotzdem aber gewann der gleiche Pavva Lars Tuorda, der auf Grönland dabei gewesen war. Er benötigte 21 Stunden und 22 Minuten für die 220 km Strecke, obwohl die nordischen Nächte Anfang April noch etwa 10 Stunden Dunkelheit bedeuten.

Wenn wir uns – auf die Weiße Brücke übertragen – vorstellen, daß den ersten Trecks zwei »Tuordas« als Pfadfinder vorausgeglitten wären, dann hätte der Haupttrupp auch bei den beiden großen Distanzen nach jeweils drei Tagen die beruhigende Kunde von jenseitigem Land erhalten! Sehr wahrscheinlich aber war diese Tatsache auch den ersten Trecks schon bekannt, bevor sie sich zu einer endgültigen Überquerung der Weißen Brücke entschlossen.

Der Same ist heute noch und war schon in der Steinzeit vor allem ein Jäger. Der spätere Übergang zum Zahm-Ren war eine Folge zu starker Bejagung in früherer Zeit. Gejagt wurde – bis zur Überlassung von Feuerwaffen vor erst wenigen Generationen – wie vor Jahrtausenden, mit Speer und Pfeil, mit Fallgruben auf Herdenwild, und mit ausgeklügelten Fallen auf Wolf, Fuchs, Vielfraß, Luchs und Bär. Und: sie jagten schon immer, so weit ihre Erinnerung reicht, auf die großen Säuger der Arktis, Seal, Seelöwen, Walrosse, See-Elefanten, ja sogar Wale. Natürlich verstanden sie sich auch auf das Fischen. Sie scheuten keine Arbeit, um saisonale Fischschwärme durch Dämme, Gitter und Flechtwerk in flache Buchten zu zwingen, die dann abgesperrt und ausgefischt wurden. Alte Fischgründe dieser Art verraten sich heute noch in Ortsnamen und Flurbezeichnungen. Auch auf der Weißen Brücke hätten sie also gefunden, was sie begehrten.

Der Same als Menschentyp ist auch sehr erfinderisch. Wir haben über all den hochgespielten Veranstaltungen längst wieder vergessen, daß es Lappen waren, welche den Ski erfanden. Ski gab es, wie Felszeichnungen zeigen, schon in der ausgehenden Steinzeit. Hatten die Wanderer auf der Weißen Brücke auch schon Ski, dann – siehe oben! – schrumpft ihre Marschzeit auf die Hälfte. Eher älter als jünger ist auch der Schlitten, sicherlich eine sehr frühe Erfindung überall dort, wo es Eis und Schnee gab. Die lappische Variante des geschlossenen Hohlkörpers ist dabei nicht ohne Pfiff: sie funktioniert noch auf tiefem Pulverschnee, ja, sogar *ohne* Schnee! Kaum bekannt ist, daß die Lappen sehr frühe und sehr geschickte Bootsbauer waren. Sie nehmen – zu Recht – für sich in Anspruch, den nachmals so berühmten Wikingern die ersten Boote und Schiffe gebaut zu haben! Auch das Rinden-Kanu Kanadas erscheint schon deshalb Lappenverdächtig, weil insbesondere die Birkenrinde ein bevorzugter Werkstoff Lapplands ist, nicht zuletzt wegen ihrer hohen Widerstandsfähigkeit gegen Wasser und Fäulnis. Kurz, die handwerklichen Fähigkeiten des Samen sind überragend, sein Sinn für Ornamente auffallend und schöpferisch.

Hervorzuheben ist auch seine Fähigkeit, sich gegebenen oder sich verändernden Umweltbedingungen anzupassen. Nicht nur, daß der Same vom Nur-Jäger ohne Bruch zum Auch-Hirten wurde – als er im Sommer und im Winter stets die gleichen, wenn auch weit voneinander entfernten Weideplätze aufzusuchen lernte, ging er bald dazu über, sich feste Blockhütten, Katen und Erdgammen zu bauen. Er erntete Heu für den Winter und sorgte auch sonst vor. In wenigen Jahrzehnten der jüngeren Vergangenheit machte er einen gewaltigen Sprung nach vorn. Beispiel: Ein etwa 60 Jahre alter Same, den ich für zwei Fahrtstunden in meinem Wagen mitnahm, erzählte einerseits, daß Sohn und Tochter noch im Mittwinter auf dem Fjell in der Goatte, dem Lappenzelt, geboren seien. Inzwischen sei sein Sohn Ingenieur, und seine Tochter habe gerade ihre erste Stelle als Lehrerin für Deutsch und Englisch an der Lappenschule in Karasjok angetreten (es sei des Lesers Phantasie überlassen, *wo* in diesem Satze er ein [!] anzubringen für richtig hält...). Lehrer, Ingenieure, Universitätsdozenten, Chefredakteure – gewiß, noch sind das Einzelerscheinungen. Ein Menschenalter weiter, und man wird nicht mehr darüber staunen.

Für unsere Überlegungen folgern wir: Der Same ist ein Mensch von großer Erfindungsgabe, großem handwerklichen Können und großer Anpassungsfähigkeit. Die erstaunlichen Leistungen der Frühamerikaner und ihrer späteren Hochkulturen sind ihm zweifellos zuzutrauen.

Der Same kann ein weiteres Charakteristikum sein eigen nennen, das auch die amerikanischen Völker und Sprachen auszeichnet: einen ausgeprägten Familiensinn. Sitte und Sprache reflektieren die hohe Wertschätzung der Familienbande. Der Same sagt nicht einfach ›Onkel‹ und ›Tante‹, sondern hat ein spezielles Wort für jeden der älteren und jeden der jüngeren Brüder (oder Schwestern) des Vaters, oder, auf der anderen Seite, der Mutter. Auch die angeheiratete Verwandtschaft genießt das gleiche Recht unterscheidbarer Kennzeichnung. Ein eigenartiger Zug lappischen Familiensinns ist das Erbrecht des jüngsten Sohnes: er erbt die Renherde des Vaters und dessen Renmarke, und bei den schon festansässigen Skoltlappen Haus, Hof und Acker. Das ist unter nomadischen Lebensbedingungen durchaus einleuchtend, ist es doch der Jüngste, der am längsten bei den Eltern bleibt und daher auch dann noch für sie sorgt, wenn sich die älteren Geschwister längst selbständig gemacht haben. Der Holländer Ruysbroeck, der um das Jahr 1200 das mongolische Asien bereiste, war recht empört über dortige, auf die gleichen Rechtsanschauungen zurückgehende Bräuche: »Außerdem haben sie die schändliche Sitte, daß ein Sohn gelegentlich all die Witwen, die sein Vater hinterläßt, ehelicht, mit Ausnahme nur der eigenen Mutter. Denn Vaters und Mutters Wohnstatt erbt immer der jüngste Sohn, und darum muß er für sämtliche Witwen des Vaters sorgen.«[1] Eine solche Erbregel bezeugt und setzt eine beachtliche Friedfertigkeit voraus. Tatsächlich haben die Lappen und ihre nordasiatischen Stammesverwandten keine Kriege geführt, nicht einmal Gewalt gegen die Ausbeuter geübt, die sie als Steuereinnehmer (die sogenannten »Birkarlarna«) der Krone auspreßten. Schon der schwedische König Gustav I. Wasa (seit 1523) maßregelte Vögte und Bauern, die sich die Friedfertigkeit der Lappen zu eigenem Profit zunutze mach-

[1] Zitat aus: I. Ruong »Samerna«. Bei den Lappen ist Monogamie üblich.

ten. In den letzten Jahrzehnten haben die Regierungen aller nordischen Staaten darin gewetteifert, ihren Minderheiten gleiches Recht zu sichern. Ein Beispiel, das jenseits des ganzen Atlantik Nachahmung verdiente...

Gleiche Friedfertigkeit bestätigt die Amerikanistik ihren Ureinwohnern und deren Sprache verrät eine parallele Einschätzung familiärer Bande. Der Same bringt alle Voraussetzungen, und diese in reicherem Maße als jeder andere denkbare Menschentyp, mit dafür, als erster Amerikaner in Betracht gezogen zu werden.

Wahrscheinlich trafen die Trecks schon in Nord-, dem damaligen

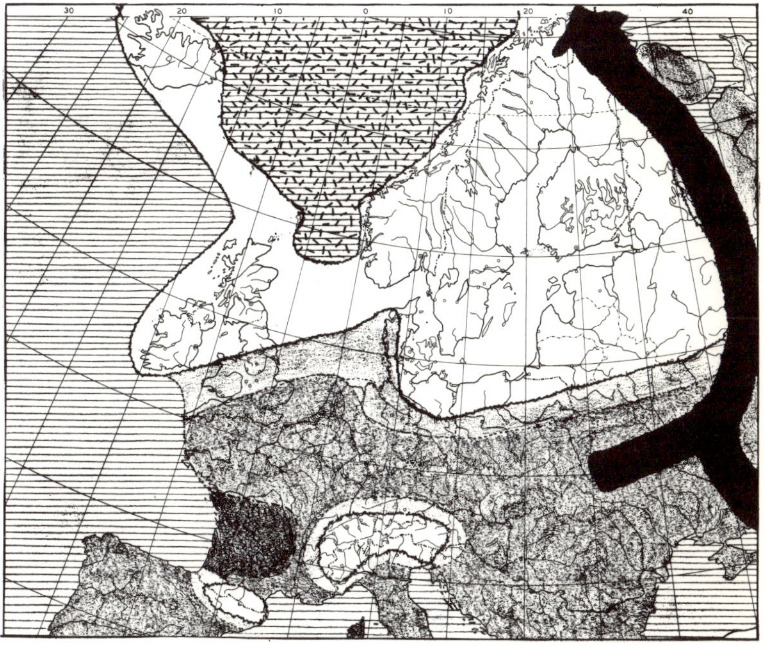

Die hellere Zone am Eise entlang zeigt das sommerliche Weidegebiet des Herdenwildes – Wildpferd, Ur, Ren. Diese Zone schwingt nahe Moskau nach Norden und reicht praktisch über Nordnorwegen bis nach Spitzbergen: Das Rentier wittert Land über Hunderte von Kilometern und überquert, ohne zu zögern, die dazwischenliegenden Eis- oder Schneefelder. Diese Erfahrung der Renjäger vermag allein die Tatsache zu erklären, daß es auf Spitzbergen seit der Eiszeit Rene gibt. (Abb. 20)

Südgrönland wieder auf das Ren, das Jahrzehntausende zuvor von Nordostasien über die Bering-Brücke hinweg Alaska besetzt hatte und zweifellos der Nase nach (nicht rhetorisch, sondern genau so gemeint) so lange ostwärts zog, wie sich Futterplätze boten. Das Überqueren der Eisbrücken zwischen Nordalaska und der arktischen Inselwelt bis hin zur Grönlandküste war für das eis- und schneegewohnte Ren mit seinen natürlichen Schneeschuhen überhaupt kein Problem.

Von der europäischen Seite der Weißen Brücke wissen wir heute, daß das Ren der Eisfront nordwärts folgte, das wegen der Meeresabsenkung teilweise verlandete Weiße Meer nach Kola und weiter nach Nordnorwegen überschritt, um von dort aus nach Spitzbergen zu gelangen. Es ist dort seit der Eiszeit nicht mehr gewichen. Seiner Ausrottung in dem bis zum Ende des 1. Weltkrieges herrenlosen Land entging es nur dadurch, daß Svalbard/Spitzbergen unter norwegische Verwaltungshoheit gestellt wurde. Die Regierung verbot sofort jede weitere Bejagung aller dort noch heimischen Tierarten.

Russische Bewohner Spitzbergens, die dort eine Schürflizenz für Steinkohle wahrnehmen, entdeckten unlängst Felszeichnungen: ein Ren und einen Wal! Der Deutsche H. J. Lierl entdeckte vor kurzem an den Fjorden der Westküste Feuersteinvorkommen und – offen zutage liegend – einige Feuerstein-Schaber, ähnlich solchen, die bei Onega am Weißen Meer, gleichfalls genau auf dem Zugangsweg zur Weißen Brücke, gefunden worden waren.

Der Wildreichtum des eisfreien Alaska und die gleichen Umweltbedingungen dort, wie sie die samischen Zuwanderer von ›daheim‹ kannten, lassen die Annahme zu, daß zunächst einmal ausgiebig Pause gemacht wurde. Der so gewonnene Lebensraum kam in seiner Ausdehnung dem gleich, den man hinter sich gelassen hatte. Die biogeographischen Umweltverhältnisse lassen sogar vermuten, daß die von Wild belebte Tundra und Taiga der Bering-Brücke in der umgekehrten Richtung, nämlich von Alaska nach Asien *eher* überschritten wurde als die vergletscherten Rocky Mountains auf dem Wege nach Süden und damit weiter nach Amerika hinein! Gemessen an der scheinbar so naheliegenden Funktion als Zugangsweg ein Pa-

Rene in unmittelbarer Gletschernähe weidend. Nordnorwegen.

radoxon, jedoch eines, das einer naturwissenschaftlichen Logik eher ent- als widerspricht.

Es ist noch nicht sehr lange her, da gehörte es zum sozialen und beruflichen Werdegang eines Mannes, einen wesentlichen Teil seiner Bildung während einer »Fahrenszeit« (ahd. FARAN = zu Fuß gehen!), auf Wanderschaft also, zu gewinnen. Die Kenntnisse von fremden Ländern, fremden Menschen, fremden Bräuchen zu erlangen galt als wichtig, weil es weltoffen, kontaktbereit und menschenfreundlich machte. Was noch unsere Väter und Großväter taten, ist und war nomadischen Menschen das täglich Brot ihres Daseins, die Wirkung die gleiche: Nomaden sind, wenn nicht gewaltsam eines Schlechteren belehrt (siehe Zigeuner, Indianer u. a.), weltoffen, kontaktbereit, menschenfreundlich. Auch hilfsbereit und gastfreundlich – mitmenschliche Not öffnet Zelteinlässe so leicht wie sie Portale verschließt...

Der Same der Eiszeit bewegte sich zwischen Pyrenäen und Ural, und auch darüber hinaus. Zweifellos aber kannte er auch die Menschen, die südlich seines nomadischen Reviers lebten. Man traf sich unterwegs, besuchte einander, tauschte Güter und Gedanken, Gegenstände und Erkenntnisse. Der Nomade war schon immer auch Mittler zwischen weit entfernten Siedlungsräumen seßhafterer Menschen, man denke nur an das zwar späte Beispiel der Skythen, deren Mittlerrolle zwischen den Hochkulturen des Mittelmeerraumes und dem fernen China schon vor 2000 Jahren von Bedeutung war. So dürfen wir annehmen, daß auch der eiszeitliche Nomade nicht in einem sonst menschenleeren Raume lebte, sondern daß es klare und nachweisbare Wechselwirkungen gegeben hat.

Einige wenige Sprachbeispiele sollen an dieser Stelle folgen und zeigen, daß Kontakt und Austausch einerseits, und noch gemeinsame Sicht andererseits zu parallelen Formen führten, welche auf eine sehr frühe Phase der Menschheitsgeschichte hinweisen.

Auf eurasischer Seite werden zum Vergleich herangezogen: Als Beispiel einer proto-mongolischen Sprache das Tibetische, ergänzt durch das Japanische. Im äußersten Westen das Baskische – ausgehend von der Unterstellung, daß das Volk der Basken seit der Eiszeit im wesentlichen den gleichen Raum bewohnt hat. Die meisten der während der Eiszeit »Weiße« gewordenen Bewohner des steinzeitlichen Höhlenreviers zwischen Pyrenäen, Rhône, Auvergne und der Biskaya scheinen am Ende der Eiszeit im Gegensatz zu den Basken (aus Gründen, die am Ende dieses Buches noch erörtert werden müssen) abgewandert und Jahrtausende später von Norden her in den Raum der späteren Hochkulturen – beginnend etwa um 6000 v. d. Zeitrechnung – eingedrungen zu sein. Zu ihnen werden hier die Sumerer, die Etrusker und auch noch die Hethiter gerechnet. Das Wenige, was bisher von diesen Sprachen enträtselt wurde, fügt sich in die Vergleiche.

Das lappische Wort GOATTE für das Lappenzelt, sinngemäß also für eine einfache Bleibe oder Unterkunft, hat in den sogenannten ugrisch-altaischen Sprachen nach Osten folgende Parallelen: finnisch KOTA, mordwinisch KUDO und KUD, tscheremissisch KUDE, ostjakisch KÅT und KAT, ungarisch HAZ. Im Tibetischen heißt es dann noch KUTU!

Und nach Westen: Im Deutschen KATE (und HÜTTE), im Englischen COT (und HUT) und COTE (plus COTTER für »Kätner« und COTTAGE für Hütte, aber auch die Pacht des COTTERS), teutonisch COTA, französisch HUTTE, baskisch GOITE und GUDA, spanisch CASA.

Alle diese Beispiele gehen auf den Archetyp TAG zurück, der Umtausch der Mitlaute (TAG/GAT) ist eine häufige Erscheinung, andere Beispiele: Topf/Pott, Ziege/Geiß, Zigeuner/Gitano, buhlen/lieben, sollen/lassen, take/get. Das lateinische TUGURIUM ist gleichfalls eine einfache Unterkunft, ebenso die schwedische STUGA, die japanische TAKU oder DAIKU, die sumerische SCHAKKU oder DUKU – *und* die mittelamerikanische TAKKA wie auch ihre südamerikanische Entsprechung TAC!

Im Vorgriff auf die in Teil IV folgende Definition der Sinngehalte und Lautwandlungen der Archetypen sei an dieser Stelle schon

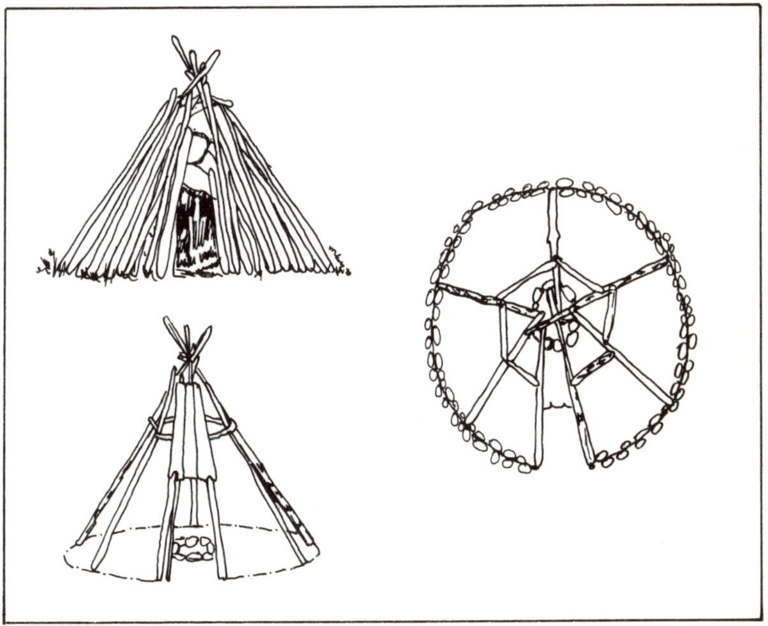

Die typische Lappen-KOTA oder GOATTE, wie sie heute noch aus Stangen und Fellen errichtet wird. Die Frage nach dem Alter dieser Bauweise beantwortet... (Abb. 21)

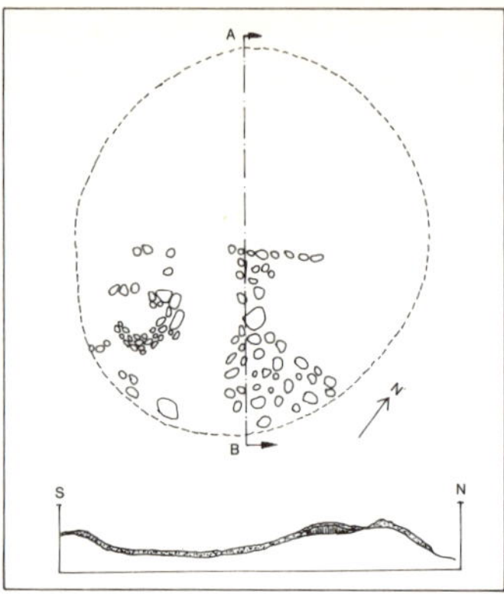

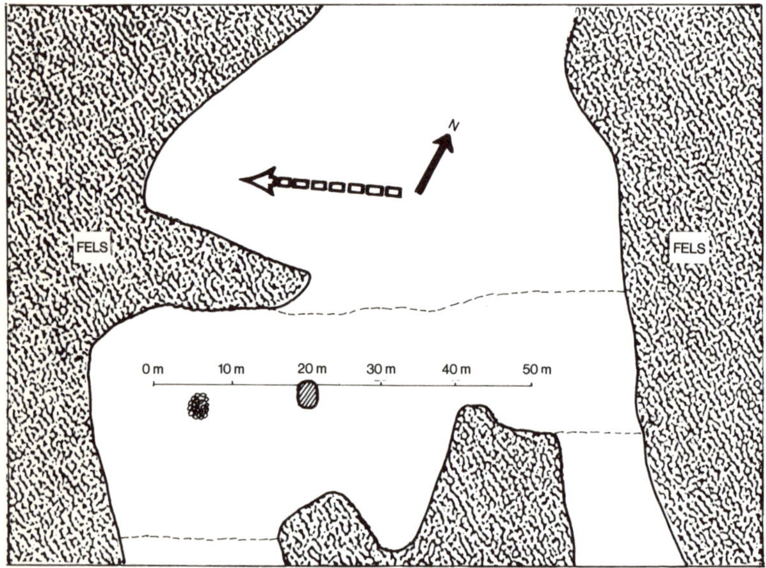

...die obige Darstellung eines steinzeitlichen Wohnbaues vom Varangerfjord. Gerade noch erkennbar sind der mit Steinen belegte Eingang und die ausgelegte Feuerstelle links.
Typisch für diese Fundstellen ist ihre Lage zwischen steilen Felswänden. Der heute gültige Nordpfeil ist irreführend: Die eiszeitliche Nordrichtung zeigt der längere Pfeil an – die Menschen der Steinzeit hätten ihre Bauten niemals in den Strom eisiger Nordwinde gestellt. Ihre Lage beweist einmal mehr die Wanderung des Pols während der Eiszeit, zum Anderen aber auch das hohe Alter der Fundstellen! Sie müssen älter sein als der heutige Nordpol! (Abb. 22)

dargestellt, daß das wichtige Lebenselement ›Wärme‹ im primären Wortschatz menschlicher Sprache von drei Archetypen hergeleitet wird, je nachdem, was sich früh und nachhaltig fixiert hatte. War die Vorstellung davon an die körperliche Wärme gebunden, so blieb der Archetyp BA auch noch für Sonne und Feuer dominant. War es die mütterliche Wärme, so gewann KALL die Vorherrschaft von CALOR bis CAELUM. Fand dagegen die Freude am Zünden, an der Fähigkeit, selbst Feuer zu machen, sprachlichen Ausdruck, so erwies sich TAG für alle folgenden Zeiten als durchschlagend. In den meisten Sprachen sind zwei oder alle drei Möglichkeiten genutzt. Da die KALL- und TAG-Derivate in den Sprachtafeln ausführlichen Niederschlag finden, seien hier BA-Formen bevorzugt.

Einfach nebeneinander gestellt, ergibt sich da folgende Liste:

lapp.	BOAL'det	brennen	aymara	PAŔI[1]	»warm«
lapp.	BUOLL	dgl.	quechua	PULL'PUY	heiß
finn.	POLA	Feuer	aym.	PHUŔ'KANE	im Feuer braten
lapp.	BUELLA	dgl.	zapotek	BELE	Flamme
bask.	BELLO	Wärme			
tscher.	BAL'YEDA	Helligkeit	bask.	PU	Feuer
mordw.	VAL'DO	dgl.	bask.	BUA	dgl.
syrj.	BI	Feuer	popol.	PIHI	Hitze

In den samischen und in den Sprachen Mittel- und Südamerikas lassen sich BA-Formen klar erkennen. Auch in der Mythologie lassen sich Parallelen finden – BAAL, BAL'DUR, DIO'BAL, DEO'FUL, TEU'-FEL, VUL'CANUS/VEL'CHANS. Auch unsere eigenen Wörter »Wärme«, »Feuer«, »Flamme«, »brennen« und »Ofen« sind solche BA-Formen. Sie liegen in den romanischen Sprachen genau so offen zutage wie in den nordischen und im Englischen.

Eine Naturerscheinung, die für den frühen Menschen eminent wichtig war, ist der Wind. Fast gleichlautend in englischen, nordischen und romanischen Sprachen (WIND, VIND, VIENTO) umfaßt die Sprache auch BA-gebundene Sonderformen wie PU'sten, BLA'sen, LUV, BIESE, BRISE, heth. PI'zil, FÖHN und chin. FUN (z. B. in Tai'FUN = großer Wind). Wiederum eine Aufstellung der Entsprechungen:

[1] Ein Akzent auf dem Ŕ besagt, daß dieses aus einem L herrührt.

lapp.	BAEW	Wind	maya	AWA	Wind
bask.	BAN'DA	dgl.		BA	Blasrohr
lapp.	VAJME	Atem	quechua	MAYO	dgl.
lapp.	BOR	Wind	chontal	VO	Wirbelwind
ostj.	POL	blasen	zapotek		
lapp.	BOSS	pusten			
bask.	AFOIN	Föhn			
lapp.	VUOIGNET	Atem			
lapp.	AIMBO	Luft	mapuche	PUY'HUA	Ostwind
bask.	BUA'DA	Wind	chontal	FUS	pusten
tib.	BUD'PA	wehen	quechua	PU'TUTU	Schalmei
tib.	BUGS	Atem	quechua	PUNA	Sierra a todo viento
finn.	PUHUA	pusten	mapuche	U'VEN	pfeifen
lapp.	BIEGGA	Wind	zapotek	BI	Biese, Brise
bask.	BEL'TZ	Misdral	quechua	PIL	Wind

Das griechische Wort BALLEIN für werfen, schleudern hat diese weitere BA-Funktion bis in unser heutiges Fremdwort ›Ballistik‹ bewahrt. Darin steckt auch noch die Komponente des Bogens, den ein Wurfgeschoß beschreibt, ehe es sein Ziel erreicht, und den man je nach Entfernung flacher oder höher ansetzen muß. Die Erinnerung an Wurfbahn und Schleudern bewahren alle BALLEIN-nahen Wörter – spätere Zeiten verwendeten dagegen bevorzugt TAG-Formen und trugen damit dem Umstand Rechnung, daß geworfene Waffen spitz und scharf waren. Deutsch PFEIL, lateinisch PILUM, »Speer«, bewahren die Erinnerung an das Primäre, das Werfen noch mit Steinen. Auch das BEIL, finn. PILU dürfte daher ursprünglich eine Wurfwaffe gewesen sein.

lapp.	BAL'kistit	werfen	quechua	VA'CHI	Pfeil
tib.	BUŔ	»Bolzen«	aymara	PAÑA	werfen
bask.	ABAL	Schleuder	quechua	VAŔACA	Schleuder
bask.	BAL'EZTARI	Bogenschütze	quechua	BOLA [2]	Steinschleuder
bask.	BAL'ESTRA	Speer	maya	PUL	werfen
mall.	BALA [1]	Steinschleuder	quechua	PEY'TA	Bogen

[1] eine schon präantike Waffe; den Steinschleuderern verdankt angeblich die Inselgruppe der Balearen den Namen.

[2] eine raffinierte Fangwaffe aus dreiteiligem Seil mit Steinkugeln an den Enden; bei Quechuas, Eskimos und Negervölkern.

Zurückblendend zu der Erwähnung der antiken und nordgermanischen Überlieferung von einer Ultima THULE bleibt an dieser Stelle nachzutragen: THULE ist das lappische Wort für ›Insel‹, heute SUOLI. Sollerö im Siljan- und der gleiche Name Sollerö im Femundsee sind also lappisch-nordische Bilinguen, denn Ö ist auch: Insel. In Namen wie dänisch »Sjael'land«, schwedisch »Ö'sel«, »Telöy«, »Dillo«, norwegisch »Söla«, »Solör«, »Sula«, »Dul'gij« an der Petschora-See, dann aber auch »Dall« an der alaskischen und »Dal'cave«, »Tal'can« und »Tal'qui« an der südchilenischen Küste hat sich der gleiche Archetyp, in diesem Falle TAL (gern und oft mit dem Sinne ›Insel‹ benutzt) klar erhalten, diesseits und jenseits der Weißen Brücke.

Auch hier spannt sich wieder ein Bogen von Europa über Grönland zu den beiden Amerika. Ganz gleich nun, ob das alte THULE der samische Name für Grönland oder schon für Amerika, zumindest für dessen nördliche Inselwelt und Alaska war – nur dem wißbegierigen Nomaden ist zuzutrauen, daß er den Inselcharakter des neuen Landes erkannte und in einen entsprechenden Namen ummünzte.

Damit sind wir schon beim nächsten Kapitel, bei der Festschreibung vorgeschichtlicher Sprache in Landschaftsnamen.

Von den KALL-Sprachtafeln (S. 199 ff.) widmet sich eine dem Phänomen Paß-Übergang-Weg, der auch in Europa vielerlei KALL-Ausdruck gefunden hat: die romanischen Sprachen in der Form COL, die keltischen in KYLE, das baskische in KALE, während sp. CALLE allgemein ›Weg‹ bedeutet, insoweit identisch mit dem frz. ALLEE. Pässe und Übergänge zu kennen war schon in der Steinzeit wichtig, und so können wir denn diese KALL-Funktion über die ganze bewohnte Erde verfolgen und z. B. als KUALLA in Indonesien, als KIALLA und CHOLAK in der Mongolei und selbstverständlich auch in Amerika finden.

Wenn wir an die Brücken der Eiszeit denken, so stimmt nachdenklich, daß jene Landschaft an Bosporus und Dardanellen, die einen trockenen Übergang nach Europa bot, noch in der Antike KULA, und die ›Säulen des Herakles‹ vor dieser Benennung durch die Phönizier KAL'PE genannt wurden. KALL-Ortsnamen auf beiden

Seiten der Straße von Messina, die gleichfalls schon bei weniger als 100 m Absenkung des Meeresspiegels begehbar war, deuten in die gleiche Richtung. Letztes Beispiel: KOLA, jene Halbinsel im Norden, welche schon einen Teil der Weißen Brücke bildete, und welche nach dem Verschwinden derselben als einzige noch diesen Hinweis hätte bewahren können.

Machen wir uns hier noch einmal klar, daß steinzeitliche Geographie in sprachlicher Kennzeichnung bestand. Wenn heute ein

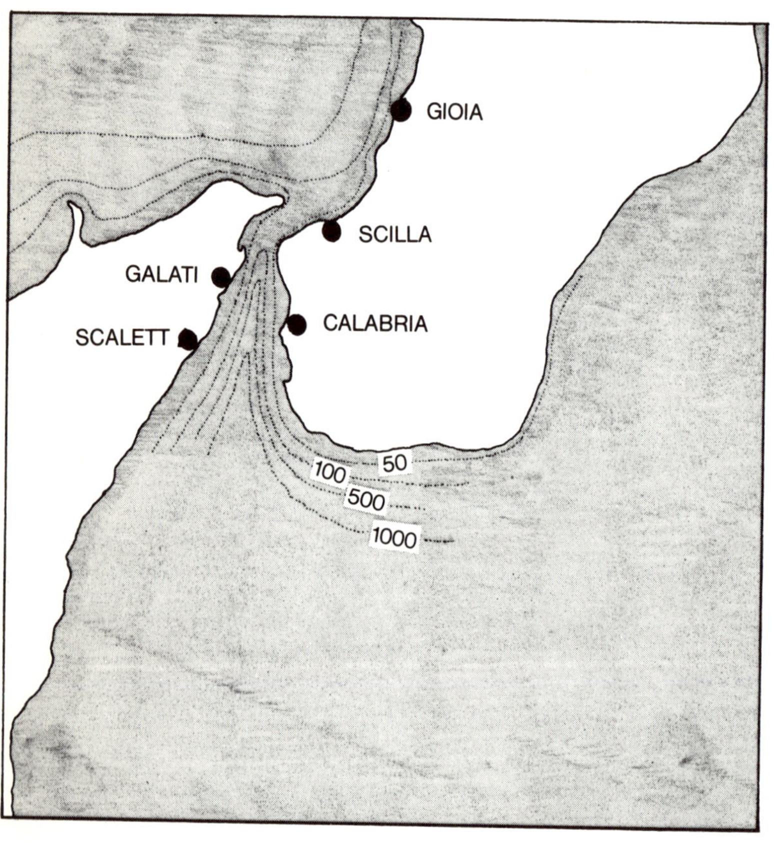

Die Straße von Messina (Abb. 23)
Ortsnamen auf *Kall*
Tiefen

norwegischer Fluß noch ›Lakselv‹, ein Bergsee ›Siksjö‹ und eine Insel ›Kvaloy‹ »heißt«, dann ist das ein paralleler Vorgang: wer den Namen hört, weiß, daß man im Fluß Lachse, im See Sik, und von der Insel aus Wale fangen kann. Das ist der Sinn jeder landschaftlichen Kennzeichnung. Wenn diese zum ›Namen‹ wird, bleibt sie in aller Regel unverändert, auch dann noch, wenn der Sinn schon nicht mehr verstanden wird. Wenn man das weiß, dann kann man mit Hilfe der Archetypen den ursprünglichen Sinn wieder lesen. Was so im Laufe vorgeschichtlicher Zeiten im Gedächtnis und in der Überlieferung der Menschen ›festgeschrieben‹ wurde, ist Ausgangsmaterial der Paläolinguistik.

Das Festschreiben der Landschaftsbenennung hat überdies zwei Seiten: Wenn Menschen in neue, bisher unbekannte Landschaften vorstoßen, dann verwenden sie naturgemäß die gewohnten sprachlichen Formen für die gleichen landschaftlichen Erscheinungsformen wie dort, woher sie kommen. Wenn dann andere ihnen folgen und ein Austausch von Informationen stattfindet, so übernehmen die Neuankömmlinge von den schon Ortskundigen deren Bezeichnungen auch dann, wenn sie deren Bedeutung schon nicht mehr verstehen. Entschließen sie sich später gelegentlich, dem als Namen übernommenen Wort ihre eigene Kennzeichnung beizugeben, dann entstehen Bilinguen wie ›Heilbronn‹ oder ›Kallmünz‹, deren Sinn im einen Falle »Quelle«, im anderen »Mündung« ist, nur halt in einem Namen auf zweierlei Art gesprochen.

Die südfranzösischen LANDES an der Biskaya fesseln den Forscher aus mehreren Gründen. Den Landschaftsnamen landeinwärts ist zu entnehmen, daß das Meer hier einst ein weites, periodisch überflutetes Sandbecken schuf, und daß die Flüsse, allen voran Adour und Garonne, ihre Mündungen wiederholt verlegt haben müssen. Kleinere Wasserläufe haben ausgesprochenen Priel-Charakter, d. h. ihr Lauf wurde immer wieder von Anschwemmungen verbaut und zum Ausweichen gezwungen. Welch ein Paradies für steinzeitliche Fischer! Jede Ebbe ließ große Strecken der flachen Küste frei, und in den zurückbleibenden Mulden, Lachen und Pfützen tummelten sich leicht zu greifende Fische.

Verfolgt man anhand einer Karte von 1 : 200 000 die Ortsnamen landeinwärts, so begegnet man der Flurbezeichnung »La Lande« immer wieder. Offensichtlich kam ihr einst eine besondere Bedeutung zu, denn man begegnet ihr auf Tief- oder Flachland, in größerer Höhe als feuchte Ebene mit Kleinstgewässern. Im benachbarten Baskenland steht LANDA für Ackerland; das mag noch hingehen, ist doch Tief- und Flachlandboden sicherlich auch der erste Ackerboden gewesen. In Estland, nach der Eiszeit samisches Revier, bedeutet LAND Pfütze, im Finnischen steht LANTTO für Einsenkung und gleichfalls Pfütze, während ALANNE (ALADNE) ein Tiefland bezeichnet. Das lapp. LADDA ist einmal der Ausdruck für den flachen Strand, an dem sich gut ›landen‹ läßt, zum anderen ist es fast schon der Name für den Teil Nordfinnlands, der topfeben und noch ohne Tunturis ist.

Entnimmt man diesen Varianten das Wesentliche, so waren LES LANDES an der Biskaya ein Tiefland mit zahlreichen Lachen und kleinen Gewässern. Das trifft nicht auf die heutige in dem Maße zu wie auf die eiszeitliche LANDES. Damit spannt sich der sprachliche Bogen an Europas Küsten entlang von den baskischen Küsten der Biskaya bis nach Nordnorwegen – und schließt dabei auch Deutschland ein. Wenn man die Lage aller der mit »Land-« beginnenden Ortsnamen prüft, dann haben die meisten von ihnen – Landau, Landeck, Landesbergen, Landsberg, Landkirchen, Landgraben, Landsatz, Landshut u. v. a. m. – unter eis- und nacheiszeitlichen Bedingungen ihren Namen ›verdient‹. Bei den mehrfachen »Land'au« bedeutet die Endung -au für sich allein schon: Niederung am Ufer eines Flusses. Die »Lands'berg« mögen Zweifel wecken wegen des zweiten Namensteils, doch liegt Landsberg am Lech da, wo das Lechfeld – eine sich bis Augsburg erstreckende Ebene – beginnt, Landsberg an der Warthe genauer am Warthebruch, einem Urstromtal, Landsberg an der Prosna in ähnlicher Lage vor der Tarnowitzer Platte. Soweit ›-berg‹ keine Verflachung von ›-burg‹ darstellt, deutet man es hier sicherlich korrekt, wenn man darunter eine leichte, trockene Erhebung in flachem, feuchtem Umland versteht. Aber Land steht auch an Ortsnamen-Enden: Über die Insel »Langeland« kein Kommentar, »Daxlanden« bei Karlsruhe liegt inmitten alter Rheinarme. Hierher gehören auch das »Alte Land«, die »Vierlande« und die »Marsch'lande« bei Hamburg.

Die Wendung zum heutigen Sinngehalt von ›Land‹ ist erst später erfolgt, die Sinnwandlung über das baskische LANDA unschwer zu begreifen.

Das lappische LADDA erweist mit aller Deutlichkeit, daß das Wort LAND archetypisch eine TAL-Form ist – warum auch nicht, es ist ja nur *eine* Variante des Begriffes ›Boden‹, ›unten‹: eng. SOIL und lat. SOLUS und TELLUS sind Erde, nord. SÖLE das dt. SIELEN, sich mit Erde beschmutzen, dt. ma. DAL unten. Im lat. TAL'PA für Maulwurf steckt TAL für ›Boden‹ genauso wie in den südamerikanischen Wörtern TALE'GALLA und TAL'PA'COTI für an den Boden gebundene, weil flugunfähige Trappen.

Für den Basken ist alles, was unten ist, ZOLA, der Erdboden SOLO, für die Quechua ist TALA das Unterste, bei den Tibetern der »Tal«-grund, quechua TALLAY sich auf den Boden legen, TILANA etwas auf dem Boden bearbeiten, SILLA eine geröllhaltige Bodenart. Der Schößling, der dem Erdboden entsprießt, eng. ma. TILLER, sp. TALLO ist bei den Nahuatl Mittelamerikas SELIA, bei den Quechua des Inkareiches TXALL'MA. So wie eng. TILL das pflegliche Bearbeiten des Ackers bezeichnet, nannten die Griechen jene kretischen Agronomen, die einst ihre Lehrmeister waren: TEL'CHINES.

Das Loch im Erdboden, in eng. DELL und dt. DOL und DELLE als TAL-Derivat noch erhalten, war bei den Griechen TALLON (ME'TALLON = große Grube«, und davon leitet sich unser »Metall« her!), die Basken nennen es TXOLO und ZULO, die Quechua TOJLLA. Ein Loch mit Wasser gefüllt nannten die Griechen THEL'MA, die Nahuatl TIL'MA – die Tuareg im südsaharischen Ahoggar übrigens genauso.

Unser körperlich unterstes, die SOHLE, eng. SOLE, sp. SUELA, finn. TOLA, bask. ZOLA, heth. TALLA wiederholt sich bei den Aymara in SILLU für Huf, Tatze und bei den Quechua in TXALALA für deren grobe SAN'DALE (!).

Zu ebener Erde liegt unsere DIELE (auch die DIELEn, die wir auf dem Boden verlegen), die sp. SALA, die bask. TOLA, die vorderasiatische TELL, die kretische THOLOI und die quiché SOL Mittelamerikas. Unmittelbar auf dem Erdboden steht auch unser ZELT, nord. TÄLT, bei den Basken XOLA, bei den Lappen DALLO, bei den Finnen TALO (hier schon im Sinne von ›Haus‹), bei NA/indian. Stämmen TOLA.

Zu LAND noch eine Anmerkung: Wenn sich die Festschreibung jenes Wortes bis in den hohen Norden verfolgen läßt, liegt der Schluß nahe, daß der eiszeitliche Same an dieser Verteilung nicht ganz unbeteiligt war. LES LANDES und bask. LANDA deuten darauf, daß er dabei wirklich bis in die Pyrenäen gekommen sein kann, man erinnere sich auch an die frappante Übereinstimmung der lappischen GOATTE mit der baskischen GOITE! für die gleiche Sache.

In dem Sommer, der der Fertigstellung dieser Arbeit vorausging, bereiste der Verfasser Lappland. Neben allgemeiner Feldforschung ging es darum, festzuhalten, inwieweit in Landschaftsnamen erkennbare Regeln auch noch in der heutigen Umgangssprache lebendig seien. Sein Fragen nach dem im nächsten Abschnitt erörterten ›Leitfossil‹ LANKI blieb aber ohne Echo, weder finnische noch schwedische oder norwegische Lappen kannten das Wort. Und doch gibt es dies LANKI als Orts- oder nur Flurnamen, stets an Flüssen, genauer: an besonderen Flußabschnitten, etwa an Verbreiterungen; aber das war den Landkarten allein nicht zuverlässig zu entnehmen. Auf die Frage schließlich, wie denn er eine Flußpartie nenne, die sich seenartig erweitere, antwortete ein Karasjok-Lappe: LUOP'PAL. Nun, das war kein schlechter Trost. Denn sofort sprang der Funke über zu dem deutschen, nicht gerade seltenen Ortsnamen LAUF oder LAUFFEN, der in Deutschland dadurch auffällt, daß er sich hauptsächlich an markanten Flußkrümmungen fixiert zu haben scheint. LUOPPAL bedeutet auch einen kleinen Fluß, der in einen See hinein und am jenseitigen Ufer wieder abläuft.[1] Das beigegebene Kartenblatt zeigt bei dem Ort Lauffen a. Neckar unweit Heilbronn die markanten Neckarschlingen nicht nur der Gegenwart, sondern auch der eiszeitlichen Vergangenheit. Und genau dort, abseits des jetzigen Laufs,

[1] Ob nicht das menschliche dt. »laufen« dem »Lauf« des Wassers ebenso abgeguckt ist wie das »rennen« eine Aktivation von »rinnen« sein könnte?

tragen Flurnamen heutiger Äcker die Bezeichnungen »Seehaus«, »Seeäcker«, »See«, »Holderland«, »Wasseräcker«. Der Geologe bestätigt, daß solche Benennungen in der Eiszeit und während der Abschmelzung zutreffend gewesen sind.

Nun ist LAUF nur eine geringfügige Weiterentwicklung von LAB

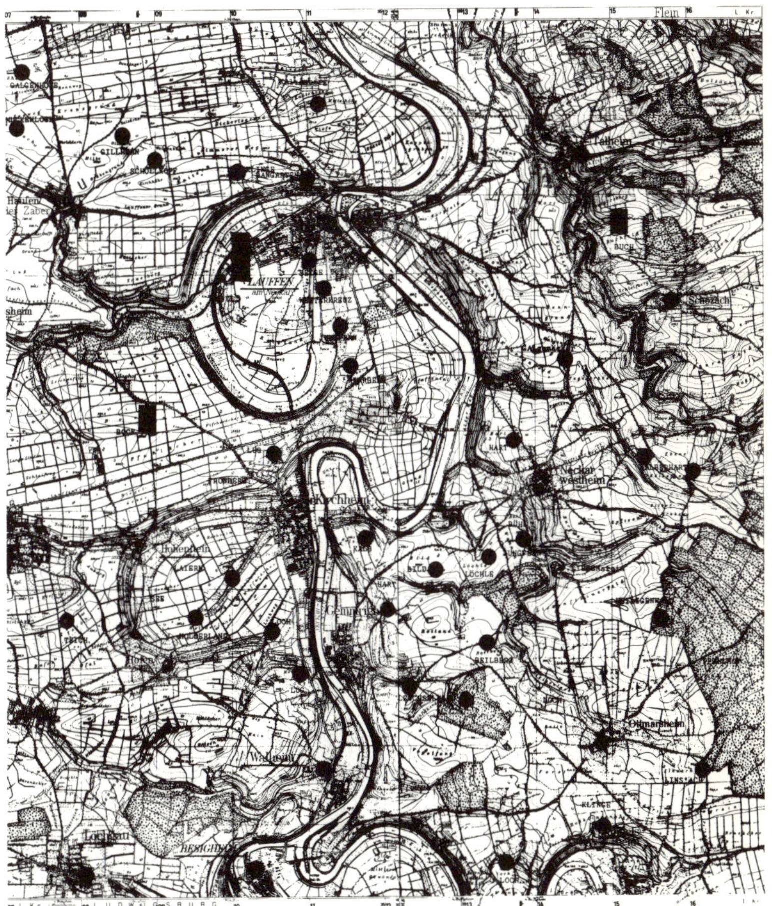

DER NECKAR BEI LAUFFEN

LUOPPAL in Deutschland
und paläolinguistisch auch sonst wichtige Ortsnamen. (Abb. 24)

(und dies eine Umkehrung der dem Archetypen BA nahen Form BAL) und man darf erwarten, daß es auch alle Zwischenstufen gibt. Man vergleiche die LAABER, die oberhalb Straubing in die Donau mündet, LABBECK bei Xanten, LOFFENAU bei Baden-Baden und die LOBAU bei Wien, die LÜB'NITZ in Pommern und LÜBBENAU am Spreewald, die LEBA an der pommerschen Küste und LEBBIN auf Wollin, die LIPPE bei Detmold und LIEBE'SEELE (man darf sich ungeniert schütteln bei dem Gedanken an das, was in einen solchen Namen nachträglich alles hineingedeutelt worden ist!) bei Lebbin.

Für uns ist die ELBE ein Flußname, im Norden ist ELV oder ÄLV noch ein Wort (für Fluß). Der Name ist sicherlich alt; die Elbe war während und nach der Eiszeit der Haupt-Drain für die Schmelzwasser der Vergletscherung. In ihrem Oberlauf heißt sie übrigens LABE! LAB'OE ist ein Ortsname am Ausgang der Kieler Förde; er konnte nur entstehen, als die Kieler Förde als Schmelzwasserablauf noch Süßwasser transportierte, wie alle Ostseeförden in den nach der Eiszeit sich bildenden großen Schmelzwasserbinnensee.

Ein Blick auf den Küstenverlauf nördlich des Stettiner Haffs zeigt, daß die Inseln Wollin und Usedom Teile einer Nehrung

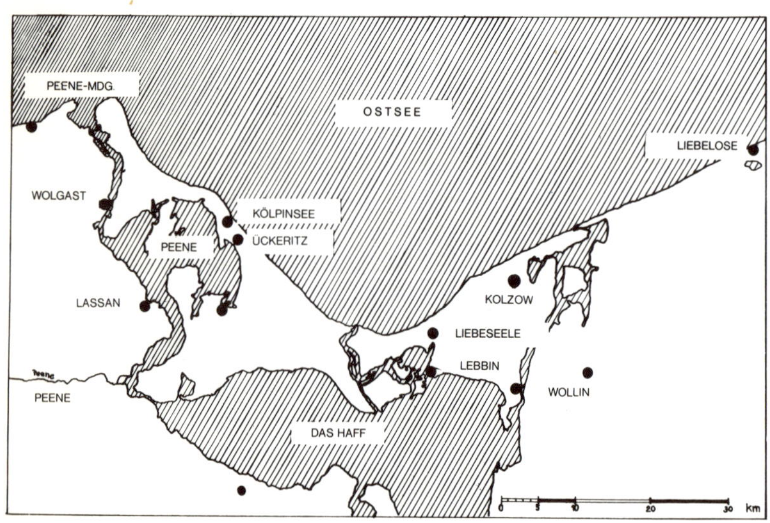

Das Haff und seine Nehrung (Abb. 25)

(Länge ca. 70 km, vgl. dazu Gibraltar mit rund 20 km) sind, welche die Ostsee erst nach der Eiszeit vor den Oderablauf staute. Die drei mühselig freigehaltenen Durchlässe waren wohl nie ortsfest, ehe nicht der Mensch nachzuhelfen begann. Das zeigt besonders die mittlere Swine, die sich ihrer Mündung auf Umwegen entgegenwindet. Bei mehr Wasserführung lief sie an »Lebbin« und »Liebe'seele« vorbei geradewegs nach Norden zur See. Diesen alten Lauf aber markieren die beiden Ortsnamen, wobei »Liebe'seele« eine BAL/TAL-Kombination darstellt, welche Fluß-Niederung (siehe den westlich benachbarten »Saaler« Bodden) oder sogar einfach nur zweimal ›Fluß‹ (vgl. Flußnamen wie »Saale«, »Sal«bach) bedeutet. Ganz in der Nähe, am Horster See, ein Mündungsrest, den zu verbauen der See gelungen ist, wiederholt der Ort »Liebe'lose« die gleiche Kombination aus einst gleichem Anlaß, wie die Kartenskizze gerade noch erkennen läßt. (Abb. 25)

Doch nun zu dem schon erwähnten lappischen Landschaftsnamen LANKI. Als Berliner denkt man sogleich an die »Krumme LANKE«, die mit Schlachtensee und Grunewaldsee und einigen Tümpeln einen alten Flußlauf neben der Havel markiert. Das zeigt nicht nur ein Blick auf die Karte oder aus der Luft, sondern wiederum ein samisches Wort: lapp. LUOK'ta und finn. LACH'ti bezeichnen eine Bucht; aber der »Sch'LACH'tensee« kann nicht gut ›Bucht-See‹ genannt worden sein, vielmehr war er selbst eine Bucht, die Bucht eines vorüberziehenden Flußlaufs. Auch die Krumme LANKE war, gemessen an lappischer Landschaftskennzeichnung, eine seenartige Flußverbreiterung.

LANKE als Leitfossil zur Erforschung steinzeitlicher Sprache ist sehr ergiebig. Auch wenn man sich zunächst eng an die LANK-Form hält, ist die Auswahl reichlich: linksrheinisch LANK bei Krefeld, LANK'LAER an der holländischen Grenze; in Norddeutschland LANKE bei Eberswalde, LANKER See in Holstein, LANKOW bei Schwerin und LANKOW südlich Kolberg in einem Urstromtal wie übrigens auch LANKWITZ bei Berlin. Auf Rügen gleich dreimal: LANKEN, LANKEN'-DORF, und LANKEN'BURG. Wir dürfen übrigens sicher sein, daß LANK wie LUOP Flüsse meint, keinesfalls Meeresufer – eher lag eben Rügen[1] einst an Flüssen und diese Ortsnamen blieben erhalten, als die ursprünglichen Voraussetzungen nicht mehr zutrafen. Das ist ja der Reiz der paläolinguistischen Landschaftsnamenforschung: Man braucht den Geologen, um das Alter der Landschaftsformen abzuschätzen, welche zu dieser oder jener über die Jahrtausende hinweg konservierten Form geführt haben.

Im Süden Frankreichs, am einstigen Ostrand der großen, heute »Les Landes« genannten Bucht: LENCOU'ACQ und, wenn auch anders geschrieben, das gleiche noch einmal Las'LANG'ACHES (d. h. LANK mit ACQ = Wasser). An der Garonne entlang LANGON, La LONGUE, LONGUE'TILLE und LANGOIRAN – letzteres ist eine interessante Zusammenziehung von LANG und GARONNE! An der Loire noch LANGEAIS, in der Bretagne LANGUIDIC (d. h. LANGUI'D'IC oder LANKI + Wasser).

Die Basken haben für das, was wir See nennen, das Wort LANGA. Da sie Seen in unserem Sinne in ihrem Lande gar nicht haben, kann LANGA nur das gleiche beinhalten wie das lappische LANKI: die gelegentliche Aufstauung eines Flusses.

Nun fragt sich natürlich, ob nicht alle die deutschen Langen, Langenburg, Lengede, Langenau, Lengfurth, und Namen auf -lingen gleichfalls auf LANKI zurückgehen. Bei den allermeisten trifft ihre Lage an jetzigen oder früheren Gewässern zu, ihre Zahl ist Legion. In der oberrheinischen Ebene liegen Linkenheim, Lingolsheim und Lingenfeld an Alt-Rheinufern. In der gleichen Landschaft finden sich noch Langenwinkel bei Lahr, Linx bei Kehl, Knie'lingen bei Karlsruhe, Langenbrücken bei Heidelberg (wo für eine ›lange Brücke‹ nie Bedarf bestand), Langen bei Darmstadt. Im engen Mittelrheintal nichts, aber sobald wieder Flachland den Strom begleitet: Lengsdorf und Langel bei Bonn, und Langenfeld südlich Düsseldorf.

Im dünner besiedelten Nordosteuropa werden die LANKI- und

[1] Im Gegenteil: RÜGEN ist selbst ein Gewässername und gehört zu der großen Gruppe der RIEKA/REGEN/RHONE/RHÖN/RHEIN/RHIN-Namen, die ein Gebiet mit vielen Seen, Tümpeln, Bächen und auch Mooren bezeichnen, sei es im Quell-, sei es im Mündungsgebiet oder unterwegs wie beim Rhein.

insoweit auch die LUOP-Formen seltener und man findet sie als Landschaftsdetails nur noch auf Karten mit Maßstäben unter 1 : 200000. Es sei hier angemerkt, daß sich Spuren dieser typisch lappischen Terminologie in der Mitte und im Süden Osteuropas schnell verlieren – mit anderen Worten: sie halten sich innerhalb des eiszeitlichen Wanderreviers der samischen Nomaden, das nach Süden durch biogeographische und klimatische Gegebenheiten begrenzt war. Um so erstaunlicher muß daher ihre Anwesenheit in Amerika wirken.

Dem aufmerksamen Leser ist gewiß nicht entgangen, daß im Abschnitt LUOP/LAUF Beispiele aus Frankreich übergangen wurden. Das heißt nicht, daß sie fehlen. Die vielen Saint Loup an Flüssen (wörtlich: Heiliger Wolf – also sinnlos) und andere LAUB-Formen deuten das an. Zu oft aber sind ein Artikel LE oder LA mit einem Folgewort, das mit B beginnt, verschmolzen. Aus dem gleichen Grunde, nämlich um grobe Irrtümer zu meiden, werden nun LANK-Beispiele in Nordamerika übergangen, zu leicht könnte sich da ein europäisches LANG oder LONG eingeschlichen haben, das eben wirklich nur »lang« bedeutet. Diese Lücken in der Beweiskette werden aber in dem Augenblick bedeutungslos, da wir uns Südamerika zuwenden.

Die Darstellung der Festschreibung steinzeitlichen Wortschatzes in amerikanischen Landschaftsnamen würde – und wird dereinst – viele Bände füllen. Deshalb ist hier die Beschränkung auf einen Ausschnitt notwendig. Die Wahl fällt naturgemäß auf eine Landschaft, deren einheimische Idiome auf den hier a. a. O. veröffentlichten Sprachtafeln unter der Spalte »SA/indian.« wiedergegeben sind und das Quechua, das Aymara und das Mapuche umfassen. Das sind einmal die Sprachen des Inka-Reiches, so wie sie heute noch gesprochen werden, zum anderen ist ihre Entfernung zur Weißen Brücke die größte – sowohl in Meilen als auch in Jahrtausenden – und sollte daher eine weitestgehende Verfremdung bezeugen. (Eigentlich, jedenfalls.)

Benutzt wurde ein chilenisches Ortsnamenverzeichnis, das »Diccionario Geografico – Etimologico Indigena de las Provincias Valdivia, Osorno y Llanquihue«, von Walter Meyer-Rusca in Zusammenarbeit mit R. P. Ernesto Wilhelm de Moesbach im Jahre 1955 veröffentlicht. Ein quantitativer Vergleich zeigt, daß von den gut fünfzig Ortsnamen, die das Lexikon zu den Komplexen LUOP und LANKI enthält, nur sechs auf guten Atlanten und verfügbaren Aerial Charts verzeichnet sind. Da umgekehrt Ortsnamen-Beispiele gleicher Art sich auch außerhalb des gewählten Ausschnittes befinden, kann für die sogenannten Rückzugsgebiete allgemein eine zehnmal größere Häufigkeit als die auf Karten feststellbare angenommen werden. Je weiter einheimische Siedlungsräume von den Einfallswegen der Spanier und Portugiesen entfernt sind, um so größer blieb selbstverständlich die Zahl originaler Namen.

Zur Aussprache an dieser Stelle nur eine Anmerkung: Die Übertragung einheimischer Laute in spanische Schreibung hat dazu geführt, daß für W oder V ein HU gesetzt wird, das hier häufige HUA oder HUE wird WA oder WE gesprochen und steht für Ort, Platz, Wohnstatt (siehe BA). Mancher, der in quechua HUASI schon unser ›Haus‹ wiedererkannte, wird von der Aussprache ›vasi‹ enttäuscht sein. Einige wenige Abkürzungen (ON = Ortsname, Fl. = Fluß, Bez. = Bezirk) seien gestattet, Erläuterungen auf das hier Wesentliche beschränkt. Die von den Verfassern gebotene und hier übergangene sogenannte etymologische Deutung verfährt nach guter deutscher Art à la Heidelberg = Berg der Heidelbeeren, Ziegenhain = Wald der Ziegen, Falkengesäß (Odenwald) = ... Folgerichtig lesen wir bei Meyer »LONCO'PITRI = von lonco = Kopf, pechiü = Schreiner, daher Schreinerkopf« oder über LIPI'PANGUI, »von lepi = Feder, pangui = Löwe, daher Löwenfeder«. Und zur Begründung des Absurden wird erläutert: »Die Indios wählen manchmal für ihre Benennungen Wörter, die untereinander keinerlei Zusammenhang haben, einfach, weil es ihnen Spaß macht.«

Spaß beiseite – wer, wie der Paläolinguist auf der ganzen Erde zuhause sein muß, sieht die Dinge anders, nämlich so:

LANCO
ON im Bez. Pitren, benachbart noch »Longahue«

LANGAR
ON am Rio »Lingue«

LONGA'HUE
ON bei Lanco, Bez. Pitren

LONCO'HUACA
ON Rio Negro, angeblich »Ochsenkopf«

LLANCO
ON nahe La Union
LLANCA'CURA
ON am Rio Bueno
LLANCA'CHEO
Quellgeb. des Rio Coihuin
LLANCA'HUE
Fl.-Arm bei Valdivia
LLANCO'PAN
ON am Westufer des Calafquen-Sees
LLANCHILMO
Inselgruppe am Comao
LLANQUI'HUAPI
Insel im Ranco-See
LLANQUI'HUE
See und Bezirk
LLANQUI'HUE
Fl. aus Neltume- u. zum Panguipulli-See

LLANQUI'LEF(!)
Fl. im Bez. Quilacahuin

LONCO'HUINA
ON Rio Bueno, angeblich »Katzenkopf«
LONCO'PAN
ON Los Lagos, angeblich »Pumakopf«
LONCO'CHE
Fl. zw. kl. Seen am Comao
LONO'CHAIGUA
ON und Fl. bei Loncoche
LONQUI'MAI
ON bei Lanco, Bez. Pitren
LENCA
ON a. d. Mdg. des Rio Coihuin
LENGUAR
Insel des Llanchilmo
LENGUE od. LENQUI
ON Bez. Puluqui
LINGUENTO
ON am Südufer des Inaque-Sees
LINGUI'EGEO
ON am Panguipulli-See
LINGUE
Fl. im Bez. u. nahe dem Inaque-See

Meyer und de Moesbach ziehen zur Erklärung mehrfach das Wort LANCÜ heran, das den Sinn von ›untergehen‹, ›überflutet werden‹ habe. Das erinnert an das lapp. LANKI insoweit, als das Verhalten wasserreicher Flüsse bei einigem Gefälle durchaus zu Aufstauungen und damit zum zeitweisen oder definitiven Verschwinden von Uferland führen kann. Ein solcher Naturvorgang entgeht einem ganz in der Landschaft lebenden Nomaden um so weniger, als Flußufer für ihn zugleich immer auch Wege sind. Wenn wir im Deutschen von »fluten« sprechen, denken wir nicht mehr an »Fluß«, die Sprache hat den Zusammenhang jedoch bewahrt – nehmen wir daher an, daß LANKI und LANCÜ einander ähnlich nahe sind. Leichte Sinnverschiebungen sind trotz Wortgleichheit eher die Regel: man denke an dt. »schmal« und eng. »small« oder dt. »groß« und eng. »gross« – die mit ›klein‹ und ›dick‹ ganz schön abweichen von unseren Vorstellungen.

Nun zu LUOP/LAUF:

LAB'QUEN
alter Name für Fl. Cau-Cau

LEUFU'CAVE
Fl. a. d. Calafquen-See

LAF'QUEN'MAPU
Landschaftsname nahe Osorno

LAPI
Bach zum Rio Bueno
Bez. Rinihue
LLOBEN
alter Name des Lago Puyhue
LLOFON
ON am Ca'LAFQUEN-See

LLOFE
ON am Südufer des Rio Pichay
LLUFUN
ON bei Osorno
Lliu'LEUFU
Fl.-Arm des Akucapi
Lanqui'LEF
Fl. im Bez. Quilacahuin
LEF'CAIHUE
Bach im Bez. Osorno

LEPI'HUE
ON im Mündungswatt des Rio Maullin
LEP'TEPU
Priel im Mündungswatt des Rio Comao
Lig'LEUFU
Flußarm zum Rinihue-See
LIPELA
Fl. der Cordillero aus dem Lago de Ranco
LIPI'CHONE
ON am Osorno
LIPIL'MO
ON am Osorno
LIPINGUE
ON am Colli'LEUFU Fl.
LIPIN'ZA
Fl. i. d. Pirihueico-See
LIPI'PANGUI
ON im Bez. La Union

Gewiß, man müßte sich vergewissern, ob nicht doch ein vorkolumbischer Schwabe bis in den Süden Südamerikas sein Wesen getrieben hat und nun alle achtbare Forschung zum Narren hält – der Haken ist nur, er hätte daneben auch die Lappen gleichschalten müssen, und nicht nur sie: auch die Briten sind an diesem Spiel beteiligt, ihr LOOP ist zwar Krümmung allgemein, aber im besonderen eben doch wieder: die Flußschleife! Bei den Basken hätte er einen ähnlichen Erfolg haben müssen, ihr LEPO ist ein enger Flußlauf zwischen Bergen, was die Lappen ihrerseits wieder LOAB'ME oder LOAW'KO nennen.

Ein solcher Schwabenstreich schon vor Kolumbus ist keine Lösung für unser Problem, denn das wird noch um einige Nuancen vertrackter:

Die chilenischen LUOP/LAUF-Entsprechungen gesellen der wissenschaftlichen Problematik noch den Übermut – LEUFÜ ist nicht nur *Name,* sondern auch *Wort* für ›Fluß‹, LAF'QUEN für Gewässer allgemein, und LEFI ist – man schaut unwillkürlich zweimal hin! – ›laufen‹...

Eine weitere Variante, wenn auch immer noch in engem Kontext mit LUOP/LAUF/LEUFÜ: LAFI in chilenischen Orts- und Flußnamen bezeichnet ›lang ausgestreckt‹, lappisch LAW = ›weit auseinander gezogen‹, LAEBBA ›flach ausgestreckt‹.

Wenn es stark und ausdauernd regnet, so daß das Wasser an uns herunter- und über den Erdboden ›läuft‹, dann ist das bei den Mapuche ein LLOFEN. LEUFÜ und LLOFEN sind aber nach Sprache und Sinngehalt nicht weiter voneinander entfernt als unser ›regnen‹ und unser ›rinnen‹ – und damit wären wir wieder am Rhein!

Zuerst in Chile:

RAN'CO
See zwischen Puyhue- und Rinihue-See
RAN'CU
Flußarm zum Panguipulli-See
RANQUIL
ON am Rinihue-See

RENI'HUE
kl. See und Fl. bei Comao
RINI'HUE
See
RININA'HUE
Fl. zum Lago Ranco

Nur nebenbei: RÜN als Wort bedeutet ›rinnen, fließen von Wasser‹.

Es wäre ein voreiliger Schluß, vom Rhein anzunehmen, daß es sich um ein Wort oder einen Namen für ›Fluß‹ handele. Er hat zwar viele Parallelen in- und außerhalb Deutschlands: Die Regnitz bei Nürnberg, die Recknitz bei Rostock, den Regen bei Regensburg, die Rhône, den Reno, die Rijeka, die Rjenja und Renge in Litauen, die Rönne und Rone in Schweden, die Rena in Norwegen, die Roine in Finnland, neben vielen zweifelhaften Anklängen in Nordamerika die eindeutige Roanoke (Rhein + ACQ/Wasser) bei Washington, die zudem einem schottischen Gewässer, dem Rannoch so genau entspricht, obwohl zuverlässig bekannt ist, daß Roan'oke kein schottischer und Rann'och kein indianischer Name ist!

Rhön, heute der Name eines allerdings sehr wasserreichen Berglands, und Rhin, eine Luch- und Sumpflandschaft der Uckermark (beachte »Ucker« = ACQ!), legen jedoch nahe, eher an eine allgemeinere Bedeutung zu denken, an Gewässer überhaupt, an Gebiete mit vielen kleinen ›Rinn‹salen, Tümpeln, Mooren, an moorige Talgründe mit Bächen und Teichen und ähnliches mehr. Diesen Eindruck verstärken die vielen Ortsnamen, deren Lage auf den gleichen Zustand ihrer jetzigen oder früheren Umgebung deutet: Rheine an der Ems, Rheinsberg in der – wiederum – Uckermark, Rhinow im Rhin-Luch, Rendsburg in Holstein, Reinheim bei Darmstadt, Reinbek bei Hamburg, Reinfeld bei Lübeck (d. i. übrigens LUOP + ACQ), Reinberg bei ›Rügen‹, alle die Reichenbach, Reichenau oder Reichelsheim, in Frankreich Rennes, Rouen, Reims und Roanne, Ronna am Peipussee, Riga an der Dünamündung und viele andere mehr.

Die Paläolinguistik ist ein neuer Wissenschaftszweig, die Forschung hat gerade erst begonnen. Ein genaues Studium der ganzen Erde anhand detaillierter Karten, die es heute für viele Gebiete noch gar nicht gibt, kann erst die Voraussetzungen für diese oder jene Folgerung schaffen. Im Bewußtsein dieser Grenzen kann der Verfasser nur als Eindruck formulieren, was sich ihm zum Abschluß dieses Kapitels als Wahrscheinlichkeit aufdrängt:

Die archetypisch gebundene Gewässerbezeichnung folgt klaren Regeln, innerhalb derer die hier erörterten Beispiele Sonderformen sind. Das erhöht ihre Beweiskraft, wenn gesagt werden kann, daß gerade sie dem Lebensraum eiszeitlicher Nomaden folgen und dabei zwar nach Amerika, nicht aber nach Afrika, Australien und in den Süden Europas und das Asien südlich der großen Gebirgsschwellen gelangten. Die Existenz einer Weißen Brücke wird damit so zwingend wie für die von den Biologen festgestellte Verteilung zirkumpolarer Flora und Fauna.

Teil IV

Die Archetypen menschlicher Ursprache

In einem im KOSMOS VI/72, erschienenen Beitrag (»Wie sprach Adam?«), schreibt Prof. J. Illies (Verfasser auch des ergiebigen Piper-Paperback »Zoologie des Menschen«):

»Wenn aber alle Menschen – nicht nur Indo-Europäer, sondern alle Rassen der Erde – auf einen gemeinsamen Ursprung zurückgehen (und kein Biologe zweifelt heute mehr daran), so müssen auch alle Sprachen dieser Erde sich aus einer Ursprache ableiten lassen. Denn unvorstellbar wäre es für die moderne Biologie, daß ein so wesentliches Merkmal der Art Homo sapiens, wie es die Sprache ist, etwa ›polyphyletisch‹, d. h. mehrfach unabhängig voneinander entstanden sein könnte. Das gleichartige Funktionieren des Sprachzentrums in unserem Gehirn ist der beste Beweis für die gemeinsame Herkunft des Sprechens: welche Sprache wir sprechen, hängt nur davon ab, in welcher Umgebung wir aufwachsen; jeder Papuaneger würde, bei uns erzogen, auch Deutsch als seine Muttersprache erlernen können. Er beweist damit, daß in seinem Gehirn das gleiche Grundprogramm zur Spracherlernung bereitsteht, wie in unserem.«

Es geht den Biologen mit der Sprachwissenschaft nicht anders wie mit der Geologie – hier fordert ihre wissenschaftliche Erkenntnis den allen Menschen gemeinsamen Ursprung der Sprache, dort ersehen sie aus dem Vorkommen von einigen Insektenarten in Skandinavien, Island, Grönland und dem nördlichen Amerika, nicht aber in Nordasien, die Notwendigkeit einer einstigen Landverbindung Nordeuropa–Nordamerika, und das nicht in geologisch ferner, sondern in naher Vergangenheit; in geologischer Neuzeit. Wie die Etymologen so passen auch die Geologen; es übersteigt ihre Vorstellungen; bisher.

Hier kann nun geholfen werden.

Die Archetypen der Vox humana, die im Folgenden kurz beschrieben werden, befriedigen die Frage nach dem gemeinsamen Ursprung aller Sprachen. Die Beweise dafür, schon in »SPRACHE DER EISZEIT« vorgelegt, werden hier ergänzt und vermehrt. Das Insistieren der Biologen auf einer Landverbindung Nordeuropa–Nordamerika findet in der Weißen Brücke seine Antwort, eine Antwort, die auch den Geologen recht sein kann. Für flugfähige Insekten sind auch die großen Entfernungen von Landpfeiler zu Landpfeiler (410 km) nicht unüberwindlich. Die Eisstrecken dazwischen, die nach Westen immer kürzer werden, waren zumindest am Meere entlang dicht genug mit Meeressäugern und deren warmen Nachlässen besetzt, um während des Überfluges immer wieder rechtzeitig Landeplätze und Nahrung zu finden. Weil die Sommersonne im Norden nicht untergeht, und weil sie so lange umherfliegen, wie Sonne sie erwärmt, konnten Sechsbeiner wochenlang ohne Unterbrechung unterwegs sein; wie Zweibeiner auch.

Wer weiß – möglicherweise galten die kleinen schwarzen Käfer weit draußen auf der Weißen Brücke den Menschen der Eiszeit als sicheres Zeichen dafür, daß Land in erreichbarer Nähe sein müsse. Immer vorausgesetzt, daß ihnen das sonderlich wichtig war. Was zunächst gar nicht so sicher ist.

Will man Urwörter aus der Vielfalt menschlicher Sprache herausfinden, muß man sich zuerst klar werden, was man suchen will. Das umfaßt die Frage nach dem primären Wortschatz, der geringen Zahl von ›Wörtern‹ also, deren ein Mensch der Steinzeit bedurfte. Das sind nur wenige. Man folgert, daß solche »Vokabeln«, Rufzeichen also, kurz und einsilbig gewesen sein dürften. Andererseits ist nachvollziehbar: Ein ›Vokal‹ allein kann zwar Ausdruck geben – von Freude (EI!), von Überraschung (AH!), von Stimmung (OH!) oder von Schmerz (AU!), aber erst zusammen mit einem oder zwei Mit-Lauten (Kon-sonanten) wird er zum unterscheidbaren ›Wort‹. Sprache beginnt dort, wo aus dem akustischen Auslöser für die bestimmte Verhaltensweise eines anderen eine Mitteilung wird, die keine eingleisige Reaktion mehr erwartet, sondern auf Teilhaben abzielt.

Aus der ersten Phase der Verhaltensauslösung stammt noch die Bindung der ›Wörter‹ an die eigene körperliche Sphäre. Die Übertragung körperlicher Termini auf die Umwelt ist dann echte Sprache. Der Weg zu den Archetypen führte umgekehrt über die Erkenntnis, daß Landschaftsnamen vom Körperlichen hinausprojizierte Termini sind: die Höhe des Berges KOPP/PUK/PIK, GIPfel oder BUCKel, der Zusammenfluß von Bach und Strom des ersteren MÜNDung, die Land›zunge‹ ein NES, der FlußARM Teil eines Deltas usw. usw.

Auf den Beginn, die Auslösung von Verhalten des anderen zum eigenen Nutzen, folgt also die Phase der Mitteilung – und schon dies Wort hat seinen ursprünglichen Sinn deutlich bewahrt: Die Absicht, zu teilen, mit-zu-teilen. Ein schöner Zug, und ein starker Impuls, die menschliche Sprache weiter zu entwickeln.

Nicht nur für die Gesamtheit, auch für den einzelnen mußte die im Vergleich zu den anderen größere Fertigkeit im Sprechen Vorteile haben, die sich in größerer Geltung, d. h. besserer Position innerhalb der Rangordnung der Gemeinschaft handfest ausdrückten.[1] Grund genug, diese Fertigkeit zu pflegen. Das erklärt u. a. den Umstand, warum manche Völker und Stämme trotz von uns so gesehener niedrigerer Kulturstufe geradezu perfektionistische, aufs beste durchkonstruierte und wortreiche Sprachen haben. Verglichen mit einigen hier verwendeten Testsprachen – Baskisch, Lappisch, Aztekisch – wirken europäische Sprachen wortkarg und grammatisch armselig. Anders als erwartet drängt sich die Einsicht auf: je länger ein Volk primitiv lebt, um so stärker scheint der Impuls, die sprachliche Kommunikation zu verbessern und zu verfeinern.

[1] Neben ›groß‹ enthalten Titel oft auch die Komponente ›älter‹, und das ist ja zugleich – aus Erfahrung – sprachgewandter, z. B. Señor, Sir, Sire, Sultan, Toisech, Schogun u. v. a. m.

Die Archetypen

1. BA findet sich überall dort, wo es um den *Menschen* geht, um sein körperliches Bild, sein Buhlen um Weib oder Mann, um die Mühe von beiden, Vater wie Mutter, für Bub und Mädel der eigenen Familie, um Nähren und Wärmen, um den Bau der Wohnstatt, von Booten und Waffen und um den Fang von Vieh, Fischen und Vögeln. Es kennzeichnet Freund und Feind, die Verwandten, den Nachbarn, das Band der Gemeinschaft und den Bannkreis des eigenen Volkes (ein Hinweis: Alle Hauptwörter dieser Fassung des BA sind selbst Folge-Formen von BA).

BA findet sich weiter bei Viehnamen, wo Fruchtbarkeit das Wichtigste war, beim Wild und seinem unmittelbaren Nutzen für die menschliche Ernährung, ebenso bei Pflanzen, wenn sie eßbar sind oder *hohle Früchte* haben oder auf bestimmte Organe des Leibes heilende Wirkung üben oder wenn sie zur Matte, zum Gewand und zum Gefäß verarbeitet werden konnten, und schließlich bei Bäumen dann, wenn sie Bau- oder Nutzholz lieferten, Obst boten oder auffallend groß waren.

BA durchdrang besonders dicht alles, was mit Bauen und Wohnen zusammenhängt. Machen und Wollen sind gesättigt davon. Und wo immer Nähe und Beieinander typisch sind, wie beim Weben, Binden, Fügen, Nuten oder Buhlen, da stellt BA die Majorität.

2. KALL ist jede Vertiefung, jeder Hohlraum, jede Wölbung, jeder enge Durchlaß. Schale, Kehle, Höhle, Wohnstatt, Kulthöhle, später Tempel, der Quell und das Tal wie der Paß, der die Höhe überwindet. Vor allem aber der *mütterliche* Leib, die Geburt und das Kind, die Sippe, der Clan, Volk, Tiere und Fruchtbarkeit, Schnecken und Muscheln, die ihre Wohnhöhle mitschleppen, Pflanzen und Bäume, die hohl sind, *hohle Früchte* haben oder sich zum Aushöhlen für Bütten und Boote eignen. KALL ist auch Niederung, Senke, Meer, Mündung, Flußbett, See, aber auch Zugang und Weg.

3. TAL ist unten, ist Einschnitt, ist Weibliches, ist das »Tal« der Landschaft, die Senke, Ebene, der Boden, die Erde und aus dem Gegensatz Wasser/Land manchmal auch Insel.

4. OS ist Körperöffnung, in der Regel mit Ausnahme der stärker an BA und KALL gebundenen weiblichen Organe, es ist Quell und See und Mündung, es ist »Esse« und Höhleneingang.

5. ACQ ist das Wasser als solches, frei von dem Gedanken an das Trinken (der BA-Formen hervorgebracht hat).

6. TAG ist der *aufrechte* Mensch, der stehende, es ist darum groß, hoch, erhaben, hoher Berg, spitz, hart, Stein, Waffe, Werkzeug; es ist das wehrhafte Wild, das Raubtier, die Schlange, der Fisch, Drache und Vogel, aber auch Baum von auffallender Höhe oder von großer Stammhöhe. Es bezeichnet den höheren Menschen, den hohen Kultbau, die Götter und Gott. Körperbezogen vor allem auf Gliedmaßen, Zunge, Zähne, männliches Glied und daher Zeugung.

I. BA

Die Lautwandlungen

Zunächst die einfachen Ableitungen:

BA	BAO	BAU	BAY	BAE	BO	BOU	BOY	BOE	BU	BY	BE	BI
WA	WAO	WAU	WAY	WAE	WO	WOU	WOY	WOE	WU	WY	WE	WI
PA	PAO	PAU	PAY	PAE	PO	POU	POY	POE	PU	PY	PE	PI
FA	FAO	FAU	FAY	FAE	FO	FOU	FOY	FOE	FU	FY	FE	FI
MA	MAO	MAU	MAY	MAE	MO	MOU	MOY	MOE	MU	MY	ME	MI
NA	NAO	NAU	NAY	NAE	NO	NOU	NOY	NOE	NU	NY	NE	NI

Hierauf folgt die einfache Umkehrung AB usw., die zwar nicht allzu häufig ist, die aber doch alle oben angeführten Variationen durchlaufen kann.

BA verlockte durch seine Simplizität zu Sonderformen, ausgehend von ABA und BABA, die sich dem gleichen Lautwandlungsprozeß unterwarfen:

ABA	ABO	ABU	ABE	ABI	OBO	OBU	OBE	OBI	UBU	UBE	UBI	EBE	EBI	IBI
AWA							bis							IWI
APA							bis							IPI
AFA							bis							IFI
AMA							bis							IMI und

BABA BABO BABU USW. USW.	bis	BIBI
WAWA	bis	WIWI
PAPA	bis	PIPI
FAFA	bis	FIFI
MAMA	bis	MIMI

Zweierlei sei hier vermerkt:

1. Die Auszählung der formalen Möglichkeiten ergibt für den nur aus zwei Lauten bestehenden Archetyp viele hundert Varianten.

2. Die Lautwandlungen sind hier nicht nach dem üblichen *Schrift*-alphabet, sondern nach einem eigenen *Laut*alphabet geordnet und somit lautlich in die richtigere Nachbarschaft gestellt. Dabei entsteht diese Lautfolge:

A O U E I und

B/W/P F M C/K/G CH/H Q/W J/Y T/D S/Z R L N

Die durch einen / nebeneinandergestellten Konsonanten werden als gleichwertig behandelt, Sonder- und Mischlaute wurden der größeren Klarheit wegen übergangen.

Die Skala der Sinngehalte

Mann	Paarung	Zeugung	Schutz	Nahrung	Die Große
Weib	Liebe	Geburt	Aufzucht	Wärme	Mutter
Familie	Eltern Kinder	Sippe Volk	Ahnen Seele	Kräfte Glaube	Götter Welt
Familie	Baas	Priester Häuptling	Gott König	Land	Welt
Körper	Teile Glieder	Organe	Sexus	Mund	Funktionen
Woo	Freien Beiwohnen	Wohnen	Haus Siedlung	Land	Welt
Bau	Bauen	Raum	Bauelemente	Baumaterial	Werkzeug Gerät
Loch	Körper- öffnung	Einschnitt Vertiefung	Öffnung Gefäß	Mund Kopf	Sprache
Leben	Essen Trinken	Jagen Fischen	Früchte	Heilung Krankheit	Tod
Sein	Leben	Überleben	Töten Sterben	Waffen	
Quanta	groß klein	viel wenig	hoch tief	mit, bei von, durch	Zahlen

2. KALL

Die Lautwandlungen

Zunächst seien die einfachen Abwandlungen des Vokals aufgeführt:

KALL	KAUL	KAIL	KOLL	KOIL	KULL	KYLL	KELL	KILL	sowie parallel
GALL	GAUL	GAIL	GOLL	GOIL	GULL	GYLL	GELL	GILL	

Es folgen für beide Formen die Umwandlungen des Endlautes L:

KAO	KAU	KAY[1]	KOU	KOY	KUY	KYJ	KEY	KIJ	
GAO	GAU	GAY	GOU	GOY	GUY	GYJ	GEY	GIJ	und weiter zu
KAN	KAUN	KAIN	KON	KOIN	KUN	KYN	KEN	KIN	
GAN	GAUN	GAIN	GON	GOIN	GUN	GYN	GEN	GIN	

Schon bis hierher wird die Aufstellung der Lautwandlungen dem sprachbewußten Leser eine Fülle von Wörtern in Erinnerung rufen, von denen er getrost annehmen darf, daß sie unter die echten Sinngehalte des KALL fallen – ganz gleich, welches seine, des Lesers, Muttersprache ist.

Zu den vorangegangenen Variationen treten nun noch die wesentlich differenzierteren der Anfangslaute K und G (wobei die G-Varianten nicht mehr gesondert aufgeführt werden, sondern sinngemäß ergänzt zu denken sind):

K-	-CHALL	CHAUL	CHAIL	CHOLL	CHOIL	CHULL	CHYLL	CHELL	CHILL	
	CHAO	CHAU	CHAI	CHOU	CHOY	CHUY	CHYJ	CHEY	CHIY	sowie
	CHAN	CHAUN	CHAIN	CHON	CHOIN	CHUN	CHYN	CHEN	CHIN	
K-CH-	-HALL	HAUL	HAIL	HOLL	HOIL	HULL	HYLL	HELL	HILL	u. weiter
	HAO	HAU	HAI	HOU	HOY	HUY	HYI	HEY	HIY	sowie
	HAN	HAUN	HAIN	HON	HOIN	HUN	HYN	HEN	HIN	
K-CH-	-SCHALL	usw.	usw.	SCHOLL	.....	SCHULL	.....	SCHELL	SCHILL	u. weiter
	SCHAO	usw.	usw.						SCHIY	sowie
	SCHAN	usw.	usw.						SCHIN	
K-	-QUALL	QUAUL	QUAIL	QUOLL	QUOIL	QUULL	QUYLL	QUELL	QUILL	und
	QUAO	usw.	usw.						QUIY	sowie
	QUAN	usw.	usw.						QUIN	
K-QU-	-WALL	WAUL	WAIL	WOLL	WOIL	WULL	WYLL	WELL	WILL	und
	WAO	usw.	usw.						WIY	sowie
	WAN	usw.	usw.						WIN	

[1] Statt Y kann in allen Fällen auch J oder I stehen und umgekehrt.

K-	-KJALL	KJAUL	KJAIL	KJOLL	KJOIL	KJULL	KJYLL	KJELL	KJILL	und
	KJAO	usw.	usw.						KJIY	sowie
	KJAN	usw.	usw.						KJIN	
K-KJ-	-JALL	JAUL	JAIL	JOLL	JOIL	JULL	JYLL	JELL	JILL	und
	JAO	usw.	usw.						JIY	sowie
	JAN	usw.	usw.						JIN	

Auf dem Wege von K über Q und W kann der Anfangslaut ganz verlorengehen (vgl. dt. WOLF, eng. WOLF, nord. ULF). Flußnamen wie *Aller* und *Ill* und in der Folge *Ain, Enz* oder *Inn* sind dann das Ergebnis einer solchen Entwicklung.

Bei den asiatischen Sprachen wird KAN, KON usw. gern zu KANG, KONG, KUNG usw. Auch besteht eine gewisse Tendenz, dem K oder Q ein S vorzusetzen: eng. S'KULL, Kopf, ind. S'QAW, Gattin, scho. S'GALAG, eine frühe Rasse Nordenglands.

Eine weitere, nicht immer gleich durchschaubare Variante kommt durch Lautabtausch innerhalb des archetypischen Gefüges zustande:

1. KALL/KLA; z. B. eng. CLAN, dt. KLAMM, und
   KAN/KNA; z. B. dt. KNABE, eng. KNIGHT, as. CNAWAN, aus dem eng. KNOW, wissen, wurde.
2. KALL/ALK; z. B. nwg. ELG, Elch, und ILGE, Flußname, und
   KAN/ANK; z. B. dt. ENKEL und INGE, Mädchenname.

Auch kann der Endlaut ganz verlorengehen und ein bloßes KA übrigbleiben, besonders in Zusammensetzungen; vgl. aber auch altaeg. KA, das neben dem BA die Abgeschiedenen begleitet.

Gelegentliche Mutationen wie nord. KALL/KARL/KAR, heute in der Bedeutung »Kerl« (früher aber, insbesondere as. CEORL und EORL, nwg. JARL und eng. EARL zunächst nur *Mensch,* dann speziell von vornehmer *Geburt*), bleiben im folgenden unbeachtet, ebenso die nicht allzu seltene angehängte Umkehrung KALLAK, KOLLOK usw. sowie die differierenden Formen wie dt. WALLACH, der nwg. Frauenname KJELLAUG u. a. m. Dagegen verdient die einfache Umkehrung die gleiche Beachtung wie KALL selbst:

LAK	LAUK	LAIK	LOK	LOIK	LUK	LYK	LEK	LIK	und
LAG	LAUG	LAIG	LOG	LOIG	LUG	LYG	LEG	LIG	
LACH	LAUCH	LAICH	LOCH	LOICH	LUCH	LYCH	LECH	LICH	
LAH	LAUH	LAIH	LOH	LOIH	LUH	LYH	LEH	LIH	
LAY..........................			LOY..............		LUY..............		LEY........		

und eine Sonderform

LANK	LONK	LUNK	LYNK	LENK	LINK
LANG	LONG	LUNG	LYNG	LENG	LING

War bei BA an gleicher Stelle vermerkt worden, daß von nur zwei Lauten ausgehend einige hundert Variationen möglich wurden, so dürfte die lautlich variierte Nachkommenschaft des Drei-Laute-Archetyps KALL die Zahl 2000 erreichen oder gar überschreiten.

Die Skala der Sinngehalte

Körperöffnung	Kopf	Vagina	Geburt	
Körperhöhlung	Kopf	Rumpf, Schoß	Hand	Zahl, Gerät
Gefäß	Form	Idol	Schiff	Ganzheit
Ldsch.-Öffnung	Quell	Mündung	Höhle	
-Einschnitt	Klamm	Tal	Weg	Paß/COL
-Vertiefung	Senke	Ebene	See	Meer
Tier	Muttertier		Jungtier	Herde
Frau	Sexus	Werbung	Liebesglück	
Mutter	Geburt	Kind	Clan	Volk
Die Große Mutter	Fruchtbarkeit und Wiedergeburt			Gottheit
Höhle	Wohnraum	Haus	Siedlung	Scholle
Höhle	Kultraum	Grabhöhle	Jenseits	Frau

3. TAL

Die Lautwandlungen

Als Folge der engeren Grenzen in der Anwendung halten sich auch die Lautwandlungen, soweit dies sich bisher beurteilen läßt, in kleinerem Rahmen. Eine gewisse Tendenz, die lautliche Nachbarschaft zu TAG zu meiden, ist feststellbar.

TAL	TAOL	TAUL	TAEL	TAIL	TOL	TOUL	TOEL	TOIL	TUL	TYL	TEL	TIL
DAL	DAOL	DAUL	DAEL	DAIL	DOL	DOUL	DOEL	DOIL	DUL	DYL	DEL	DIL

Der Endlaut -L wandelt sich nur ungern zu -N oder -R; in beiden Fällen ist bei der Deutung Vorsicht geboten, weil es sich dann möglicherweise auch um eine TAG-Variante handeln kann. Mit der Abwandlung des Anfangslautes zu DZ, DS, S und weichem Z sind die sicheren Lautwandlungen von TAL schon erschöpft:

DZAL	DZAOL	DZAUL	DZAEL	DZAIL	DZOL	DZOUL	DZÖL	DZOIL	DZUL	DZYL	DZEL	DZIL
SAL	SAOL	SAUL	SAEL	SAIL	SOL	SOUL	SÖL	SOIL	SUL	SYL	SEL	SIL
TZAL	TZAOL	TZAUL	TZAEL	TZAIL	TZOL	TZOUL	TZÖL	TZOIL	TZUL	TZYL	TZEL	TZIL
ZAL	ZAOL	ZAUL	ZAEL	ZAIL	ZOL	ZOUL	ZÖL	ZOIL	ZUL	ZYL	ZEL	ZIL

Die Sinngehalte

Die Sinngehalte sind begrenzt und in ihren Assoziationen leicht durchschaubar. TAL ist körperlich unten, eng, dünn, tief, vertieft, daher Weibliches; auf die Umwelt projiziert ›TAL‹, Vertiefung, Einschnitt, Ebene, sogar Meer (aus der Vorstellung der Tiefe) und dessen Gegenteil: Insel (aus der Vorstellung ›unten‹, Boden, Land).

4. ACQ

Alle bis hierher besprochenen Archetypen, BA, KALL, TAL haben eine Rolle bei der frühen Kennzeichnung und namentlichen Fixierung von Gewässernamen gespielt. Das trifft selbstverständlich auch, und erst recht, auf ACQ zu, den eigentlichen Archetyp für ›Wasser‹.

ACQ	OCQ	UCQ	ECQ	ICQ	
AG	OG	UG	EG	IG	
AACH	OCH	UCH	ECH	ICH	
AAR	OR	UR	ER	IR	und umgekehrt
KA	KO	KU	KE	KI	meist im Doppel,
QUA	QUO	QUU	QUE	QUI	
WA	WO	WU	WE	WI	
CHA	CHO	CHU	CHE	CHI	

Es überwiegen allerdings die Varianten der ersten vier Reihen bei weitem die übrigen.

Der Sinngehalt ist einzig und allein Wasser. Insofern hat dieser Archetyp eine Sonderstellung. Er scheint völlig einspurig, und es ist auch nicht zu sehen, wo er primär im Körperlichen verankert wäre.

Aus dem Umstand, daß Ortsnamen auf ACQ das Meer meiden, könnte man vorsichtig schließen, daß ACQ sinngehaltlich auf Süßwasser und Binnengewässer beschränkt war.

5. TAG
Die Lautwandlungen

Zu der nachfolgenden Aufzählung der Lautwandlungen ist zu bemerken, daß zu der hier gewählten Form TAG als gleichwertige Alternativen auch DAG und TAK oder DAK zu denken sind. Mischvokale wurden nur aus Raumgründen übergangen. Außerdem sind diesmal die Varianten des Anfangslautes T (oder D) jeder Reihe zusätzlich vorangestellt, um einen besseren Überblick über die Vielfalt der möglichen Variationen zu gewinnen – allerdings ergibt sich die entwicklungsgeschichtliche Sequenz nur, wenn man von der Erstform T-AG aus nach *links* liest.

J/TJ/SCH/TSCH/Z/TZ/S/TS-	TAG	TOK	TUK	TYK	TEK	TIK	und
J/TJ/SCH/TSCH/Z/TZ/S/TS-	TAO	TOI	TUO	TYO	TEO	TIO	
J/TJ/SCH/TSCH/Z/TZ/S/TS-	TAU	TOU	TUI	TYU	TEU	TIU	
J/TJ/SCH/TSCH/Z/TZ/S/TS-	TACH	TOCH	TUCH	TYCH	TECH	TICH	
J/TJ/SCH/TSCH/Z/TZ/S/TS-	TAR	TOR	TUR	TYR	TER	TIR	
J/TJ/SCH/TSCH/Z/TZ/S/TS-	TAM	TOM	TUM	TYM	TEM	TIM	

J/TJ/SCH/TSCH/Z/TZ/S/TS-	TAN	TON	TUN	TYN	TEN	TIN
J/TJ/SCH/TSCH/Z/TZ/S/TS-	TANG	TONG	TUNG	TYNG	TENG	TING

und zusätzlich, nach Wegfall des J (T/TJ/J–) die Varianten

-AK -OK -UK -YK -EK -IK

die sich an folgendem Beispiel gut ablesen lassen: gr. DIOS ist eine alte TAG-Form für »Zeus«, aus der der frühitalische DIANUS wurde, dem schließlich der römische JANUS folgte. Unser auf JANUS zurückgehender Monatsname JANUAR heißt aber im Spanischen ENERO. Ferner die Umkehrungen

SCH/CH/K/- GAT GOT GUT GYT GET GIT

wobei sich aus CHAT ein Umschlagen zu RAT noch in den Bereich des Möglichen drängt. Seltener stößt man auf den Lautabtausch

(ACHT/AXT/AKT) AGT OGT UGT YGT EGT IGT

der jedoch in Wörtern wie dt. AXT, bask. AITX, Axt, nord. EKTE, eine »Ehe« eingehen, dt. ECHT, ACHT, und ACHT'ung anzutreffen ist. Doppelungen kommen gelegentlich in der Form von KAT'TAG und TAG'GAT (mit Abwandlungen) vor.

Zusammen mit einigen Sonderformen dürfte auch TAG mehr als 2000 Varianten haben. Abschließend und allgemein sei daher rückblickend darauf hingewiesen, daß also allein die *phonetischen Variationen der Archetypen* an die 5000 Formen ermöglicht haben – das ist weit mehr als der durchschnittliche Wortschatz eines durchschnittlich gebildeten Europäers aufzuweisen hat. Da die meisten Wörter aber Zusammensetzungen aus zwei und mehr Archetypen sind, wird auch vom Quantitativen her klar, daß fünf Archetypen ausgereicht haben, notfalls Super-Wortschätze von einer Viertelmillion Vokabeln je Sprache zu speisen. Jedenfalls zeichnet sich deutlich ab, daß, nachdem jene sechs Urwörter einmal gewonnen waren, die archetypische Flexibilität von Form und Inhalt für alle Zukunft ausreichende Möglichkeiten der sprachlichen Entwicklung auf Bereicherung und Differenzierung hin bereitgehalten hat.

Die Skala der Sinngehalte

aufrecht	Mensch, Mann	Zeugung	Volk
oben	Kopf	Spitze	Himmel
hoch	Baum	Berg	Land
spitz	Zähne	Wehrhaftes, Wild	Vögel
hart	Stein	Waffen	Gerät
lang	Glieder	Schlangen	
groß	körperlich	sozial	Herrscher
erhaben	mächtig	übernatürlich	Gott, Götter

Der Anteil der einzelnen Archetypen an den heute gesprochenen Sprachen ist unterschiedlich. ACQ, das wurde schon gesagt, bleibt auf trinkbares Wasser beschränkt, im Lappischen ist daher AJJA gleichbedeutend mit ›Quelle‹, wie AACH, jene Stelle unweit Singen, wo das der Donau weggesickerte Wasser als mächtige Quelle wieder hervortritt.

OS findet sich als Ortsname vorwiegend in Südwestfrankreich und – merkwürdigerweise – in Norwegen; sonst nicht gerade oft. Dagegen bestreiten die drei wichtigsten Archetypen BA, KALL und TAG zusammen über 95 % aller Wortschätze.

Die vorliegende Arbeit wird ACQ und TAL nur kurz abhandeln, um sich auf die Wanderung von KALL und TAG nach den beiden Amerika zu konzentrieren, besonders hinsichtlich der primären Wortschätze vorkolumbischer Sprachen.

Wenn dabei amerikanische Sprachen neben das Baskische und das Lappische gestellt werden, so sollten einige Gemeinsamkeiten vorweg erwähnt werden.

Alle drei sind perfektionierte Sprachen, im Besitz einer verfeinerten und ungemein anpassungsfähigen Grammatik, ausgestattet mit einer verwirrenden Fülle von Wörtern, oft für ein und dieselbe Sache. Gemeinsam ist ihnen auch das Fehlen einer Hochsprache. So wie man in Karasjokk, Kautokeino, Utsjoki, Enari, Piteå, Luleå ein unterschiedliches Lappisch, so spricht man in Bilbao, Santander, Navarra, Guipuzcoa, Laburdi oder Roncal ein jeweils anderes Baskisch. Das gleiche gilt vom Quechua Perus mit seinen vielen Mundarten.

Nur wenn man im Bannkreis ihres primären Wortschatzes bleibt, stimmen sie in sich und untereinander weitgehend überein.

Das vereinfacht zugleich die Arbeit des Sprachforschers. Betrachten wir die Folgerungen aus den vorangegangenen Überlegungen im weiteren Verlaufe unserer Untersuchungen als *Voraussetzungen, von denen aus wir beweisen wollen,* daß die sogenannte »Neue« Welt Amerikas seit mehr als 15 000 Jahren zur Alten Welt gehört und daß seine Ureinwohner nicht weniger unsere Vorfahren sind als die eiszeitlichen Höhlenbewohner Frankreichs und Spaniens, oder als die Jäger der Sahara oder des Altai.

Wir haben aus der zeitlichen Bestimmung des Grabfundes von Palli Aike gefolgert, daß *noch* vor 12 000 Jahren Einwanderungen nach Amerika erfolgten. Da diese Zuwanderungen in die Eiszeit fallen, bot die Weiße Brücke auf der östlichen Route einen relativ kurzen, durch zahlreiche Landpfeiler unterbrochenen Weg. Da solche Überquerungen nur in Gruppen erfolgen konnten, und da Herden- und Tragtiere von einem Marsche über das Eis wahrscheinlich ausgeschlossen waren, da also nur das Notwendigste mitgenommen wurde, ist es verständlich, daß wenig materielle Funde aus jener Zeit erwartet werden können. Bei der Frage nach dem Woher dieser Einwanderer bleibt daher die Sprache das einzige Mittel, mit dessen Hilfe neue Erkenntnisse gewonnen werden können. Zwar ist auch dies nicht leicht, weil sich eine Vielzahl dieser Gruppen in dem riesigen Doppelkontinent sehr bald verlieren mußte und folgerichtig seitdem getrennte Entwicklungen eher die Regel waren als bei uns, wo etwa die Skythen noch in der Antike Querverbindungen zwischen China und Hellas herstellten und einander näher gelegene Kulturreiche einen lebhaften Austausch pflegten.

Wir müssen an den Anfang der Dinge zurückdenken und den Entwicklungen von den Wurzeln her nachspüren. Für einen frühen Menschen, der insgesamt nur – sagen wir – 20 Wörter zu seiner Verfügung hatte, wäre es ein unverständlicher Luxus gewesen, zwischen Wasser, Bach, Fluß, See, Meer, Pfütze, Regen usw. sprachlich zu unterscheiden. *Ein* Wort konnte und mußte ihm genügen, all diese Erscheinungsformen von Wasser auszudrücken. Daher ist es kein gewagter Schluß, hinter verschiedenen Gewässernamen ein *Wort* für Wasser zu vermuten. So sind unsere AACH-Flüsse nicht als Gewässer*namen* zu verstehen, sondern einfach als Wörter mit der Bedeutung »Wasser«. Wir selbst verhalten uns ähnlich, wenn wir sagen: »Gehen wir noch ein wenig ans Wasser!«, ohne zu unterscheiden, ob es sich bei diesem Wasser um einen Teich, einen Fluß, See, Fjord, oder um das Meer handelt. Auch unser Sammelbegriff »Gewässer« deckt alle möglichen Erscheinungsformen von Wasser mit *einem* Wort. Hierher gehört auch die mundartliche Ausdrucksweise, einen Bachlauf innerhalb der eigenen Gemarkung einfach »die Bach« zu nennen, singular, als ob es nichts anderes auf der Welt gäbe. Außerhalb der Gemarkung spricht man dann von dem gleichen Wasserlauf, indem man seinen korrekten Namen verwendet, der Steinbach, die Itter usw. usw. So ist es zu verstehen, wenn so viele Gewässer in alter Zeit einfach »das Wasser« genannt wurden. Erst spätere Zeiten begriffen die alten Wörter als *Namen.* Das geht nicht nur unseren Aach-Flüssen so, sondern in genau gleicher Weise den französischen Aigues, den mongolischen Ak, den altamerikanischen Aca, den japanischen Ike oder den lappischen Akka. Dagegen ist für den Eskimo UK noch heute das Wort für Wasser; für den Römer war es AQUA. Wer sich ein wenig in primitive Lebensverhältnisse versetzen kann oder ähnliches am eigenen Leibe erfuhr, der weiß auch, welch eine eminent wichtige Bedeutung für den Menschen trinkbares Wasser hat. Bei einem genaueren Studium ursprachlicher Formen und Zusammenhänge drängt sich die Schlußfolgerung auf, daß der frühe Mensch der alten wie der neuen Welt das Wort ACQ und seine Äquivalenzen nur für reines und trinkbares Wasser verwendete, dagegen dem salzigen Meere, wo er es kannte, andere Bezeichnungen gab, die von anderen Vorstellungen abgeleitet wurden. So hat sich ACQ nicht nur unmittelbar als Gewässername, sondern auch als Flur- und Ortsname gehalten. Bei uns sind die auffälligsten Beispiele Aachen, Achern, Aach, Schön*aich,* Hausach, Wolfach, Lindach, in Frankreich ganz entsprechend Aix, Aigues, Lencouacq, Agde, Montignac, Taillac, Rouffignac, Rignac, Aurignac, Aujac, Cognac – in Frankreich gibt es mehr als 2000 Ortsnamen, die auf -acq und ac enden, und bei denen wir als sicher annehmen können, daß diese Endung das Vorhandensein von trinkbarem Wasser anzeigte. Wenn man sich bei der Bewertung von Ortsnamen nach deren mutmaßlichem oder möglichem Alter fragt, dann ist übertriebene Vorsicht nicht ganz gerechtfertigt. Die urkundliche Überlieferung von Ortsnamen mag außerhalb der ältesten Kulturgebiete zwar nur 1000 Jahre zurückreichen, aber wie wenig hat das zu sagen! Gerade die alten Kulturreiche beweisen die Kontinuität von Ortsnamen. Ein sumerischer Stadtname, der erst durch Ausgrabungen wieder an die Oberfläche trat, ist NIPPUR. Diese Stadt stand vor 5000 Jahren schon im unteren Mesopotamien. Welche Überraschung aber bedeutet es, daß die paar elenden Hütten, die heutigentags an der gleichen Stelle stehen, den Ortsnamen NIFFER tragen, d. h. eindeutig die Erinnerung an einen Namen bewahren, der vor 5000 und mehr Jahren schon Geltung hatte! In der Zeit ihrer Blüte gründeten die Tolteken im alten Mexiko ihre Stadt TOLLAN – sie heißt heute TULA; und TANIS, die altägyptische Stadtgründung zur Zeit der Hirtenkönige, in der Bibel ZOAN genannt, heißt heute, sonst bedeutungslos, SAN! Auch die unbedeutende Ortschaft, die sich dort gehalten hat, wo in der Zeit der phönizischen Reiche die Stadt TYRUS stand, heißt heute noch SUR. Wenn man bedenkt, wieviel Zeit seitdem vergangen ist, wie vielerlei politische Umwälzungen seitdem stattfanden, und daß die Sprachen, die zur Zeit von Tyrus, Nippur oder Tanis gesprochen wurden, heute längst *tote* Sprachen sind, die kein lebender Mensch mehr spricht, dann ist die Geringfügigkeit der Veränderungen erstaunlich.

Letzte Zweifel über das wahre Gewicht von Ortsnamen zerstreuen sich, wenn man beobachtet, daß *alte* Ortsnamen – im Gegensatz zu modischen wie Friedrichsdorf, Karlsruhe oder New York – regelmäßig aus Flur- und Gewannbezeichnungen entstehen. Die Kennzeichnung der landschaftlichen Merkmale seiner Umgebung ist für den eng mit der Natur lebenden Menschen eine der ersten bewußten Handlungen. Jeder Berg, jedes Tal, jedwedes Wasser, jede Quelle, jede Höhle, jede Wiese, jede Mündung usw. usw. hatte gewiß schon in der Steinzeit ihre klare und von anderen unterscheidende Benennung. Denn ganz gleich, ob man das eigene Jagdrevier gegen nachbarliche abgrenzen, ob man sich an einem bestimmten Punkte zu einem gemeinsamen Unternehmen treffen, ob man ein erlegtes Stück Großwild mit Hilfe anderer herbeischaffen oder den Fund wertvoller Dinge verkünden und den Fundort beschreiben wollte, so tat man dies durch eine sprachlich klar definierte Ortungsangabe. Solche Flurbezeichnungen wurden von allen in der gleichen Weise benutzt, sie wurden den nachfolgenden Generationen zugereicht und von diesen weiter überliefert. Nie bestand Grund oder Anlaß, diese Bezeichnungen aufzugeben und grundlegend zu ändern. Und wenn dann irgendwann einmal eine Siedlung entstand, so geriet der Flurname irgendwie in den Siedlungs- und damit in den späteren Ortsnamen. Auf diesem Hintergrunde wird erst recht verständlich, daß das Wasserwort ACQ so häufig in Ortsnamen Eingang gefunden hat. Als Kennzeichnung einer Flur, eines Fleckens in der umgebenden und sonst durch besondere Zeichen nicht unterscheidbaren Landschaft ist eine Quelle oder ein kleiner Wasserlauf ein sehr auffallendes Merkmal, das noch dazu den Vorzug hat, relativ unveränderlich zu sein. Da es außerdem die Voraussetzung für einen günstigen Lager- oder Wohnplatz bot, ist die Häufigkeit der ACQ-reflektierenden oder auf ACQ endenden Ortsnamen wirklich nicht verwunderlich. Weil aber die hier geschilderten Bedingungen auf der ganzen weiten Welt, wo Menschen lebten, zutrafen, stoßen wir zwangsläufig überall auf das gleiche Phänomen.

Es dürfte eine der reizvollsten Forschungsaufgaben für ein Gespann aus Prähistoriker und Paläolinguist sein, einmal die Flur- und Ortsnamen in der unmittelbaren Nachbarschaft von solchen Höhlen zu untersuchen, welche von eiszeitlicher Benutzung zeugen, aber schon während der Eiszeit wieder verschüttet wurden. Davon gibt es eine ganze Reihe. Wenn die untersuchten Namen wie bei vielen bekannten Höhlen das ursprachliche Wortelement für »Höhle« enthalten, obwohl seit der Eiszeit niemand mehr etwas von dem einstigen Höhlenort wissen kann, dann ist die Kontinuität solcher Landschaftsbezeichnungen über Jahrzehntausende hinweg bewiesen.

Für den Paläolinguisten, der den Ortsnamen ein Alter von vielen tausend Jahren kreditieren möchte, ist es nun natürlich von besonderem Interesse, aus dem Kontrast zwischen Fülle und Fehlen Erkenntnisse zu gewinnen. Was Wunder also, daß er sich dem »klassischen« Eiszeitraum der europäischen Menschheit, dem Süden Frankreichs vor allem, mit großer innerer Spannung zuwendet. Und wahrlich, er wird nicht enttäuscht, um so weniger als die ACQ-Vorkommen in diesem bevorzugten eiszeitlichen Lebensraum den gleichen vorgeschichtlichen und sprachlichen Gesetzmäßigkeiten unterliegen wie diejenigen andernorts in der Welt, wie auch die AIKE-Orte Südamerikas, von denen der Fundort PALLI AIKE nur einer ist.

Die erste Abbildung einer Frankreichkarte (Abb. 26) zeigt die Fundorte altsteinzeitlicher Felshöhlen, aus denen eiszeitliche Funde und Gravuren, Zeichnungen und Felsmalereien bekannt sind. Sie

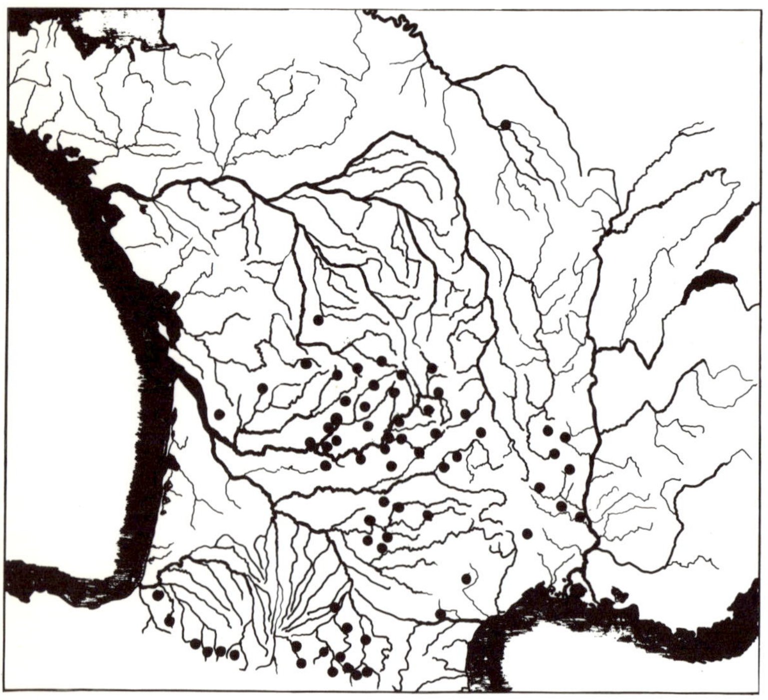

Höhlen der Eiszeit in Frankreich.
Beachte insbesondere die Grenzen, z. B. in den Pyrenäen, deren Nordseite bewohnbar, deren *Süd*seite aber vereist war. (Abb. 26)

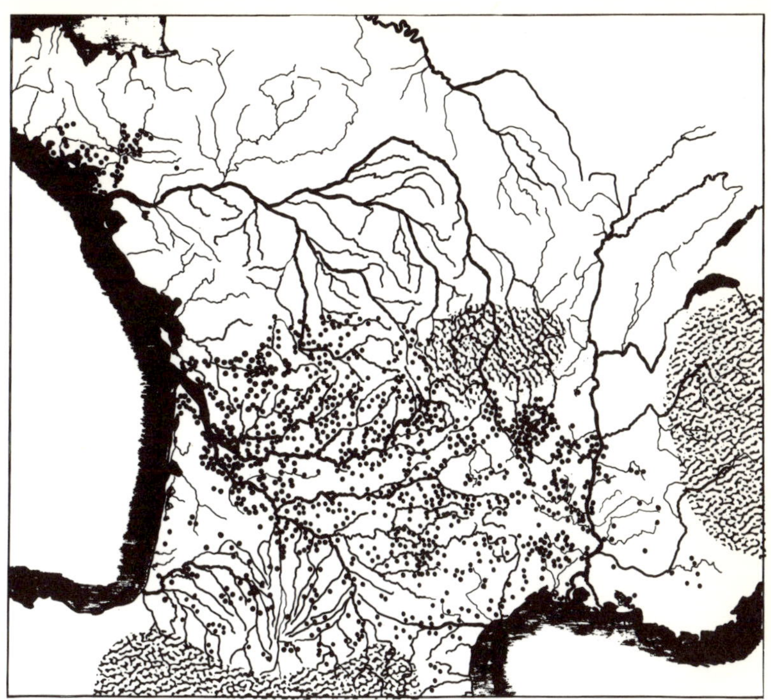

Auf -ac und -acq endende Ortsnamen in Frankreich: Vgl. Abb. 26. (Abb. 27)

stecken den Lebensraum des (Cro-Magnon-) Menschen in groben Umrissen ab. Wir wissen, wo sich die Vereisungsgrenzen befanden, und es ist uns daher selbstverständlich, daß wir jenseits dieser Grenzen keine Spuren menschlichen Lebens aus dieser Zeit finden können.

Die folgende Abbildung (Abb. 27) zeigt den gleichen Ausschnitt nur markieren die eingetragenen Punkte alle Ortsnamen auf -acq oder -ac, wie sie den französischen Landkarten im Maßstabe 1 : 200 000 entnommen werden können. Obwohl Maßstäbe von 1 : 50 000 oder gar 1 : 10 000 weitere Namen erkennen lassen, ändert sich an der eigenartigen Verbreitung dieser ACQ-Vorkommen nichts: Sie halten sich innerhalb der gleichen Grenzen; und diese Grenzen stimmen mit denen überein, die sich aus den Fundorten der Frühgeschichtsforschung und aus unserem Wissen über die Vereisung und ihre Randzonen ergeben.

Eine solche Übereinstimmung *kann* einfach nicht zufällig zustande kommen. Und je drängender man sich gerade mit den Grenzzonen auseinandersetzt, um so deutlicher wird, daß diese Gegensätze von Fülle und Fehlen zwangsläufig sind und ihre Erklärung nicht in geschichtlichen und sprachlichen, sondern in geographischen und klimatischen Gegebenheiten haben, die heute nicht mehr zutreffen. Schon im ersten Teil wurde die Rolle des Golfstroms während der letzten Eiszeit kurz gestreift, und es wurde erwähnt, daß diese Warmwasserdrift im Vergleich zu heute einen erheblich kürzeren Weg zurücklegte und trotz möglicherweise größerer Abkühlung *wärmer* auf die Gestade Südwestfrankreichs, der Iberischen Halbinsel und Nordafrikas prallte als heutigentags auf West- und Nordnorwegen.

Wahrscheinlich aber war die wetterbestimmende Wirkung des Golfstroms zu damaliger Zeit noch stärker als heute. Es will scheinen, daß die mit dem Golfstrom herankommenden Warmwinde nicht nur erheblich mehr Niederschläge brachten, sondern die Kaltluft der vereisten Gebirgsmassive weitgehend verdrängten und dem Menschen eine erstaunliche, warme Enklave inmitten kältestarrender Gletscherfronten bescherten.

Die Oberflächengestaltung der Landschaft kam der Bildung einer solchen Wärme-Enklave in besonderem Maße entgegen: Von der Biskaya bis fast an die Rhône, also an die Ostgrenze dieses Raumes, steigt das Land langsam an. Es bot sich den warmen Westfönen zu intensiver Berührung, während gleichzeitig die steil abfallenden Bergfronten an der Rhône die den Alpen entströmende, bodenhaftende Kaltluft stauten. Unterstützt wurde diese allgemeine Wirkung noch durch die zahlreichen Flußläufe, die geradezu als fein verzweigte Warmluftheizung gewirkt haben müssen. Der Gegensatz zwischen golfstromgeborener Warmluft und alpiner Kaltluft mußte entlang der Rhône besonders scharf zutage treten. Und sowohl die Fundorte altsteinzeitlicher Kultur als auch die ACQ-Orte gehorchen dieser Front verblüffend genau. Erst im Süden, wohin die Wirkung des Mittelmeeres dringen konnte, überspringen beide den Lauf der Rhône nach Osten.

Überraschungen birgt auch die Südgrenze. Wieviel stärker hier die Warmluft des Golfwassers das Klima beeinflußte als die Sonne, beweisen die Pyrenäen. An der der Sonne zugekehrten Südseite herrschte völlige Vereisung. Weder Funde noch ACQ-Orte zeugen von menschlichem Dasein. Auf der der Sonne abgewandten Nord-

Ortnamen auf -AC, -ACQ (Aach, -ach) und BAKK (-bach, -buch) rund um die Alpen.
Man sieht, daß diese Gruppen mit dem Abschmelzen noch in die ersten freien Täler gelangt sind, im Süden offenbar zuerst und mehr als in West und Nord. Das Verhältnis ACQ zu BAKK ist im Westen 9:1, im Norden und Osten umgekehrt.
(-bach-Namen, die nicht auf den trockenen, leicht erhöhten BAKK, sondern auf Bäche deuten, blieben ebenso unberücksichtigt wie die »Achen« der österreichischen Alpen, die noch in der heutigen Umgangssprache für Bäche stehen.
Man beachte auch das Fehlen markierter Ortsnamen in der höher gelegenen Schweiz und im Jura sowie in den flachen Teilen der oberrheinischen Tiefebene, welche in und noch nach der Eiszeit sehr wasserreich und zum Teil versumpft war und daher kaum begangen und erst recht noch nicht namentlich gekennzeichnet wurde – dortige Ortsnamen sind sehr viel jünger, sie sind etwa gleichzeitig mit den Ortsnamen der Alpentäler nach deren Freiwerden entstanden. (Abb. 28)

seite, zu der jedoch die Golfwinde gelangen konnten (siehe Abb. 28), finden wir beides in Hülle und Fülle.

Vielleicht sollte man sich im Anschluß an diese Überlegungen daran erinnern, daß die von den Felsmalern Südfrankreichs dargestellte Tierwelt die These von der »warmen Eiszeit« in Europa unterstützt. Löwen, Elefanten, Nashörner, Giraffen gehören sowieso nicht gerade zur subarktischen, sondern eher zur subtropischen Fauna. Hinzukommt, daß die ersten eiszeitlichen Menschendarstellungen bei aller Genauigkeit im Detail (Schmuck usw.) meist *nackte* Menschen zeigen. Wir dürfen uns vorstellen, daß in Küstennähe ein fast subtropisches Klima herrschte, daß es landeinwärts schnell kühler wurde, und daß jenseits der Rhône hochalpine oder subarktische Bedingungen herrschten. Der in seiner Masse inmitten dieses Reviers lebende Mensch konnte in wenigen Marschtagen nach Westen Elefanten jagen, oder in der gleichen Zahl von Marschtagen in östlicher Richtung Mammutfallen bauen. Obwohl er solchermaßen jede Art Wild kannte und zeichnete, überwiegen doch die Darstellungen von Mammuts, Renen und Hirschen mehr in den Teilen der Enklave, die rundum den Vereisungsgebieten näher lagen.

Ehe wir diese merkwürdige Kongruenz zwischen eiszeitlichem Lebensraum und ACQ-Vorkommen verlassen, sei noch eine Bemerkung gestattet, die ebenfalls aus dem ersten Teil unserer Betrachtung hier hereinspielt: mit einem nach dem Süden Grönlands verlagerten eiszeitlichen Nordpol rückt unsere Enklave relativ näher an den Nordpol heran. Dies mußte skandinavische Lichtverhältnisse zur notwendigen Folge haben: während der Sommermonate kaum Nacht und daher sich akkumulierende Wärme in Schönwetterperioden, im Winter dagegen monatelanges Dunkel. Wenn man sich daran erinnert, daß die letzte Eiszeit rund 80 000 Jahre gedauert haben soll, dann könnte man sich sogar vorstellen, daß Zeit plus Sonneneinwirkung während des nordischen Sommers plus Dunkelheit während des Winters einen anfangs dunkelhäutigen Menschenschlag zu dem gemacht haben könnte, was wir heute die »weiße Rasse« nennen... Denn eines steht fest: auch unsere Vorfahren waren einst dunkelhäutige Menschen. Ob sie im Verlaufe jahrtausendelanger Anpassung oder durch plötzliche Mutation zu »Weißen« wurden – noch wissen wir es nicht. Sollte es durch Anpassung und langsame Umstellung des Organismus geschehen sein, dann waren in der eiszeitlichen Enklave von Südfrankreich wahrscheinlich die meisten Voraussetzungen und Bedingungen für einen solchen Vorgang beieinander. Aber das ist natürlich noch kein *Beweis* dafür, daß es wirklich so war, sondern nur ein Hinweis, daß es so gewesen sein könnte.

Wir können unsere Beweisführung für die mutmaßlich bis in die Altsteinzeit zurückreichende Verwendung von ACQ auch umstülpen. Während das »Revier« uns einen positiven Beweis bot, ermöglichen die Alpen den ergänzenden negativen.

Innerhalb der Alpen stand 80 000 Jahre und länger kompaktes Eis. Was es unter diesem Eise gab, konnte damals niemand wissen oder beschreiben oder durch Namen kennzeichnen. Erst einige Zeit nach dem Abschmelzen drang der Mensch hier ein. Das war in jedem Falle später als die Zuwanderungen nach Amerika. Sehr wahrscheinlich hatten sich gerade in dieser zwischen den beiden Ereignissen liegenden Zeit jene sprachlichen Wandlungen vollzogen, die zu den wortreichen Sprachen der Antike und damit unserer Zeit führten.

Auch der Alpentest erfüllt unsere Erwartungen. Offensichtlich waren andere Wörter, und daher auch andere Landschaftsbezeichnungen und Ortsnamen in Mode gekommen. ACQ, und ebenso die anderen hier eingezeichneten Ortsnamen mit den Urwort-Elementen BAKK und BUCC sind nicht mehr in die vom Eise freiwerdenden Alpentäler gelangt. Auch die Bergnamen zeigen schon bei einem flüchtigen Blick gänzlich andersartige und zweifellos jüngere Formen. Die einzige Ausnahme bilden solche ACQ-Flüsse, die schon während der Eiszeit bekannt und benannt waren und die sich mit dem Abschmelzvorgang weiter ins Gebirge hineinverlängerten, wie z. B. die Eisach und deren Geschwister: die Isar und die Isère.

Selbst relativ späte Folgeformen von ACQ wie die, die schon mit der indoeuropäischen Form WOD vergleichbar sind, haben eine erstaunliche Verbreitung gefunden, sei es, daß ursprachliche Gemeinsamkeiten noch bis hierher reichten, sei es, daß die sprachlichen

Abwandlungen auch unabhängig voneinander den gleichen Verlauf nahmen. Hierher gehört etwa der Wannsee bei Berlin, den es als Wan-See in der nordöstlichen Türkei, als Väner-See in Südschweden, als Ortsnamen Vannes an einer Lagune der südlichen Bretagne gibt. Man zögert vielleicht zu Unrecht, Venedig und die Spreewald-Wenden hier einzuordnen, während die holländischen Venn's so eindeutig hierhergehören wie die vielen indianischen Gewässernamen auf -wannah, -gwan, -wan: Saskatchewan, Sawannah, Suwanni, Akweini, Klikwan, Ekwan, Mamawan, Aguan. Unter diesen letzteren nimmt die Form EKWAN für einen in die Hudsonbay strömenden Fluß genauso die Schlüsselstellung einer Bilingue ein wie der Ortsname Echevannes im Französisch-Schweizer Jura.

Wenn man sich über die ungemein reinen ACQ-Vorkommen im nördlichen Himalaja gebührend gewundert hat, dann ist es ausgesprochen reizvoll, die Landschaft der nordeuropäischen Lappen, die ja sprachlich dem ugrisch-altaischen Bereich zugeordnet werden, etwas genauer zu betrachten. Nicht nur, daß man hier, von Karelien ausgehend, gleich klare Gewässernamen antrifft, sondern die sich westwärts ergebenden Übergangsformen ergeben nahtlose Anschlüsse an die altamerikanischen Formen!

Nun sind die Lappen natürlich nacheiszeitliche Zuwanderer im europäischen Norden. Wenn ihre Namensgebung so urtümlich anmutet, so einfach deshalb, weil ihre heutige Sprache den steinzeitlichen Usancen noch weit näher steht als unsere. Das gilt ja auch von ihrem sonstigen Lebens- und Kulturniveau.

Bei der Übernahme der schwedischen und norwegischen Schreibweise der lappischen Gewässernamen muß man übrigens beachten, daß das -å- wie unser -o-, das -o- aber wie unser -u- gesprochen wird. Da sich aus der reinen AKKA-Form Kareliens eine Weiterentwicklung zu JAKKA, JÅKKA und JOKKA ergibt, haben wir hier eine komplette Stufenreihe und Überleitung zu dem nordwestsibirischen YUGAN und dem alaskischen, also amerikanischen YUKON. So wie wir vorher den KOCHER Schwabens in den großen Zusammenhang gestellt haben, können wir dies nun auch mit seiner Zwillingsschwester, der JAGST. Auch der Name dieses schwäbischen Gewässers hat eine weltweite Verbreitung gefunden und ist in sprachlich identischer Form auch in der Neuen Welt wiederholt vertreten. Beide Namen sind Varianten des ACQ, die sich sprachlich allerorts in gleicher Weise entwickeln konnten und entwickelt haben, *ohne* daß man aus der Gemeinsamkeit des Vorkommens auf eine geschichtliche oder volkliche Gemeinsamkeit schließen kann.

So wie der Mensch aus Ton überall in der Welt schließlich Gefäße, verschiedene zwar, formte, und so, wie er den Stein überall in der Welt zu Werkzeugen – zu verschiedenen zwar – verarbeitete, genauso entstand aus dem Urwort ACQ allerorten und gänzlich unabhängig voneinander eine sprachliche Nachkommenschaft, die zwar untereinander nicht viel Verwandtes mehr zeigen muß – man denke nur an franz. »eau« und deutsch »Wasser« –, die sich aber jede für sich auf die Ausgangsform ACQ zurückführen läßt.

Auch die Mythologie alter Völker bildet natürlich hier keine Ausnahme. Der babylonische EA oder OANNES ist ursprünglich der Gott der Wasser, später einer der drei Hauptgötter (neben ANU und BAAL), Vater des Marduk, Gott dann der Wissenschaften und der Künste. Um ja kein Mißverständnis aufkommen zu lassen, daß es wirklich das *Wasser* ist, das hier zur Namensgebung beitrug, wird OANNES halb als Mensch und halb als *Fisch* dargestellt!

Die Griechen haben ältere Mythen der mediterranen Kulturen bereitwillig absorbiert und überliefert: ACIS ist danach ein antiker sizilischer Fluß, benannt nach einem Jüngling, den Polyphem erschlug – aus dem Blute des Erschlagenen entsprang die Quelle. Im Trojanischen Kriege gewann AKESTIS Ruhm; er war der Sohn eines sizilischen Flußgottes. Der griechische Flußgott ACHELOOS wurde stellvertretend für alle Flußgottheiten hoch verehrt. AIGLE ist ein mythischer Name für Nymphen, und eine von ihnen, AIGINA, gebar dem Zeus den AIAKOS. ACHOLOE war eine Harpyie, und ACHERON ist der klassische CHARON, der Fluß, den die Schatten bei ihrer Wanderung in die Unterwelt zu überschreiten haben.

CHOIACH ist zwar nur ein altägyptischer Monatsname, aber kein zufälliger: in ihm fand das große Osiris-Fest statt, bei dem ein Standbild des Gottes rituell bewässert wurde, um die Nilüberflutung vorauszunehmen. Das Fest war so datiert, daß der letzte Tag desselben mit dem Beginn der zyklischen Überflutung zusammenfiel.

Die VANNS waren die Vorläufer der ASIR, übermächtige Wassergottheiten, die von den Asen nicht besiegt werden konnten. Sie machten ihren Frieden miteinander und zeugten zum Zeichen der Dauerhaftigkeit ihres Vertrages aus dem Speichel der Partner den KVAESIR – auch sprachlich eine Kreuzung zwischen KVA (ACQ = VANN) und ASIR –, der fortan als Gott der Dichtkunst galt.

VIRACOCHA ist nur eine der vielen Wassergottheiten der Ureinwohner Amerikas, YAKUMAMA ein anderer. Da in der frühen Pflanzerzeit der präkolumbischen Kulturen Leben nur innerhalb der künstlich verästelten Wasseradern möglich war, ist die überragende Bedeutung des Wassers nur zu verständlich. So konnte VIRACOCHA bei den INKA, obwohl diese selbst nicht so wasserabhängig waren, zum obersten Gott werden; wahrscheinlich hatten sie ihn, wie später noch einmal den PACHACAMAC, aus den trockenen Küstenregionen übernommen.

Das indianische Volk, dem die Überlieferung die größte Kunstfertigkeit in der Bewässerung nachsagt, hieß bezeichnenderweise ARIAK. Aber auch die ARAWAK, die ACHAGUA, die ACHOMAWI und die ACKOWOI lebten einst oder leben noch in wasserreichen Gebieten.

So wie das sehr seltene englische Wort ACKER kräuselndes Wasser, und ACKMAN einen Flußpiraten bezeichnet, so wie die ägyptische SAKKIYEK eine primitive Schöpfanlage, das griechische ACHRAS eine Mostbirne, das Ama-japanische AWABI und das hawaiische ACHATINA für Muscheln ACQ-assoziierte Namen darstellen, finden wir ACQ auch in indianischen Wortzusammensetzungen, wo es ein Eigenleben bewahrt hat: ACCOMAC, das ist das »Land jenseits des Wassers«, und ACOLOTL ist erstens ein Schilfrohr, und 2. eine Rohrflöte, bei den Nahuatls 3. eine Klarinette. Der Zusammenhang ist klar, so klar wie bei AKAMI oder JAKAMI: auf Kalibisch ein Trompeter, ursprünglich die Muschel, auf der geblasen wurde. HIAQUA ist ein Wort für »Geld«, aber dies Geld bestand ebenfalls aus Muscheln. AGAWAM ist die Stelle, wo Fische laichen, ACUTI ist ein biberartiges Tier Südamerikas, ACA'RA, AGUA'JI, GUAI'JICA, ACHI'GAN – das sind

Fischnamen. Den Vogel dieser Beispiele schießt jedoch TUSCH'QUA ab, ein Fischname der kanadischen Eingeborenen; er bezeichnet die gleiche weit verbreitete und begehrte Fischart, der in Norwegen TORSCH'K heißt und bei uns als »Dorsch« gehandelt wird. Ein derartiger Zufall ist ja wohl reichlich zufällig.

Es ist sicherlich reizvoll, in der Aufspürung ursprachlich bedingter Namensgebung den ungefähr gleichen Weg von Nord nach Süd zu gehen, den einst im Laufe von Jahrtausenden diejenigen nahmen, die über die Weiße Brücke gekommen und sich südwärts durch den Kontinent getastet hatten.

Wir beginnen daher mit Alaska und den arktischen Regionen Kanadas, wo heutzutage Eskimos und nordkanadische Indianer leben. Da diese Menschen vorwiegend Nomaden sind, überwiegt die Zahl der Gewässernamen die der Ortsnamen. Weiter südlich wird das Verhältnis dann umgekehrt sein.

Da ist zunächst der AG'IAPUK, dessen Name verrät, daß er aus einem Hügelland kommt, dann der immer wieder, im ganzen dreimal durch eine »Übersetzung« in der Endung erklärte Wasserlauf AG'ASCH'ASCH'OK, der uns in den mittleren Formen u. a. an unsere AISCH erinnert. Ein TAMA'YAK'IAK beweist uns nicht nur die willkürliche Schreibweise der weißen Aufzeichner dieser Namen, sondern er verrät uns die allgegenwärtige Tendenz, dem ACQ einen J-Laut voranzusetzen, wie es die Lappen mit JOKKA und YUGAN, die Bantu mit NYAKKA, und wie wir es mit unserer JAGST tun, und wie wir es in Nordasien, Afrika und in beiden Amerika auf Schritt und Tritt erleben. Außer dem FENIAK-See weisen der ANIAK und der ANIUK auf das gleiche Phänomen. Bei beiden u. v. a. haben wir wieder eine Bilingue vor uns: das vorgesetzte AN- bedeutet ebenfalls Wasser, nicht anders als in europäischen Flußnamen wie AINE, DUR'ENNE, GAR'ONNE, SAONE, VIENNE. Und auch den EYAK-See können wir unter die Bilinguen einordnen, ist doch EY- von ›AIGUE‹ her eine klare und sehr häufige Folgeform von ACQ. In OK'PIL'AK, OK'PIKRU'AK, OK'OK'MILAGA haben wir Übergänge zu den Uk-Formen wie IN'IAK'UK, KO'YUK, YUK'ON und weiter zu den IK-Formen wie IK'PEK, JUN'JIK IK'PIKPUK. Über AICH'ILIK, einer nordamerikanischen Entsprechung der AIKE-Vorkommen des tiefen Südens, gelangen wir zu EEK und EK'WI wie auch zur EKKA-Insel im Great Bear Lake.

Eine zahlreiche Gruppe für sich bilden die KAK-Formen, deren bekannteste der schon erwähnte höchste und größte See der Welt ist, der Titicaca. Hier im Norden ist die Auswahl groß: Der KAK'WA, der KACH'A, der CHAK'ACH'AMNA-See, der CHAK'ACH'ATNA, der KAUK, der KOK, der KOK'RINE, letzterer in der zweiten Namenshälfte ein alter Bekannter wie RIJEKA, REGEN, RHEIN, RHIN und das noch dazu in Form einer Bilingue: KOK und RINE. KUG'RUK, KUG'URU'ROK und KOG'RUK'TOK sind weitere Formen, bei denen man die Parallele zu RHEIN und REGEN, aber auch zu griechisch REO = rinnen, und spanisch RIEGO = bewässern, beachten sollte. UTU'KOK, KUK'PUK, KUKAK'LEK-See, KVI'CHAK, KULU'KAK, CHAUE'KUK'TULI-See, KOK'WOK, KACHE'MAK-Bucht, CHIG'NIK-See, CHUCHI-See, KAK'IDDI-See, die KAK-Insel, der KIOK'LUK sind weitere Beispiele unter vielen anderen.

Unser besonderes Interesse verdienen neben aufschlußreichen Mischformen und Bilinguen auch diejenigen Namen, welche eine deutliche sprachliche Tendenz verraten: KOK'WOK, EK'WOK, KAK'WA, KUK'WAN, WAK'OMAO, INGI'CHUAK, CHE'VAK. Wir sehen daran die auch beim lateinischen AQUA erkennbare generelle Tendenz, vom -K- über das Zwischenstadium -KW- zu einem -W- zu kommen: das nordische KALL wird im Deutschen zu QUELL und im Englischen zu WELL; im Falle ACQ wird aus der Umkehrung KA erst KWA und dann WA; mit anderen Worten: auch nicht-indogermanische Sprachen kommen auf diese einfache und sprachlich zwingende Art zu WA und damit zum Ausgangspunkt für WAN, WAD, WOD, WAS. Letzteres findet sich auch in der Lappmark, wo man es im ersten Augenblick als nordisch anzusehen geneigt ist, ist doch Wasserlauf allgemein ein »Vassdraget«, obwohl sonst *Vann* und *Vattn* gilt. Die lappischen Bilinguen ALESJOKK bezw. ALESVAGGE und weiter VASSJAVAGGE und die Seen (See heute = JAURE) VASSIJAURE sowie VASSEJAURE weisen jedoch das lappische VASS als eine bodenständig lappische, und ebenfalls nicht-indogermanische Form von ›Wasser‹ und beides als Folgeformen von ACQ aus. Damit ist zugleich gesagt, daß die von den Indogermanisten rekonstruierte »Ur«form WOD keineswegs nur indoeuropäisch, sondern auf einer relativ späten Stufe sprachlicher Entwicklung fast noch menschheitliches Allgemeingut ist. Es widerlegt vor allem die amerikanischen Etymologen, welche in den indianischen Sprachen die Möglichkeit für den Beweis einer Antithese wittern. Dies ist also für die ganze Entwicklungsreihe von ACQ bis zu WOD fürderhin unmöglich, weil widerlegt. Eine Schlüsselstellung in dieser Widerlegung einer Antithese nimmt auch ein Gewässer Nordkanadas ein, das mit der Bilingue KVAD'ACHA den wohl eindeutigsten Beitrag zu der obigen Erörterung liefert.

Auf den Aleuten gibt es einen 3200 m hohen und in seiner majestätischen Gestalt die Landschaft beherrschenden toten Vulkan, in dessen Krater ein See von beträchtlicher Größe liegt. Folgerichtig heißt dieser Berg, dessen einst vulkanische Eigenschaften ja nur dem modernen Geologen geläufig sind, AN'IAK'CHAK.

Nicht zu übersehen ist auch der MISSINAIKI-Fluß im nördlichsten Kanada: einmal zeigt sich daran, daß die AIKE-Form für Wasser, die wir bei PALLI AIKE so gut wie bei unserer französischen AIGUE erkennen, sich nicht nur im Süden, sondern auch im Norden des Kontinents erhalten hat. Bei MISSIN'- denken wir zwangsläufig auch an andere, ähnliche, uns aus Schulzeiten noch geläufige Flußnamen: Mississippi, Missouri. Nun, MAS ist in vielen indianischen Sprachen unser »groß«, und MISSIN'AIKI daher »großes Wasser«. MAS ist aber auch identisch mit unseren: lateinisch »magnus«, spanisch »mas«, englisch »much«, hindi »maha«, griechisch »makros« usw. usw. Aber das nur nebenbei.

Die Gewässernamen der Sumpflandschaften Floridas sind für uns von besonderem Reiz, weil sie uns Übergänge bieten, wie sie auch bei uns vom Einst zum Heute führten:

Der MYAKKA, an anderer Stelle MAYAKKA ist wiederum »ein großes Wasser«. Eine merkwürdige Mischform ist WACCACASSA, der richtiger vielleicht CACAWASSA hieße. Über die weitere Stufe OKLA'-WAHA gelangen wir zu der VANN-Form SA'VANNAH und SU'WANNEE. Auf Südamerika und das Gebiet der Hochanden weisen Formen wie WITHLA'COCHEE, LA'COCHEE und WILLA-COCHEE, deren Urform in COCHA und CACA zu sehen ist.

In Mexiko und Mittelamerika überwiegen die ACQ-Ortsnamen bei weitem die ACQ-Gewässernamen. Wir begegnen erneut dem YUKON, diesmal als YAQUI, und auch OCO'RONI und HUIS'ACHE sind deutliche ACQ-Varianten. Der TEX'COCO ist der Restsee bei Mexico-City, in dessen Mitte einst, als er noch wesentlich größer war, das alte Tenochtitlan Montezumas lag. In der MECO'ACAN-Lagune stoßen wir einmal mehr auf ein Gewässer, dessen Namensgebung wir durchschauen und in die Reihe der »großen Wasser« einfügen können. Die Flüsse OCONG'WAS, CUCA'LAYA, WAWA, COCO, CAUCA, AGUAN erinnern uns nochmals an alaskische und kanadische Namensvettern.

Ehe wir uns weiter südwärts wenden, verdient eine aus dem CHOCTAW-indianischen bekannte Sonderform noch unsere hellhörige Aufmerksamkeit: BAYUC. Es scheint ein Sammelbegriff zu sein, denn das Wort BAYUC bezeichnet sowohl die Sümpfe im Delta des Mississippi als auch Flußarme, Lagunen und sogar Bäche im Gebirge.

In Hochasien, im Altai und rund um den Issyk Kul stößt man sehr bald auf die verblüffende Tatsache, daß die dortige, sagen wir: »mongolische« Form BAGA völlig identisch ist mit unserem deutschen BACH. Aber auch in der Mongolei kann BAGA die Bedeutung von Sumpf und Moor in Verbindung mit einem Wasserlauf bekommen, hierin mit dem indianischen BAYUC übereinstimmend. Das englische BACHA hat eine ähnliche Tendenz, es bezeichnet den feuchten Talgrund, vor allem auch in Schottland. Bei aller Sinnverschiebung haben wir es doch in allen diesen Fällen mit dem gleichen Wort BACH zu tun.

Ist BA'YUC der Choctaw nicht gar der Schlüssel zu BACH? d. h. ist es nicht eine Form, bei der die beiden Archetypen noch nebeneinanderstehen, während sie bei BACH schon verschmolzen sind – ein sehr naheliegender Vorgang, wenn das eine Wort mit dem gleichen Vokal endet, mit dem das andere beginnt! Nur weil die Choctaw das – gewissermaßen – lappische -J- von JOKKA übernahmen, kam es bei ihnen zu keiner Vereinigung. Mit einer solchen Erfahrung schaut man sich andere, gleichfalls »wasserhaltige« Wörter gern genauer an: das Maar, das Moor, das Meer, die Marsch, die Woge, den Teich, Adjektiva wie seicht oder feucht.

BACH beschränkt sich jedoch nicht auf die bisher erwähnten Sprachen. Im Baskischen klingt es fast plattdütsch (BEKE): BEGI. Der baskische Fluß ist ein I'BAI, und BAI bedeutet in Zusammensetzungen bei den am Orinoco lebenden Motilon das gleiche. In den Hochtälern Perus sagt man teils PAJCHA, teils PAUCHI. Die Popoluka Mittelamerikas verwenden PAK.

Lautlich fast identisch ist das quechua MAYU für Fluß, es erinnert uns an unseren »Main« und die »Manno«bäche Sardiniens.

Es ist nicht unwichtig, daß auch zusammengesetzte Wortformen ohne Veränderung den langen Marsch in die Neue Welt mitgemacht haben.

In Afrika liegt Angola knapp unter dem Äquator. Keines der Völker, das heute dort lebt, ist in der Lage, die sehr eigenartigen Gewässernamen zu deuten. Von den zahlreichen Seen, die es dort gibt, nennen wir den CACHI, den CAQUE'TE und den großen MU'CAQUE'TE, sowie den UACAH und den CASS'ACO. Eine Bilingue, die ins Poesiealbum der Etymologen gehört, ist der UAS'EQUE-Fluß, eine WAS-Form Zentralafrikas, die sich bestimmt nicht mit indogermanischen, lappischen oder indianischen Urhebern erklären läßt. Sehr häufig sind LU'ACHE, LU'ECA, LU'AUE und LU'COCHE, auch LUN'ACHI und LUN'ACHE. Als große Gewässer werden wiederum MUCU'LU'ECHI und der MONG'AICHI gesehen – AICHI wie COCHE klingen uns nun schon vertraut. Weiter östlich, im Herzen des Schwarzen Kontinents, finden wir am oberen Nil geradezu alaskische Namen, und wieder ist es der Paläolinguist, der gelassen allen Versuchungen widersteht, hieran irgendwelche Kombinationen zu knüpfen: KUK, COGGI, UCA, UACA, UKKA, KUKU'KILU, AN'OK, ASH'UK, MA'YOK, YUKO, das alles und AGGAH, AGAID, UAD'ESSA, NA'BAQUAYA, KAICH, LACH'KVAT oder LENG'CHOK sind zentral*afrikanische* Namen von Flüssen und Wasserstellen. Wasserstellen in UGANDA setzen die Reihe der ACQ-Formen unbeirrt fort, und gerade Namen für Wasserstellen in einer sonst wasserarmen Umgebung lassen keinerlei Deuteln oder Zweifel zu: ACH'ANGA, ACH'WA, LUK'AKA, N'KOKO, AG'WATA (auch etwas fürs Poesiealbum!). Aber wer wollte schon bei Flußnamen wie ACH'OKE, AI'YUGE, KAK'WA, AK'AJE, KAK'OKA, YOKU und AIJI »deuteln«? Oder bei dem knapp nördlich des Victoria-Sees gelegenen KYOGA-See mit seiner KYEG'WA-Bucht und den Orten N'IOKA, EK'WERA, ON'YOKI, NA'WAI'KOKE, KAN'YOG'OGA u. a. m.?

Ein kurzer Blick noch auf die Landschaft südlich des Victoria- und des Tangan'JIKA-Sees: KA'YOGO, N'YAK'ACH, MA'YAKA, N'YIKA, MA'-GOGO, ICH'UAN'KIMA, M'WASH'AGI, A'KOKO, sind die Flüsse und N'YAK'SAMWE, N'YAKA'VASI, N'YAKA'Shaka, NA'KIOJO, SH'YOGO sind die Namen einiger ACQ-Orte an diesen und anderen Gewässern. Um den Tangan'JIKA herum KAKO, LU'AGE, N'YAKA'CHACHA, U'YOGO, IKU, und IK'UGA als Gewässer-, MON'AGWA, N'YAKA'WEMBE, KIGWA, KIN'-YICA und N'YAKA'BEMBE als Ortsnamen. Bei WEMBE und BEMBE sollten wir uns an SIMBABWE (Stein-HAUS) erinnern, und daran, daß es bei den Indios der Anden die BA-Form BAMBA für Wohnplätze und Dorfsiedlungen gibt!

Aber flüchten wir nach Hochasien, ehe jemand doch auf die Idee kommen sollte, die Urheimat der Indianer zwischen Angola und Abessinien zu suchen. Es sei vorausgeschickt, daß die Namensbestandteile TALA/TAL, DALA/DAL und DZHAL oder SALA dasselbe bedeuten wie unser deutsches »TAL«, das auch bei uns einer großen Gruppe von SAL-Flüssen (Salbach, Saale, Saalach usw.) zu Namen verholfen hat. Die KALL-Formen »GOL« und »KUL« bezeichnen Flüsse oder Seen; SU ist chinesisch und bedeutet ebenfalls Fluß.

Die Seen: AY'AK, AK TUZ, ASH'CHI'KOL, AK'EY, EK'O'NOR, IKHI, ISS'YK, UAD'AN, AY'AYA, AG'DZHENI, UG'DAN –

Die Quellen und Wasserstellen: KOK'KOK, AK'TAM, AK'YAR, KUL'-YUK, AK'CHAGA, UCH ASHI, UCH TURGATY, UGEN, YAK'IN, YAKA, AK TASTY, KAGA'CHAK –

Die Flüsse: AIK'TIK, KANG AIK, AY'AK, AG'ACH, AK TAS, AK SU, AK TAM, AK'SAY, AK TAL, AK SALA, AK DZAAL, KOK SALA, KOK TEREK, KOK SU, KUCH'ACH, KOK'KUL, OKA, OKAN DARYA, OG'OK, OG'OZ, OKHE, OKHA'GOL, UGH'LI, KOCH'ER'GA, IKHE-Tal, KOKUI, NYUKI, NYUKAN, YUKU'TSUNA, KAKHA, KUKH'TA, N'YUCHA, YUK'TA, YOK'SALA, GUL'-YAKH'AI, YAK'SAI, TYUGUR YUK, ACHIK, SU'OK, KU'YAG'AN, KOK'PUK, YEKE YULDUZ, AK'CHE –

Die Ortsnamen: YUKH'TA, YAK'SAI, ONO'KOCH'AN, KOK'UI, O'YUK,

JIK'PELEN, AYGYR, ACH TAGH, YAKA ARYK, YAKA KUDUK, AK KUM, AK TAN, AK'CHIC BULAK, AK TYUBE, AKU, KIKA, UK'SHIKAN, USW. USW.

In der Lappmark Skandinaviens heißt zunächst einmal *jeder* Fluß JOKKA, JOKK oder JOKI. Während sonst – auf allen Kontinenten zwar – diese Form sich nur in *Namen* erhalten hat, gilt es bei den Lappen noch als *Wort.* Unmittelbar neben JOKKA, und zwar alternativ und gleichzeitig verwendet, steht VAGGE als Übergang zu VAGJA und VASJA, womit wir bei der WAS-Form enden, die wir in Amerika, in Afrika, und in unserer Heimat selbst vorfinden. Beschränken wir uns bei den lappischen Beispielen auf die Bilinguen: ALES'JOKK oder ALES'VAGGE, KUOPER'JOKK oder KUOPER'VAGGE, AKKA'VAGGE, VASSJA'VAGGE, VAKKA'JOKK, JUKKAS'JOKI, AYA'JOKI und KOKKA'VAGGE. Wasserfälle oder Stromschnellen nennt der Lappe KASKI, und auch dieses Wort gibt es bei Amazonas-Indios in der gleichen Bedeutung.

KALL

Was jedermann hat, ohne es recht eigentlich erwerben zu müssen, ist zugleich das, worüber sich der Mensch gemeinhin die wenigsten Gedanken macht. Auch die Sprache ist solch ein selbstverständliches Allgemeingut, das den flüchtigen und eilfertigen Zeitgenossen keine Mühe wert scheint, und hinter dem man keine Geheimnisse oder gar ein eigenes, vom menschlichen Willen unabhängiges Leben vermutet.

Wir wissen heute, daß eine solche Einstellung uns ärmer macht, als wir sein müßten. Unsere Sprachen *haben* ein eigenes Leben, sie haben eine Vor- und eine Frühgeschichte, und nur wenig Mühe gehört dazu, um schon bald durch reiche Funde und Entdeckungen belohnt zu werden. Oft wischt ein einziger Wortfund der Paläolinguistik vermeintliche Grenzen und irrige Grenzziehungen zwischen Völkern, Rassen, Hautfarben und Lebensräumen hinweg.

Der Forscher, der – am Ende des Ariadnefadens noch historischer Schriftfunde angelangt – frei in den dunklen Raum der Vorgeschichte eindringt und Wörter zu finden versteht, die schon vor Jahrtausenden gesprochen wurden, kennt und schätzt, was man wohl am treffendsten den »Segen der Sackgasse« nennt. In solchen Sackgassen wurden zu allen Zeiten gewisse Wortgebilde abgefangen und als Sprachruinen oder Sprachkonserven über Jahrtausende und Jahrzehntausende hinweg erhalten. Ein solchermaßen abgefangenes Wort ist z. B. die englische QUEEN. Identisch mit dem nordischen KVINNA und KVINDE, aber auch unserer Altform KINDEN, bedeutete es einst ganz einfach ›Frau‹. Die Tatsache, daß sowohl unser »Kind« wie auch das englische »child« auf die Vorstufen QUAIN und QUAIL zurückgehen, versetzt uns schon in vorgeschichtliche Zeiträume: in die Zeiten des Mutterrechts nämlich, als nur der weibliche Nachkomme zählte – denn »Kind« und »child« sind sprachlich *Mädchen*!

In der gleichen Art und aus dem gleichen Grunde werten die keltischen Wörter »kindred« und »clan« für blutsverwandte Familien oder Sippen nur die Blutsverwandten der *Frau;* der KINDEN oder KVINNA gilt auch das englische »kind« für ›freundlich, gütig, hilfreich‹ – für besonders frauliche Eigenschaften also, und daneben das Substantiv »kind« für ›Art, Geschlecht, Typ‹. Versetzen uns diese Wörter der mutterrechtlichen Sphäre in vorgeschichtliche Zeiten, so greift die hochland-schottische Form QUAIL schon kühn nach älteren, ursprachlichen Entwicklungen: Aus QUAL und QUAU wurde im indianischen Altamerika die »s'QUAW« unserer Kinderspiele. Wie wenig uns bei »s'QUAW« das vorangesetzte -s- beirren muß, zeigt QUANDY, die indianische Bezeichnung für eine Taubenart, in Übersetzung: ›die alte Squaw‹. QUANDY in dieser Bedeutung aber erinnert uns wieder lebhaft an das angelsächsische CWEN für ›Frau‹, während QUEAN in englischen Mundarten ein schlechtes Weibsstück, in schottischen jede nicht-verheiratete Frau ist.

Je älter aber ein Wort ist, um so vielfältiger abgewandelt kehrt die im Grunde immer gleiche Dominante wieder. Ein einmal geprägter Begriff, der sich in Form eines Wortes *ein*prägte, wird in der Folgezeit auf alles angewendet, was der primären Vorstellung auch nur annähernd entspricht. Dabei ergeben sich assoziative Spannweiten, die nur zu oft unser heutiges Mithaltevermögen überfordern: welch ein Zusammenhang soll schon zwischen Qual, Quelle, Qualm, Qualle, dem gotischen »cwelan« für sterben und dem peruanischen »quillin« für waschen bestehen?! Natürlich keiner – aber jedes dieser Wörter geht auf ein und dasselbe Urwort zurück, dessen weitgreifende Sinngebung völlig logische und plausible Ableitungen zu all diesen Wörtern erlaubt.

So stammt aus der eingangs erörterten QUEEN-Reihe auch die keltische Altform CYNING, die auf CYN für Stamm, Sippe, Clan zurückgeht, und aus der später die heutigen Wörter »konung«, »kong«, »king« und »König« entstanden. Damit ist KING praktisch eine Folgeform von QUEEN, und nicht umgekehrt, wie es die deutsche Konstruktion König-Königin vermuten läßt. Was für »König« gilt, trifft auch auf das asiatische KHAN zu.

Da wir unseren Faden bei der keltisch-nordischen QUEEN aufgenommen haben, mag er uns über QUAIN und QUAIL, GAIL und CAIL zu KALL führen, dem zentralen Stammwort einer über den ganzen Erdball verbreiteten Wortgruppe. Wenn der Menschheit heute durch Zauberschlag alle Folgeformen von KALL genommen würden, dann brächten wir keinen kompletten Satz mehr zustande, ganz gleich, in welcher Sprache wir uns versuchten.

Die primäre Bedeutung von KALL ist jedoch keineswegs ›Frau‹. KALL bedeutete dem Menschen der Steinzeit jede Art Hohlraum, jede Vertiefung, jeder enge Durchlaß sowohl in der Natur als auch am eigenen Leibe. Auf alles angewendet, was dieser zwar spezifischen, aber weitgreifenden Grundvorstellung entspricht, finden wir KALL in unserer »Schale«, in dem englischen »skull« für Schädel oder Hirnschale (der ja frühen Völkern gern als Trinkschale insbesondere bei kultischen Gelegenheiten diente), in »Pokal«, in »Kelch«, »Kehle«, »Kelle«, in dem griechischen »koilos« für ›hohl‹, in »kalyx« für Gewölbe, in »kalia« für Wohnstatt. In letzterem steckt also noch die sprachliche Erinnerung an das Wohnen in Höhlen, gerade so wie in dem lateinischen Worte gleicher Bedeutung: in »colere«.

Auch ein Brunnen oder Born ist eine Vertiefung oder ein enger Durchlaß ins Erdinnere im Sinne von KALL. Der Weg über das nordische KÄLL zu unserem QUELL und weiter zu englisch WELL ist sprachlich gesehen sehr kurz und sehr deutlich markiert. Während die

Mongolen Hochasiens ihre Wasserstellen KOLO'DETS nennen, sprechen die Indios von CHAL, HUALA und QUILA, ja, in Ortsnamen sogar von QUELLA. In der keltischen Form KALD als »kalt« mißverstanden, sind Ortsnamen wie Kallbrunn, Kaltenborn, Kallenbronn usw. echte Bilinguen, die auf zweierlei Art das gleiche ausdrücken, nämlich das Vorhandensein einer Quelle. Namentliche Bezeichnungen für Gewässer (neben ACQ) und Quellen, für Schluchten und Durchlässe, für Höhlen und Gebirgspässe, Einschnitte also (man denke an das romanische »COL«), gehorchen in der gesamten Alten *und* Neuen Welt ohne Rücksicht auf ihre heutige Zugehörigkeit zu indoeuropäischen, semitischen, hamitischen, mongolischen, polynesischen, indianischen, baskischen, lappischen oder Negersprachen der Dominante des KALL.

Als man in der frühesten uns bekannten ägyptischen Bilderschrift ein Bildzeichen für den Laut -K- wählte, da griff man auf ein KALL als das markanteste Bildzeichen zurück, und so wurde das Bild einer Schale zum Zeichen für -K-! Auch in dem hieratischen, d. h. priesterlich-kultischen Schriftzeichen für K, das in seiner Form auffallend an die altsteinzeitlichen Lochstäbe, gern Kommandostäbe genannt, erinnert, und noch in dem phönizischen, schon alphabetischen -K- ist das Symbol KALL deutlich. Damit haben wir sogar einen »schriftlichen« Nachweis für unser Urwort.

Bei den Nymphen der antiken Mythologie, fraulichen Schutzgeistern der Quellen, steht das eine KALL für das andere, verräterisch deutlich in Personifizierungen wie »Galathea« oder »Kalypsos«. Diesen nachbarlichen Entsprechungen (Frau – Quell) verdanken unsere Gewässer ihre vorwiegend weibliche Geschlechtszuordnung – die Oder, die Elbe, die Wolga, die Ariege usw. usw. ... Aus einem ähnlichen gedanklichen Zusammenhang sah der Mensch der ausgehenden Steinzeit in seinen ersten (auffallend bauchigen) Gefäßen Darstellung und Symbol des weiblichen Körpers, wie nicht nur Form und Ornamentik, sondern auch sprachliche Übereinstimmung beweisen. KALL für Gefäße steckt deutlich in: »kalpis«, der griechischen Wasservase, in »kelebe«, einer ovalen Gefäßform, in der englischen Wanne »keeler«, in dem Faß »kilderkin«, in der »gallon«, in

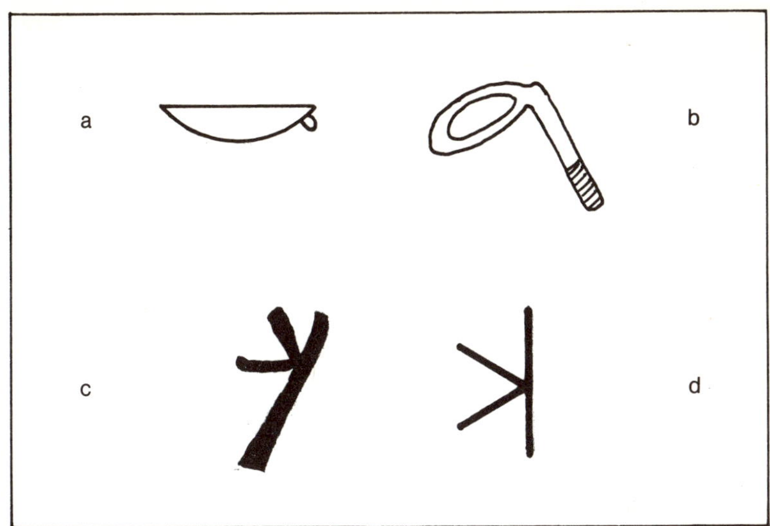

a) Altägyptisch; das Symbol stellt eine SCHALE, eine besonders typische KALL-Form dar.
b) Ägyptisch-hieratisch, später also. Das Zeichen erinnert an die schon in der Steinzeit gefertigten »Kommando-Stäbe« – KALL-Symbol ist hier das Loch. Loch als Symbol steht für die Einheit, im gr. noch LOCHOS, röm. LEGION.
c) Die phön. Abwandlung des gleichen Stabes.
d) Die altgriechische Weiterentwicklung. Mit den Abzweigen nach der anderen Seite ergibt sich das lat. -K-. (Abb. 29)

der antiken flachen, sehr formschönen Trinkschale »kylix«, in der »Huila«-Schale der mexikanischen Pulque-Trinker und in der »Cuauxhi-calli«, der Opferblutschale der Azteken.

Wenn auch kein Gefäß im eigentlichen Sinne, so gehört doch das »Ghilgai« in den gleichen Zusammenhang: es handelt sich dabei um eine Bodenvertiefung auf undurchlässigem Untergrund, in der sich Regenwasser längere Zeit zu halten vermag, wie dies besonders in Wüsten und Steppen von großer Bedeutung für den Menschen ist. »Ghilgai« ist ein bodenständiger Ausdruck der – Australneger...

Die Nomaden der Sahara, gleich ob Araber, Chaami, Tuareg oder Bäle, nennen die gleiche Erscheinung, die auch ihnen oft für längere Zeit einen Wasservorrat bewahrt, »GELTA«. Während GHIL'GAI das Wasser in der Vertiefung bezeichnet, definiert GEL'TA die Höhlung im Fels. Übrigens ist GHILGAI nicht die einzige KALL-Anwendung bei den Australnegern: Ihr aus Holz und Rinde gefertigter Hohlschild ist ein HIELA'MAN, und ihr Bumerang ein KYLEY.

Für den frühen Menschen, der den Zusammenhang zwischen Zeugung und Geburt ja nicht von Anbeginn an kennen konnte, war auch der mütterliche Leib ein Gefäß, ein Hohlraum, der schützte und verbarg, ein ›Quell‹ neuen Lebens. Die Vorstellung, daß es die Frau selbst und allein ist, welche aus eigener Machtvollkommenheit Leben zu geben vermag, hat sich sehr lange, ja, in Einzelfällen bis in die Gegenwart erhalten. Darum wird den Frauen orientalischer Herrscher Kinderlosigkeit als böser Wille ausgelegt, der zur Scheidung oder Verstoßung berechtigt. Im Yemen hält sich noch heute die Meinung, die Frau könne sogar, wenn das Verhalten des Mannes sie erbost, eine bereits ausgelöste Schwangerschaft ruhen lassen. So konnte eine Frau beispielsweise noch lange nach ihrer Scheidung ein dann geborenes Kind dem Manne legal als Vater zuschreiben, von dem sie sich hatte scheiden lassen. Es zeugt von einem gewissen Mißbrauch, aber zugleich auch von der eingewurzelten Geltung dieses Glaubens, daß ein »modernes« yemenitisches Gesetz neuerdings eine Frist gesetzt hat: nur noch 24 Monate (!) nach der Scheidung soll die Frau ihr Kind dem geschiedenen Manne anlasten können... Welche Vorstellungen aber mag erst der Mensch der älteren Steinzeit in dieser Hinsicht gehabt haben? Kein Wunder also, wenn früheste religiöse Vorstellungen das Mütterliche zum Inhalt hatten, und wenn jahrtausendelang Mutterreligion und Mutterrecht das Leben des Menschen bestimmen.

Es kann hier nur angedeutet werden, in welchem Ausmaß das Urwort KALL in die weiblich-mütterliche Sphäre aller Sprachen eingedrungen ist. Es gibt keine Sprache, die nicht KALL, seine Umdrehung LAK, und die Ableitungen von beiden für körperliche, erotische, charakterliche, soziale oder geistige Eigenschaften der Frau einsetzt. Im Hebräischen ist KALLAH eine Braut, im Hochland-Schottischen KEALLACH eine weise alte Frau, im Nordischen KJELLAUG ein beliebter Mädchenname. »Abigail« ist dagegen ein jüdischer Frauenname, und seine Übersetzung lautet: »meines Vaters (Abi-) *Freude*«. GAL oder

GAIL ist im Schottischen jedes Mädchen, jedes GIRL, während GILL und JILL junge, etwas mannstolle QUEANS sind. Das griechische GALLAK (lat. »LAC«) ist die Muttermilch – und daher »Lait«, »Leche« usw. GAY ist Freude, freudige Erregung, aber auch verbotene Liebeslust, mit einem Beigeschmack von nordisch GAL, zu deutsch: GEIL. Von GALA und GAI für ›Fest‹ ist es nicht weit zu dem baskischen JAY, das als KAI im gleichen Sinne sogar bei den Maoris von Neuseeland heimisch ist. KIN ist im Schottischen eine enge Spalte, KINZIG im Kaiserstuhl ein in den Löß gegrabener Hohlweg und ein mehrfach auftretender Bachname. Das englische KIN und das KEL der Tuareg ist die der Frau zugehörige Blutsverwandtschaft, die sich sprachlich eng dem griechischen GYNE (Frau) gesellt. GENUS ist dann schon das Geschlecht, im engeren und weiteren Sinne, auslaufend in den Begriff der »Generation«. Außer GENUS gehört zu GYNE auch QUEEN, QUEAN, KVINNA und KONA, ein norwegisches Wort für Ehefrau. Es erinnert uns an die MAMA'CONAS des Inka, ausgewählte Mädchen, die er als Ehefrauen an seine Freunde und an verdiente Helden verschenkte.[1]

Im Kroatischen hat sich ein heute seltener Provinzialismus für »schwanger« erhalten: KULJAVA, während KOLEVKA die »Wiege« und KOLENO eine »Generation« ist. Daß wir auch die indianische S'QUAW hierherrechnen müssen, war schon angedeutet, darüber hinaus gehört aber auch die First Lady des Inkareichs, die QUOIAH[2] in diese Reihe. Daß der HULA-Tanz der Mädchen von Hawaii einen erotischen Inhalt hat, ist so klar wie beim HOLY, dem Frühlings- und Fruchtbarkeitsfest der Hindus.

Aber nicht genug mit diesen direkten und durchsichtigen Beziehungen. Das griechische KALOS heißt »SCHÖN«, und welche Art »Schönheit« damit gemeint ist, liegt bei KALOS nahe, aber auch bei unserem Wort »schön« nicht in abseitiger Ferne: das nordische »skjønn« hat schon zwei Bedeutungen: unser ›schön‹ und (auch in

[1] Die Ablösung des –L– durch –N–, die Fortentwicklung zu QUEEN, GENUS, GYNE, CONA usw. stellt eine normale sprachliche Entwicklung dar: das Schwyzer »Biel« wird zu welsch »Bienne«, das »Hohe Feld« zu »Hohes Venn«, »Mul« zu »Mund«, englisch »wall« zu deutsch »Wand« usw. usw.

[2] wahrscheinlich von KALLACH (KWOLJACH → QUO-IE-AH)

der Form von »kjönn«) ›Geschlecht‹. Welches Geschlecht, verrät das schon erwähnte (nordische) KON-a für Frau deutlich genug. Eine deutsche Ortsnamenkette führt zu der gleichen, d. h. KALL-gebundenen Qualität unseres »schön«, nämlich: Kallbrunn, Schollbrunn, Schöllbrunn, Schönbrunn. »Schönheit« ist also von der Sprache her allein die *weibliche* Schönheit. Ob als solche von KALL oder als »Beauté« von BA hergeleitet, sie ist immer lustbetont. Dasselbe gilt vom irdischen »Glück«. Die KALL-Umkehrung LAG-nos ist das griechische Wort für lüstern, wollüstig, hierin kaum unterschieden von dem isländischen LOKKA und dem englischen LECHE für Wollust. Das englische LUCK und das nordische LYKK sind zwar schon etwas verwässert, aber sie formen die Brücke zu unserem »G'LÜCK« – das vorgesetzte -G- ist eine plurale Form wie bei »Ge-witter« von »Wetter«, und die alte singulare Form dürfte wie im Englischen LUCK gewesen sein. Mit anderen Worten: wie auch immer wir heute das »schöne« Wort »Glück« mißbrauchen – wahres Glück kommt nur von den Frauen!

Übrigens brauchen wir uns bei der Variationsbreite des KALL nun auch nicht mehr darüber zu wundern, daß wir eine brütende oder mit Küken gehende Henne eine »Glucke« nennen.

Da KALL in seiner Urbedeutung zugleich auch das naturgegebene Wort für natürliche Höhlen war und die Höhle nicht nur Wohn- sondern auch Kultraum, ergibt sich aus der Überschneidung KALL/Frau und KALL/Höhle schon von der Sprache her der Zwang, Muttergottheiten in Höhlen zu verehren. Dies gilt für die indische KALI genauso wie für die phönizische KAELESTIS und die kretische KOILAS, die noch in der frühen Antike die Gläubigen nicht in Tempeln, sondern in Kultgrotten empfingen. Auch die Azteken hatten ihre KALL-Göttinnen: CHALCHIUHT'LICUE und COAT'LICUE, die Gottheiten der Quellen und der Erde (vergl. alaskische Gewässernamen, bei denen KALL ebenfalls in der Umkehrung LAK, LUK, LEK und LIK erscheint). Wenn die Amerikanisten LICUE mit ›Rock‹ übernehmen, so ist das ein ähnlich entschuldbarer Fehler wie der Balken im *Auge* des Christus-Gleichnisses – wie nahe in diesem Falle der Leib selbst, also KALL, und der denselben bedeckende Rock auch sprachlich beieinanderliegen, bezeugt der schottische KILT (von KJALTA = Schoß), der

Umhang des Eskimos: KULIKTAG, und der A'HUULA, der Königsmantel auf Hawaii; alles sind klare KALL-Formen.

Während die kretische KOILAS bei den Griechen zur Aphrodite wurde, das Epithet KOILAS aber beibehielt, erlebte die karthagische KAELESTIS eine späte Renaissance bei den Römern. Auch sie wurde das Opfer eines sprachlichen Mißverständnisses: die Römer verstanden ihren Namen als »die Himmlische«, und woben einen recht romantischen Kult um die einstige Höhlengottheit – aber auch sie hatten so ganz unrecht wieder nicht: Ihr Wort COELUM, noch früher CAELUM, stammt noch aus der Zeit, da man sich den Himmel als ein festgefügtes *Gewölbe,* griechisch KALLIA, über der Erde vorstellte; damit war sogar der Himmel in die Assoziationsbreite des KALL einbezogen. Und das nicht nur zufällig und nur in diesem einen Falle: Die Azteken Altmexikos sahen in CALOCAN (eine Doppelung von KALL) das Gefilde der Seligen jenseits der irdischen, inmitten der himmlischen Welt. Im alten Peru war HUACAL (und auch das ist eine KALL-Doppelung!) der alles durchdringende Geist, den sich die alten Kulturen der Hochanden als in der ganzen belebten Welt gegenwärtig vorstellten wie die Ägypter das KA, und das sie auch auf alles anwandten, in das jener göttliche Funke einzudringen vermochte, ihre Tempel, ihre Idole, Quellen, Vögel, Pflanzen und Tiere konnten in tiefer religiöser Verehrung als von Gott erfüllt gesehen und HUACAL genannt werden.

Wenn auch weniger augenfällig, so dürfen wir doch auch das Maya-Wort für Himmel: KA'AN, hier einordnen und ihren höchsten Gott: HA'KAY'UM, unter die KALL-Gottheiten.

Übrigens wurde KOILAS-Aphrodite zugleich zur besonderen Beschützerin der Geburt und der Gebärenden, in dieser Funktion mit dem Beinamen LOCHEIA; für den Paläolinguisten nur eine weitere Variante des KALL-Themas. Wie die PACHAMAMA, die Erdgöttin der bolivischen Anden-Indios, so war auch den Azteken die Erdgöttin zugleich Schützerin der Geburt, ihr Name TLAZOLTEOTL. Die Analyse dieses Namens weist auf TAL für ›unten‹ und folglich auch ›Erde‹, Parallelen ergeben sich im Tagalog der philippinischen Urbevölkerung, für die DALAGA, bei den keltischen Briten, für die DAL und DELL ›junge Frau‹, bei den Griechen, für die THELIS ›weiblich‹, TELLUS dagegen ›Erde‹ bedeutet. Noch in der jungsteinzeitlichen Erdmutter AM'BETH, die in frühchristlicher Zeit in die Gestalt der »Schwarzen Muttergottes« zu schlüpfen vermochte, haben wir die Verbindung von Erdgöttin und Schützerin bei Geburten. Was Wunder, daß die »Schwarzen Madonnen« bei der europäischen Landbevölkerung noch heute um ihre wundertätige Hilfe bei Geburt und Kindersegen angefleht werden. Aufgrund sehr gründlicher Studien kam der Heidelberger Forscher H. Chr. Schöll zu der Überzeugung, daß diese »Schwarzen Madonnen«, gleich ob sie in Prag, Würzburg, Tschenstochau, Les Saintes Maries, Dossenheim, auf dem Montserrat oder in Lluch auf Mallorca verehrt werden, noch heute auf dem gleichen von alters geheiligten Fleck stehen, wo ihre heidnischen Vorgängerinnen der Vorzeit angebetet wurden. Nicht zuletzt beweist übrigens unser Wort BET'en die Existenz dieser alten Gottheiten.

Vergessen wir nicht, daß es die Erscheinung einer »Schwarzen Madonna« war, welche in Mexiko den Übertritt der Indios zum Christentum bewirkte. Auch ihnen war die »Schwarze Göttin« vertraut.

Das Innere der Erde, das alte Vorstellungen als Quell sich stets erneuernden Lebens sahen, wurde bei den meisten frühen Völkern zum Totenreich, sei es, um wiederzukehren, sei es, um auf ewig dort zu verweilen. IRKALLA, »Ort jenseits des Grabes«, das war schon den Sumerern das Reich der Unterwelt, während im Althebräischen SCHAAL aushöhlen und SCHEOL Höhle, zugleich aber den Ort bezeichnete, an dem sich die verstorbenen Seelen aufhalten. Nun, insofern sind auch WAL'HALLA und HEL, die Totenreiche der Germanen, ursprachliche Formungen (merke: K zu Q zu W und K zu CH zu H sind normale, immer und allenthalben wiederkehrende Abwandlungen); das gleiche trifft auf unsere HÖLLE zu, die zunächst wirklich nichts weiter als eben eine »HOEHLE« ist.

Eine tiefe Symbolik umgibt auch das ägyptische KA. In ihm ein KALL zu sehen, fällt nicht schwer, wenn man hört, daß das KA als ein unsterblicher Teil des Menschen gedacht wurde, der dem Verschiedenen in die Welt des Jenseits vorausgeht. Auch die bildhafte Darstellung des KA verrät seine Bindung an KALL: Zwei zur Seite und leicht nach oben gestreckte Arme, die das Motiv der Hieroglyphe -K-, eine Schale, andeuten.

Das persisch-indische KALA vermittelt ein gutes Bild von der Assoziationsweite der Urform: Primär KALL im Sinne von Vertiefung, Höhle; dann ›dunkel‹, denn in Höhlen ist es ja dunkel; dann ›schwarz‹, also extremes Dunkel; dann ›Nacht‹ – was uns nicht wundert, denn auch unser ›Nacht‹ kommt von niger/negro/noir für ›schwarz‹ oder umgekehrt; dann ›Zeit‹, denn der frühe Mensch rechnete Zeit nicht nach Tagen, sondern nach *Nächten* (englisch »a fortnight« für 14 Tage); Zeit aber ist, was in seiner Summe das mitführt, was wir mit einem anderen Worte ›Schicksal‹ nennen; am Ende unseres Schicksals aber steht der ›Tod‹. Für den Brahmanen ist daher KALA neben all den aufgezählten Bedeutungen zugleich der Name der obersten Gottheit, die personifizierte Zeit, der Schöpfer und Zerstörer des Alls, identifiziert mit Brahman, Vishnu und Siva. KALI dagegen, eine weibliche, ursprünglich wohlwollende Göttin, entartete bei den Hindus zu einer in Höhlen thronenden Göttin der Zerstörung, die nur durch Blutopfer zu versöhnen ist. Als KALI, DURGA und BHOWANI brachten ihr die Thugs, eine Geheimsekte, noch bis zum Ende des 19. Jahrhunderts Menschenopfer dar. Was Wunder, daß KALIYA im Sanskrit die Bedeutung von schwarz, tödlich und unheilbringend gewann; so hieß auch die mythische, von Krishna getötete Schlange. Obwohl in unserem Bewußtsein durch Jahrtausende getrennt, mutet NERGAL, eine assyrisch-babylonische Göttin der Unterwelt, ungeachtet der sprachlichen und geographischen Distanzen wie eine Vereinigung von HEL und KALI an.

Doch zurück zu den freundlicheren KALL-Aspekten der Mythologie: HULDA, die »Frau Holle« unserer Kindermärchen, war eine KALL-Göttin der Fruchtbarkeit und der Ehe, HULDRAS nannte und nennt man die nordischen Feen, NIN'GAL spielt die gleiche Rolle bei den Sumerern von UR, vor 6000 Jahren, GULA ist die assyrische Göttin des Heilens, die die ältere BA'U und damit das Prinzip der Fruchtbarkeit in sich aufnahm.

KUWANNON und KWANNON (von GUAL zu QUAN, vergl. QUEEN) nennen Chinesen und Japaner die Göttin der Güte, mit elf Gesichtern und tausend Armen gedacht, LAKH'SHI ist die hinduistische Göttin der Fülle und des Reichtums, während LACHESIS diejenige der drei Parzen ist, welche den Lebensfaden spinnt.

Der KILIN ist ein pferde- und einhornartiges Ungeheuer, von dem die Chinesen behaupten, daß es bei der Geburt bedeutender Menschen sichtbar werde; das schottische KELPIE ist dagegen ein Wassergeist in Pferdegestalt, der in den Fjorden zu sehen ist, wenn ein Mensch zu ertrinken droht. KALKI nennen die Hindus das Weiße Pferd, die zehnte Inkarnation Vishnus, die jedoch erst noch bevorsteht.

Im präkolumbischen Amerika begegnet uns noch TLALOC, der Regengott, den man sich mit der Göttin der Wasser und Quellen, mit CHAICHIUHTLICUE verheiratet oder verschwistert denkt.

Gerade weil aber KALL als Quell alles Lebendigen begriffen wurde, ist sein Platz in den frühen Totenkulten eine Selbstverständlichkeit. Jeder Kult um den Tod und die Toten – und schon der Peking-Mensch kannte vor 500000 Jahren Begräbnisriten – hat seine Wurzeln in der Vorstellung von einem Weiterleben. Die Innenausstattung ägyptischer, skytischer, etruskischer und altamerikanischer Gräber und Grabbauten ist für Lebende gedacht. Die erstaunliche Kontinuität der Begräbnisarten, welche seit dem Peking-Menschen keine wesentliche Änderung erfuhr, ist jedoch ohne eine gleichzeitige sprachliche Kontinuität kaum vorstellbar. Und selbst dann, als im Megalithikum vor rund 6000 Jahren eine Neuentwicklung einsetzte, blieben die Grabbauten ganz im Banne ursprachlicher Formen und Gedankengänge.

Schon im Achéuléen und beim Homo pekinensis, vor 200000 bis 500000 Jahren, bezeugen Schädelstätten durch Anordnung und Behandlung kultische Vorstellungen. Nun ist der Schädel *der* Teil des menschlichen Leichnams, der am eindeutigsten KALL darstellt, eine Tatsache, die unsere Wörter S'KULL, Hirn'SCHAL'e, »Schädel« selbst u. a. m. bezeugen. Auch das Wort GOL'GATHA bezeichnet eine alte Schädelstätte. Als wenn es das Natürlichste wäre, wurde hier, in der

KALL-Höhlung, der Sitz des eigentlichen und unzerstörbaren Lebens vermutet und daher dem Schädel stets besondere kultische Aufmerksamkeit gewidmet. Auch die Verwendung als PO'KAL, als kultische Trinkschale, gehört noch hierher. Schon der paläolithische Totenkult beweist durch seine auf uns überkommenen Grabfunde eine enge Verbundenheit mit KALL, sichtbar werdend durch die Grabbeigaben von KAURI-Schneckenschalen. Diese Schalen, die in ihrer Form an »das Tor des Lebens« erinnern (E. A. James), sind eine Symbolform des lebenspendenden KALL par excellence, und sie finden sich in dieser kultischen Bedeutung, manchmal sogar paarweise über die wichtigsten Teile des Skelettes angeordnet, jahrhunderttausendelang. Vergessen wir nicht, daß noch heute in vielen Sprachen die Wörter für Muscheln und Schnecken der Dominante des KALL gehorchen: CARA'COL im Spanischen, SHELL im Englischen, COL'COL bei den Indianern, KAURI auf beiden Seiten des Südatlantik. Da die Muschel zugleich das erste Schnitzwerkzeug des Steinzeitmenschen war, wundern wir uns nicht, daß einige heutige Wörter für ›Messer‹ noch das KALL-s-Mal bewahren: schottisch KOLT, französisch COU'TEAU, Anglo-Saxon und lateinisch CUL'TER und das englische COLTER für ein dem Pflug vorgesetztes Schalenmesser zum Vorschneiden von Rasensoden, wenn Wiesen umgepflügt werden. Auch die drei »Schollen« Erde, die wir dem Verstorbenen nachwerfen, gehören zum KALL-Kult; dies gilt nicht weniger für die ›eigene‹ oder ›heimatliche‹ SCHOLLE des Menschen, die nicht nur den Flächen- oder Nutzwert des Ackerbodens, sondern eben die »Scholle« mit allem darin und darunter, die Verbundenheit mit Ahnen und Geistern zum Inhalt hat. Auch die schon vom Paläolithikum her bekannte Beigabe von Tierknochen war, wie wir später sehen werden, durchaus KALL-gebunden. Erst recht jedoch die Beisetzung in der Erde selbst, in Höhlen, Grabkammern, Ganggräbern, Pyramiden, Tumuli, Tholoi, Taulas, Dolmen, Dolia usw. usw.

KALL als Begriff und Wort war auch der naturgegebene Ausdruck für die Bezeichnung von Wasserfahrzeugen. Da es tatsächlich zu diesem Zwecke verwendet wurde, wird ersichtlich, daß der frühe Mensch das *Wesen* von Schiff und Boot begriffen hatte: es ist der das

Wasser verdrängende *Hohl*raum, der das nasse Element zum Tragen des Schiffsleibes zwingt. Man glaubt diese Vorstellung des KALL, das vom ACQ gehalten wird, aus Bootsnamen wie dem KAJAK der Eskimos, der CAJIK der kleinasiatischen Fischer und der KAJASSAH der Nilschiffer Ägyptens geradezu herauszuhören. Wie im Keltischen zwischen CEUO für ›hohl‹ und der alten Bootsform CEUBAL ein klarer Zusammenhang besteht, so haben viele Sprachen bis heute jene primäre Beobachtung und die gleiche gedankliche Folgerung sprachlich bewahrt. Die Bezeichnungen von Schiffstypen legen dafür ein beredtes Zeugnis ab:

Wir nennen die arabische FA'LUCCA zuerst, weil dieses Wort nicht nur einen schweren Lastensegler, sondern zugleich noch in der heutigen Umgangssprache den Zustand des Hohlen und des Runden bezeichnet, wie wir es in gleicher Deutlichkeit allenfalls noch bei dem englischen Ausdruck HULK für Schiffsleib finden. Es ist leicht, hier die schottische HOY, eine Art Prahm oder Ewer, anzureihen, und weiter auf die verblüffende Übereinstimmung mit der römischen HULCA und der griechischen HOLCAD, ebenfalls Lastschiffen, hinzuweisen. Der KEOL war dagegen ein langes, schnittiges Schiff mit niedrigen Bordwänden, wie es die Angelsachsen bei ihrer Eroberung Englands verwendeten. Hierauf geht auch unser Wort KIEL zurück, das außer seiner deutschen Bedeutung in europäischen Randsprachen noch mehrerlei Bootstypen bezeichnet. Auch die JOLLE, englisch JOL oder YAWL, gehört allem Anschein nach in diese Nachbarschaft. Geradezu langweilig wirken dagegen die Schiffstypen der GAL-Gruppe: GALEERE, GALLEASSE, GALIOT, GALLION, GOLETA mit ihrer Erweiterung zu SCHALUPPE und sogar SCHONER (man denke an die sprachliche Herleitung des Wortes »schön« von KALL!). Weniger alltäglich sind dagegen die exotischen Formen: die Piratenjacht der Malaien, eine GALLI'VAT, die KALANK Polynesiens, die KALAN der Philippinen, die KELEK am Bosporus, das KANOO (von »kal'oo«) der nordamerikanischen Indianer, die arabische BA'GALA, die BALAN'GAY, ein großes Kanu der Tagala, die annamitische GAY'YOU und die GAY'DIANG, Auslegerboot und Frachtsegler in Thailand, oder der schottische LAGGAR, ein »Logger«.

Wiederum aber gehorcht KALL für Schiff einer anderen, gewissermaßen übergeordneten, weil ursprachlich vorgeprägten Befehlsgewalt: wie der indische »Khalasi« sehen alle Seeleute der Welt in ihren Schiffen *weibliche* Wesen. Diesem Diktat muß sich sogar die so weitgehend simplifizierte Grammatik der englischen Sprache beugen; die Briten kennen maskulin und feminin nur noch für Menschen und Tiere, alles andere sind – mit Ausnahme des femininen Mondes – *Neutren:* das Straße, das Berg, das Stadt, das Schrank, das Liebe, *aber die Schiff!*

Im Banne dieser Vorstellungen mögen die weiblichen Gallionsfiguren an den Schiffen entstanden sein. Sie lassen sich im geschichtlichen Teil unserer Vergangenheit bis zu den frühen kretischen Darstellungen von Göttinnen in Barken zurückverfolgen, die sich umgekehrt wieder in der Symbolgestalt der »Muttergottes auf der Mondsichel« wiederholt und bestätigt finden: die waagerechte Mondsichel ist in Wahrheit ein KALL-Symbol.

Wenn im Arabischen die KALL-Variante Fa'LUCCA für einen Schiffstyp zugleich das Wort für »rund« und »hohl« ist, dann trifft sich dies auf eine merkwürdige Art mit dem kroatischen Wort KOL'O, das in seiner Einzahl sowohl »Reigen« als auch »Rad«, und in seiner Mehrzahl KOL'A »Wagen« bedeutet. Diese Verbindung ist klar: zum Wagen gehören zwei oder mehr Räder. Es ist auch verständlich, warum das Rad hier auf den Begriff KALL zurückgreift: das Hohle, die Leere zwischen Reifen und Speichen machen zusammen mit der Rundung das Wesen des Rades. Aufschlußreich ist aber die Gleichsetzung mit »Reigen« oder Rundtanz. Wenn aber KALL als Sinnbild der Urmutter galt und zugleich die Bedeutung »Höhle« und »hohl« und »rund« hatte, dann war der »Reigen« allerdings die fast zwingende Form kultischen Tanzes. Kultische Tänze sind seit rund 20000 Jahren dargestellt. Aus der KALL-Form für Rad entstand dann weiter die englische Variante WHEEL, nordisch HJUL. Sehr bald sah man in dem sich drehenden Rade das Sinnbild der Zeit, und aus WHEEL wurde WHILE, bei uns WEIL. Auf andere Weise als das indische KALA gelangen wir auch hier zu dem Begriff der »Zeit« als einer Ableitung von KALL. Da man inzwischen weiter gelernt hatte, genauere Zeitbestimmungen am Monde abzulesen, gelangte KALL auch in den Namen für WILBETH, eine der drei »Bethen«, und die dem Monde zugeordnete Muttergottheit, Beschützerin der Ehe und der Fruchtbarkeit, angerufen um Liebeserfüllung und Kindersegen, heute noch in vielen Muttergotteslegenden lebendig. Der älteste für sie überlieferte Name ist GAU(GAL)'BETH. Ihr gilt übrigens ursprünglich das nordische JUL-Fest, unser Weihnachten. *Sie ist unser Christ'*KIND! Seit anderthalb Jahrtausenden kämpfen die christlichen Kirchen gegen die ihnen unbegreifliche, aber im Volksglauben fest verwurzelten Vorstellungen, das Christ-KIND sei (nicht ein »Knäblein«, sondern) eine sehr junge und schöne Frau oder Fee. Nun, wir sagten bereits, das Wort KIND, im Mittelhochdeutschen als KIND'EN, bedeutet tatsächlich ›Frau‹; es ist die deutsche Form von KVINNA oder QUEAN oder SQUAW. Das JUL-Fest als Fest der WIL'BETH war nun einmal jahrtausendelang das Fest einer Muttergottheit. Da es zeitlich mit der Geburt Christi zusammenfiel, hatte die alte Vorstellung um so weniger Anlaß, der Neuerung zu weichen.

Wie im Keltischen – das übrigens erstaunlich viele Ähnlichkeiten mit den altamerikanischen Sprachen aufweist – die Verbindungslinie von KALL für ›Frau‹ zu KIN und KINDSRED für Blutsverwandtschaft und Sippe deutlich abzulesen ist, so wurde überall in der Welt, wo Familienverbände sich zu Sippen, Stämmen und Völkern erweiterten, auch die ursprüngliche und anfangs viel enger gefaßte KALL-Bezeichnung mit überliefert. Niemand machte sich später noch irgendwelche Gedanken über die primäre Bedeutung. So kommt es, daß heutige Völker in ethnologischer und geschichtlicher Unabhängigkeit voneinander das Namens-Element KALL bewahrt haben. Um nur einige wenige zu nennen: KELTEN, GÄLEN, GALLIER, GALATER, GALIZIER, CHALDÄER, CHALDER, KALLAN, KHOY-KHOY (fälschlich ›Hottentotten‹ genannt), KALANG, KAYAN, KOL, GUL, GOL, KALMÜKKEN, MONGOLEN, und jenseits der Ozeane GALIBI, GALAHA, KALAMIT-Eskimos, KAYANG, COAHUILTECAN, KALAPUJAN, KOLUSHAN, APALACHEE, HUICHOL, KAIGANI, GUALACA, CHOL, CHONTAL, ALIKULUF, CALCHAQUI, CHOLONA, COLIMA und andere weniger deutliche Namen.

Vielfältig und noch nicht annähernd erforscht ist auch die Verwendung von KALL bei Tierbezeichnungen. Die Tatsache, daß der frühe Mensch den Begriff KALL auch auf die Tierwelt ausdehnte, und zwar in einer ganz allgemeinen Anwendung, erhellt aus KALL-Namen unserer Sprache wie GAUL, KALB, KUH, GELLERT (Hahn), LEU, LUCHS, LACHS, aber auch arabisch TARKHUN für Drachen, englisch KALAN für Seeotter, schottisch GOLLACH für Ohrwurm, lateinisch LOCusta für Heuschrecke, griechisch LAGOS für Hase, LYKOS für Wolf, LECHE für Wasserbock, dem mongolischen KOULAN oder dem chinesischen KIANG für eine Wildpferdart des hohen Himalaja, CHAUS für eine Wildkatze des indischen Westhimalaja, dem chinesischen CHOW CHOW, dem arabischen SHAL oder Seewolf, einer räuberischen Walart; der WAL (altnordisch KVAL) selbst; dem SARLAK, wie der Mongole den YAK nennt; dem TECALI oder Onys der Tolteken; indianischen Tiernamen wie DURUKULI, einer Affenart; KUICHA, eine brasilianische Wildkatze (vergl. CHAUS!); COYPU, dem südamerikanischen Nutria; COALTI, einem auffälligen Säuger der Andenwälder; der KELEO, einer unterirdisch bauenden Ameisenart Guatemalas; dann KILLOUCHDOE, einem schottischen Birkhuhn; dem COLT, einem Füllen; dem KALA oder afrikanischen Oxpecker; dem KULUNG, einem indischen grauen Kranich; dem KALALAN, einer für Guam typischen Vogelart; dem JULU oder gelben Honigsauger von Hawaii, einer KOLI'BRI-Art; dem australischen Papagei GALAH (vergl. auch NachtiGALL); dem CHACALACA oder GUAN der Indianer; dem LECHUZA, einer mittelamerikanischen Falkenart; dem KILLEE KILLEE, KILLYHAWK, KILLDEER, KILLCU – indianische Sperlingssperber, Sperlingsweih, Sandpfeifer und Strandläufer; der GILLARU, einer irischen Forelle; dem GILLING oder zweijährigen Salm englischer Mundarten; dem KELK oder Fischrogen; dem LAICH unserer Fische; dem KELT oder abgelaichten Salm; dem LOACH, einem englischen WELS; dem KEELING oder Kabeljau (der wahrscheinlich selbst eine KALL-Variante darstellt); dem KILMAGOREE, einer englischen Brassenart; dem SELACHOS oder Hai (auch HAI vermutlich von KALL) der Griechen; der indischen Barbe KALBASU; dem ölreichen Sculpin vom Baikalsee GOLOMYNKA; dem GILLACH vom Roten Meer; den KELP, Fischen, die unter diesem Namen in Nordamerika, Tasmanien und neuseeländi-

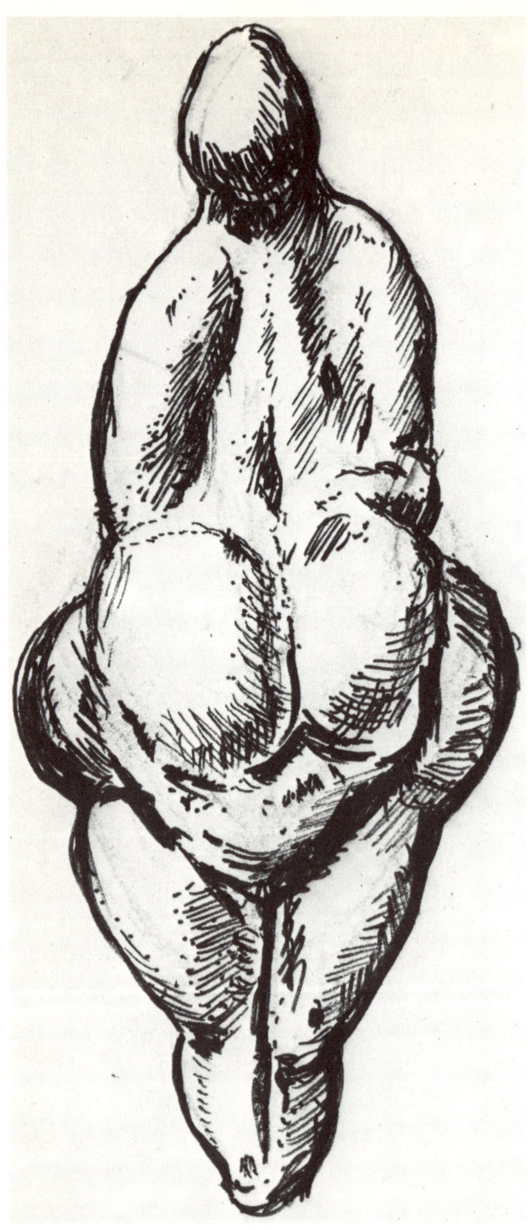

Weibliches Idol. Lespugue (Haute Garonne) in den Pyrenäen, Aurignacien. Eine der ältesten Darstellungen des weiblichen Körpers; typisch die Betonung aller auf Fruchtbarkeit deutenden Merkmale.

Venus von Laussel, einer Fundstelle unweit Bordeaux, halbplastisches Felsrelief von 46 cm Höhe. Das Trinkhorn (Pokal), als Gefäß ein KALL-Symbol, wird als Attribut einer Muttergottheit und »Herrin der Tiere« gedeutet.

schen Gewässern heimisch sind; dem KALA von Hawaii; der GILA, die es sowohl als Fisch wie auch als Molchart in Arizona gibt; dem LAGARTO und dem KILLI-Fisch, beide im westlichen Atlantik zuhause; dem GUOLLE, wie die Lappen zu allen Fischen sagen...

Der Umstand, daß das gleiche Wort dazu herhalten mußte, so verschiedene Tierarten zu benennen, beweist, daß es in der Frühzeit unsere heutigen differenzierenden Unterscheidungen noch nicht gab. Es scheint, daß man Muttertiere und solche, bei denen die Nachkommenschaft von besonderer Bedeutung für den damaligen Menschen sein mochte, im wesentlichen auf KALL taufte, während andere wesentliche und unterscheidende Merkmale, wie wir sehen werden, TAG ins Spiel brachten. Gelegentlich spielt auch ACQ eine Rolle, bei Fischen und auch beim AGARU, dem Frosch der Tuareg, beim AXOLOTL, einer mexikanischen Amphibie, oder beim JAKIE, wie die Indianer Frösche und Kröten nennen.

Unsere besondere Aufmerksamkeit verdient in diesem Zusammenhang noch die Tatsache, daß diese Art der sprachlichen Kennzeichnung eine universelle Auffassung des Steinzeitmenschen anzudeuten scheint – er machte zwischen sich selbst und der ihm vertrauten Tierwelt keinen Unterschied, er sah sie als wesensgleich. Darauf deutet nicht allein KALL, sondern auch BA. Nicht nur, daß wir über die human-weibliche Variante FA (umbfahen, entfahen) zu FAE, Fähe, nordisch Fje, zu deutsch Vieh gelangen, auch die human-männliche Variante PA findet in »Petz« eine Anwendung ausgesprochen menschlicher Note, die in Sanskrit BALU für Bär sprachlich noch deutlicher wird. Tatsächlich war ja auch der Höhlenbär der Eiszeit ein guter Nach-»bar« des Menschen, der oft die gleiche Höhle teilte. Daß ihm winters während seines Winterschlafs dann gelegentlich der Schädel eingeschlagen wurde, trübte die Freundschaft offensichtlich nur auf der menschlichen Seite – wir haben viele Anzeichen dafür, daß die Beschaffung solch kulinarischer Genüsse mit einem sehr schlechten Gewissen erkauft wurde und umständliche kultische Zeremonien erforderlich machte, um Versöhnung für die Untat zu erreichen. Die Bärenriten der sibirischen Jakuten werden in diesem Sinne und als Relikte steinzeitlicher Bräuche gedeutet. In beiden

Fällen werden Versuche deutlich, die Götter über den Mord des Bären hinwegzutäuschen und sein Fortleben vorzugaukeln, indem man Kopf und Fell bewahrte, ja sogar über eine aus Lehm geformte Nachbildung stülpte. In Mas d'Azil verbarg man die Knochen in abgelegenen Stollen.

In der Alten wie in der Neuen Welt steigerten sich diese Grundvorstellungen in parallele kultische Konzeptionen. Wenn die Azteken im Jaguar den Gott der Erde und des Todes sahen oder die frühen Ägypter im Flußpferd TAURT eine gütige Gottheit, und wenn überall auf der Welt Gottheiten in Tiergestalt verehrt werden, so ist dies vor allem ein Beweis mehr für den ursprünglichen sprachlichen Zusammenhang. Denn war die Sprache auch zunächst Produkt und Ausfluß einer geistigen Haltung, so wurde sie doch immer dann, wenn diese erste geistige Einstellung schwand, selbständig fortwirkend.

Wir ahnen jedoch heute einen Zusammenhang zwischen der Kulthöhle KALL, der Verehrung des mütterlichen Prinzips KALL und dem in den Kulthöhlen mit so außerordentlicher Lebendigkeit an den Fels gezeichneten und gemalten Tiere KALL. Auch ohne Deutung sprechen die Tatsachen allein schon eine deutliche Sprache. Wie wenig dabei das Wort KALL für Tier in seinen Ausstrahlungen vor sprachlichen, anthropologischen oder geographischen Grenzen Halt gemacht hat, möge ein einzelnes Beispiel andeuten:

Der Schafhund des schottischen Hochlandes ist ein CUILEIN oder COLLIE. Ein gefährlicher Wildhund des nördlichen Himalaja, der in Rudeln jagend sogar Tiger anfallen soll, heißt KHOLSUN. Der Schakal ist ein KHOLAH, ein hundeartiger Baumläufer der Australneger ein KOALA, der Fliegende Hund der Javaner ein KALONG, der mexikanische Präriewolf ein COYOTL, ein fuchsähnlicher Kleinhund der feuerländischen Alikuluf-Indianer ein COLPEO, und der peruanische Hund ein CHOLA, der arabische ein KELB.

Wie nicht anders zu erwarten, begegnen wir der Urform KALL in der Landschaft und ihren vielerlei Formen auf Schritt und Tritt. Von dem keltischen KYLE für Schlucht, Klamm, tief eingeschnittenes Flußtal führt eine direkte Linie zu keltisch KILL für »Weg«. In einer

Welt, die nur Pfade, aber noch nicht Wege oder Straßen in unserem Sinne kannte, war das Gehen entlang der Ufer oft die einzige, immer aber die für die Orientierung sicherste Art der Wanderung, besonders dann, wenn es galt, in ein Bergland einzudringen oder es zu durchqueren. So bewahrten die romanischen Sprachen COL und COLLE für ›Paß‹, CALA für ›Bucht‹, und CALLE für ›Weg‹! Im Himalaja ist KIALLA neben anderen Bezeichnungen eine Paßstraße, aber schon KULUN ist der *Name* einer Großstraße, welche weite Teile der Mongolei miteinander verbindet und wahrscheinlich ein Teil der alten Seidenstraßen ist. Ähnliches bietet die Sahara mit der KALANKALA, einer möglicherweise noch aus Garamanten-Zeiten stammenden Fernpiste zwischen Tripolis und dem Niger. AY'KIOL nennt man noch heute in der östlichen Türkei eine uralte Fernstraße, an der auch die alten Hethiterstädte vor etwa 3500 Jahren schon lagen. Hierher gehört auch der in Negersprachen KILONG'SI genannte Führer oder Pfadfinder, der die Trägerkolonnen zuverlässig anführt.

Das malaiische KUALLA (vergl. Kuala Lumpur und andere Ortsnamen) stimmt sinngemäß mit dem keltischen KYLE und dem italienischen GOLA überein, erweitert sich dann aber auf die Bedeutungen ›Flußmündung, Talausgang, Zugang‹. In Australien, dessen Urbewohnern man gewiß keine linguistischen Beziehungen zu Kelten oder Mongolen nachsagen kann (es sei denn, man akzeptiert unsere These von einem gemeinsamen Urwortschatz), ist das Flußbett ein KAUEL. Nur um die Ethnologen zu verwirren, nennen die Haussa-Neger Nigeriens den Niger-Fluß in ihrer Sprache: KAUW'ARI. Den Fluß selbst nennen die Australneger übrigens TALLA'WAL'KA, und auch dieser Ausdruck läßt sich zu anderen, d.h. afrikanischen Negersprachen und zu sowohl mongolischen als europäischen Bezeichnungen in Beziehung setzen: TALLA- ist unser TAL, das ebenfalls Urwortcharakter hat, -WAL- ist eine KALL-Variante, und -KA deutet auf das Wasser. Im Ganzen gesehen, sagt der Australier damit »Tal mit wasserführender Vertiefung«. Die KEALLA Hawaiis erinnert uns erneut an KIALLA und KUALLA – es ist ein enges Tal, wenn auch noch keine Schlucht. Im Tienschan und im Altai ist ›Fluß‹ GOL, ›See‹ KUL, der in Turkestan wieder zu GÖL wird. Immer ist damit die Vertiefung in der Landschaft gemeint; so kommt es denn auch bei den bergbewohnenden Amharen Äthiopiens zu KOL'LA für ›Tiefland‹. In der Erinnerung an das KAUW' der Haussa Nigeriens fällt es uns leicht, das GAW'A der Japaner ebenfalls hier einzuordnen – es hat eine allgemeinere Bedeutung und bezeichnet sowohl einen Fluß wie auch das Meer. Über die Lautbrücke G–CH–H schreiten wir wohlgemut von Japan nach Europa: HAV ist der nordische Ausdruck für Meer, HAFF ist ein norddeutsches Wort für eine Lagune, und Fluß-Namen dieser Art sind nicht allzu selten, unsere brandenburgische HAV'EL einer der bekanntesten. Wenn wir die HAVEL neben das KAUEL des Australnegers stellen, dann haben wir praktisch das gleiche Wort für praktisch die gleiche Sache! Nur der Vollständigkeit halber: auch das griechische HAL'YS gehört zu KALL, und ferner, in sekundärer Ableitung: HALL oder ›Salz‹, und sicherlich auch die friesische HAL'LIG.

Unsere Heimat bietet Tausende von Beispielen für die allgegenwärtige Dominanz von KALL. Da wo der Malaie KUALLA, der Kelte KYLE, der Australneger KAUEL und der Indio CHALLA, QUILA oder COLLA sagen würde, heißen unsere Orte: KALL'MÜNZ (eine schöne Bilingue), KALL'MUTH, KAIL'BACH, KEHL, NA'GOLD, CALW – und die landschaftlichen Merkmale, die solche Benennung herausforderten, sind hier wie dort die gleichen!

Diese Einführung in das sprachliche Dominium des KALL wäre nicht vollständig, wenn wir die annähernd gleich häufige Umkehrung nicht noch etwas eingehender würdigten. Wir erwähnten sie schon bei den alaskischen Gewässern, soweit sie eine Kombination von ACQ und KALL darstellten, und wir streiften das Problem bei der Aphrodite LOCHEIA, der Beschützerin der Gebärenden. Die Sache ist so simpel wie die Lautverkehrung bei Topp und Pott, und LOCH ist natürlich genau das, was KALL zum Ausdruck bringt: eine Vertiefung, ein Hohlraum, eine Öffnung, ein Durchlaß. Über LOCH verbindet KALL z. B. sogar LACH'EN (von LOCH = Mund) und LACHE (Bodendelle mit Wasser). Das englische CALL (auch S'QUALL = aufschreien) für »rufen« (vergl. GELL'EN) und das germanische GAL'AN für »singen« läßt erkennen, daß »Mund« einst KALL und LAK war, weshalb der Lateiner LOQUI sagt, wenn er ›sprechen‹ meint. Entsprechend ist LOGOS das griechische »Wort«, ›das mit dem Munde gesprochene‹ also. Sogar das lateinische LOC'US trägt noch die Erinnerung an das primitive LAG-er in sich, das Mensch und Tier sich suchen oder schaffen, um einigen Schutz vor Wind und Sicht zu gewinnen. LOC'US ist zuerst eine primitive Wohngrube gewesen: sein KALL-Charakter wird nochmals deutlich in dem lateinischen LOC'ULUS, Aushöhlungen in den Wänden der Katakomben, in denen man die Gebeine verwahrte. Wie das LOQU'I, das ›sprechen‹ der Römer, ist auch das arabische LAAQ oder LOOQ an eine Funktion des Mundes gebunden: es bedeutet LECK'EN, wie wir im Deutschen sagen, oder LICCIAN im Angelsächsischen, LICC'UNG im Altnordischen, LICH'ANO im Griechischen. LIGULA – die ›Zunge‹ ist die Mutter von LINGUA, der ›Sprache‹.

Zu LOC'US im Sinne von LAG'er gehört natürlich unser LIEG'EN, früher LIC'GAN, ferner die Couch der Römer, das LEC'TRUM, auch LEC'TICA genannt, bewahrt im französischen LIT für Bett.

Während LECKER im Deutschen ein gutes Essen rühmt, geht das englische LECHER etwas weiter – es sind die sinnlichen Genüsse, denen man sich hingibt, und deren Freuden noch durch LIKE, lieben, gern haben, schimmert. Wie eng sich die Sprache immer von neuem an diese primitiven, oder besser primären Vorstellungen lehnt, zeigen auch einige Wörter für den Tanz, dessen Grundelemente ja entweder Kult oder Erotik sind: im Schottischen LAIGH, im Deutschen LAICH, im Nordischen LEK, zugleich auch im Sinne von ›Spiel‹. Das deutsche LAICH und das siamesische LAKON sind zweifellos kultische Tanzspiele.

Aus solchen Zusammenhängen lassen sich auch Mißdeutungen erklären, wie sie sich aus der Widersprüchlichkeit des christlichen Fronleichnamsfestes ergeben. Während das heidnische Brauchtum an diesem Tage mit farbenprächtigen Umzügen durch Siedlung und Flur, mit Segnung der heranreifenden Ernte und Bittgesängen für Regen und Wettergunst frohlockt, bringt das kirchliche Ritual dieses Fest etwas krampfhaft mit dem »Herrenleib« (mhd Vrônlicham) des Heilands in Verbindung. Schon H. Chr. Schöll wies darauf hin, daß das Wort eine Korruptiv-Form von »FROUW« (Frau) und LAICH (Tanz) sei und auf einen vorgeschichtlichen Fruchtbarkeitsritus zu Ehren einer Muttergottheit weise. Uns bleibt darüber hinaus noch die Erklärung, daß LEICHE eigentlich nur »Körper« bedeutet, der spezifische Sinn dieses Wortes im Deutschen ist nicht Allgemeingut. Das nordische LEG'EME, das tagalog LICOT bezeichnen die körperliche Erscheinung des Menschen, und logischerweise sind nordisch LAEGE, englisch LECHE *heilen.* Tagalog LAG'NAT ist ein Fieber, LAG'NOTO eine Heilpflanze – trotz Sinnwandlung bleibt der Zusammenhang mit KALL und Körper spürbar.

Nur von KALL als dem Begriff und Prinzip des Mütterlichen her ist auch verständlich, daß hindi LOG und griechisch LAIKOS zu der Bedeutung ›Volk‹ kommen konnten. Auch unser LAI'E ist ein ›Mann aus dem Volke‹. LOCHOS ist eine knapp kompaniestarke Einheit der griechischen Heere, der LOCHAGO ihr Führer. Diese Form der Volksführung wiederholt sich: LUGAL ist ein sumerischer, E'LECH ein sumerisch-phönizisch-hebräischer, LUK'U'MON ein etruskischer Herrschertitel, während LAKAN bei den Tagala das Haupt der Sippe, und LUK'IIKO die Räte des Königs von Buganda im zentralen Afrika sind. Es will scheinen, daß wir auch LAU'TU, das Hoheitszeichen des Inka-Königs, in diese Gruppe der KALL-Varianten einreihen dürfen.

Das keltische, heute vor allem schottische und irische LOCH als Bezeichnung von Seen, Flüssen und Fjorden ist allgemein bekannt, es ist nur eine geringe Abweichung von den noch bekannteren LAGO, LAC, LAKE, den deutschen Altformen LAACH und LUCH. »LOCH'LANN« nannten die Kelten die Westküste Skandinaviens wegen ihrer zahlreichen Fjorde (das Land der LOCH's).

Damit sind wir nicht etwa am Ende einer Beschreibung der weltweiten Rolle des KALL, sondern nur am Schlusse dieses Kapitels. Nunmehr ist unser Wissen in den Stand versetzt und die Phantasie zur Genüge beflügelt, um von den hier folgenden Sprachtafeln den rechten Gebrauch zu machen.

Einige Worte darüber, wie diese Vergleiche zu lesen sind:

Der Schwerpunkt liegt auf der ersten, vierten und fünften Spalte, mit anderen Worten: auf den samischen und den vorkolumbischen

Sprachen. Das Tibetische als relativ primitive, d. h. hier den Archetypen noch sehr nahe Sprache, und das Japanische als Beispiel einer perfekteren Form sollen die rein mongolischen Reflexe, das Baskische und die Sprachen der fünften Spalte (Etruskisch, Hethitisch, Sumerisch) die frühen europäiden Entsprechungen aufzeigen. Die sechste gibt den Sinngehalt und, soweit der Spaltenraum es erlaubt, europäische Parallelen.

Begriffe, die in der Sicht des Paläolinguisten zusammengehören, sind auf einer Tafel vereinigt. So finden sich Wörter für atmen, leben, sein im KALL-Bereich ›Körper‹, solche für Glück, Schönheit, Gunst auf der Tafel KALL/Frau. Die Reihenfolge der Tafeln versucht die Assoziationskette früher Sprache nachzuzeichnen, notgedrungen mangelhaft, weil hier nur nacheinander dargestellt werden kann, was weithin gleichzeitig geschah.

Die Rechtschreibung ist übernommen, bei den amerikanischen Sprachen meist vom Spanischen, ansonsten vom Englischen. Auf eine exakte Phonetik wurde verzichtet; der Fachmann kennt sie sowieso, und der Nicht-Fachmann darf versichert sein, daß die Aussprache keine Änderung in der archetypischen Zuordnung bewirkt hätte; das kann gelegentlich durchaus der Fall oder zweifelhaft sein, auf zweideutbare Beispiele wurde daher verzichtet.

Die Zusammenfassung in MA/- und SA/indian. (mittel- und südamerikanische vorkolumbische Sprachen) dient der besseren Übersicht. Dahinter stecken in Mittelamerika: Nahuatl und Aztek, Maya, Chontal, Zapotek, Popoluca, Pame, Mazatec, Quiché, Yucatec, in Südamerika: Quechua, Aymara, Mapuche und ein wenig Motilon. Diese Auswahl wurde mitbestimmt von der Verfügbarkeit von Wörtersammlungen, die es nur für einen Bruchteil amerikanischer Sprachen überhaupt, und auch für die angeführten nur ausnahmsweise systematisch geordnet und mit einer der Weltsprachen in beiden Richtungen gepaart gibt. Auch Lappisch und Baskisch war nur eingleisig verfügbar. Daher sind Lücken in den einzelnen Spalten meist nur auf Informationsmängel zurückzuführen und sollten daher nicht zu Schlußfolgerungen verleiten.

Zu vergleichen ist nicht nur in der Horizontalen der Tafeln! Die

Abfolge der Beispiele orientiert sich am Vokal und an den Wandlungen der Mitlaute, und das ist recht unwesentlich. Zugunsten der Überschaubarkeit auch für einen erstmals mit dem Phänomen ›Sprache‹ konfrontierten Leser wurde die Auswahl auf deutliche Beispiele begrenzt – eine Einbeziehung der insgesamt möglichen Formen hätte aus den gleichen, eher spärlichen Quellen ein Vielfaches an Zitaten ermöglicht.

Derjenige Leser, dem die getroffene Auswahl gleichwohl reichlich dünkt, möge verzeihen. Angesichts der seit Alexander von Humboldt verkrusteten Lehrmeinung, amerikanische Sprachen seien mit außeramerikanischen weder verwandt noch mit inneramerikanischen verschwägert, ist ein ungeniertes Maß an ›Overkill‹ ratsam und angebracht...

KALL-Tafeln

KOPF / HIRN / denken
AUGE / OHR / sehen – hören
MUND / sprechen – singen – lecken
ATEMWEGE / atmen – leben, nicht-atmen – sterben
KÖRPER / Teile, Organe, Kleidung, Heilung
FRAU / Schönheit, Glück, Clan, Ableitungen
MENSCH
HOHLES / HÖHLE / LOCH / Haus
RUNDES
HIMMELSWÖLBUNG / LICHT (Caelum – Lux)
WÄRME (Calor)
KULT / Mythos
QUELL / Mündung – Tal
PASS / WEG (Col)
SCHOLLE
HAND
QUANTUM
HANDGERÄT / Keule / Keil

KALL – SKULL/HIRN *und Denken*

Lappisch *Finnisch **Ugr/alt.	Tibetisch *Japanisch	Baskisch	MA/indian. *NA/indian.
GALLO	KLA'D	KALOI	
*KALLO			
		KAN'KAR	
		GAŔUN	
			HOOL
	GON		
		KU'KULLA	
		KEŔU	
	GAL'MTUN Gewissen	LAKOAN denken	LLAK'SA Sorge
	KAL'KOL bewußtlos	KALI'PU »Courage«	
	ČAN'BA vermuten		CCANUUK denken
	CAN'PO aufmerksam		
	ČAN'PO »clever«		KAAN'DA Traum
	*chok'KAN Intuition		
LOKKAT denken	sems'CAN beseelt	GOGOAN denken	YO'KOYA denken
*LUULLA denken	SGON'PA nachdenken		
	KUN'MKYEN allwissend		

KALL – AUGE/OHR

ČAL'BME	*GAN		LACHIA
			AHU
GUOULAT			S'KOA
*LUKEA			is'KUY
			CHIL
**KOLA	KAL'LA		
GULLAT	ŽALLA		
GULLO	cho'KAN		
**XUL			NUHU
**KILINI			
*KUULA			
*KUUNEL			

SA/indianisch	Etruskisch *Hethitisch **Sumerisch	Deutsch *Englisch **Nordisch
		HIRN'SCHALE
		*SKULL
		lat. CŔANIUM
LLAU		
LONCO		Kopf
ULL'KU	CUL	Stirn
UIN	LUKU	
NUNA		Geist Verstand
KALLU		Einige
»schlau«		weitere
	HALUKI	Beispiele:
	»erkun'den«	SCHLAU
		gr. LOGOS
		KLUG
CUNA		
nachdenken		

SA/indianisch	Etruskisch *Hethitisch **Sumerisch	Deutsch *Englisch **Nordisch
	*HALUKI	AUGE *LOOK
NAHUI		
NAIRA	*GULS	LUGEN
	sa'KUI	
NGE		
KENN'LLA		
		HOŔ'CHEN
		OHŔ *EAR
LLUCU		
pi'LUN		LAUSCHEN
JIN'CHU		HÖŔEN *HEAR
		HÖŔEN *HEAR
		HÖŔEN *HEAR

KALL – DER MUND *(einschl. Lippen, Zunge) und Sprache, Singen,*

Lappisch *Finnisch **Ugr/alt.	Tibetisch *Japanisch	Baskisch	MA/indian. *NA/indian.
	KAL'PAGS		CHAAL
CAEL'KET	KLAG'COR »Klage«(!)		
HALLAT *KALAH			
*HALLITA	KYAL		
NJAL'ME			
LAULA			
LAEIKA			
*KALU'TA			*KALUSKA
			KAIN
	KANA		
	R'KAN		
	D'KAN		
	M'CAN'BU	A'GOA	
*HAUKO			
JOI'KAUS			HAY
**KOL	C̀OL'CUN		KOL
*KUONO		itz'KON'GA	KOLA
*NUOKKA			
*NUOLLA	KLUI		
	S'KUL'BA		
*HUULI	skad'LUGS	itz'KUN'TZA	popo-LUKA
HULIN			
GIELLA			
**KEL **KIL			
*KIELI *KIELAS		LEKA'TUZ	
CIELLAT		EL'EGIN	RIN

KALL – ATEMWEGE + *atmen* = *leben* + *nicht-atmen* = *sterben*

			KAL
**ELAK			KAL
*KAULA		KALA'PIO	
AELLET			
**ELÄÄ			
**ILAN	C̀OR'GAN		
*KAINALO			
HAU'KKU			
*HAU'KKOA			QOL
**LOL	L'KOL'MDUD		QOWIL
C̀OL'GA	GLO'BA		
	C̀OL'BA		

Lecken

SA/indianisch	Etruskisch *Hethitisch **Sumerisch	Deutsch *Englisch **Nordisch
LAK'JONA		Mund sprechen sagen
LAKA	*HAL'ZAI	
	*LALA	
ČALLU		
KALLU	*KALLES	
ACLLU		LACHEN *LAUGH
LLAKUA		LECKEN
HAYLLI		»HALLE'lujah«
JAYLLI		Hymne
AN'CAYLLI		*CALL ahd. GALAN
I'KAIN'DABI		GELLEN
AYEKAN		
CAN'CAR		
		GÄHNEN
LARCH	**KA	
LAJJRA		Sprache LINGUA
		Sprache *LANGUAGE
		*CALL
		Dialekt, Idiom
LLUNCU		
		Sprache
HILLU		SCHEL'TEN

HUALL'KA		HALS NACKEN
	*GAN'GALA	KEHLE
CALL'PA		Lebenskraft
KALLA'CHI		
KALI HAILLI		HEIL = gesund
KAN'KAÑA		
		*GULP = RÜLP'sen
ANACU		
CAU'SA		
HUAŔI	**KA	
KOLL'MUNA		KEHLE *NOCK
ton'KOR		LUNGE

Lappisch *Finnisch **Ugr/alt.	Tibetisch *Japanisch	Baskisch	MA/indian. *NA/indian.
**OLNI	GON'BA	EGON	
*KYL'KI	M'GUL		
NJUNNE	D'KULA		
**LELEK **EL			
*NIELU *KEUHKO			*HILK
**LIL			NI
**ULINI			
**JILLE			

KALL – KÖRPER

*NAUK trinken		XAN essen	NAK essen
NAEL'GE »Hunger«		JALA essen	
			QOLAX Nahrung
*KULAU »schlucken«		KLAKA »schlucken«	*NOOKIK Essen
NIELLO »Schlund«		KOKOLO »schlingen«	CUILO essen
NIELLAT »schlucken«		KLINK essen	
*JAL'KA Fuß	LAG Arm	GAL'TZAR Arm	
*LAUKOA rennen		KARRA »lau'fen«	
*LAHJE Bein	R'KAN Fuß		
**JALGA Fuß	R'KAN OberArm	ANKA Fuß	AQAN Fuß
**GYALOG Fuß	KLON »Klaue«		KOAI gehen
JUOL'GE Fuß		OUN »rennen«	
*KON'TTI »Schenkel«			
*KYNNÄ »Klaue«		LENKA gehen	RENKA lahm
LIKKAT bewegen		ARIN »rennen«	
*LENKKI »Gelenk«			
*KAL'JU »nackt«			

sa/indianisch	Etruskisch *Hethitisch **Sumerisch	Deutsch *Englisch **Nordisch
CUNCA KUN'KA RUN'CU		atmen sein leben
	*KILA	KEUCHEN
*HINA *HUNAU		ersticken wie **KVELE + KVALM und wiederum da- mit verwandt QUAL QUALM
	**NAG trinken	das SCHLUCKEN
		HUNGER
CAU'SAY Nahrung		
ÜNGAN »kauen«		sp. en'GULL'ir
	**KU essen	
CALL'CAY fußwund		Körper allg. Extremitäten
JALA rennen		
KALLAÑA aufstehen		
HANCA »hinken« (!)	NAN wandern	
UN'CULL »Knie«		*LEG
HUILI »Klaue«		**LEGG RENNEN
CÜA Arm		*LINK = GLIE'D
		GELENK ver'RENKEN

Lappisch *Finnisch **Ugr/alt.	Tibetisch *Japanisch	Baskisch	MA/indian. *NA/indian.
			CAL Umhang
		ALL'KINA »Rock«	*LAYKA »Klei'dung«
			LAX'LA »Hülle«
			LAY'PI'CALE »Klei'der«
			LARI »Kleid«
NAKKE HA'ut	*KAN »Körper«		
			NAHÑO »Klei'der«
*KOL'TTU »Kleidung«		GOŔ'PUTZ »Kör'per«	
GOŔOD Körper	KLON »Kör'per«	ZOZO'KON Körper	NOK »Kleid«
		LOI »Kör'per«	KO Leib
	ČALUGS »Kleidung«	GONA »Rock«	*KULIK'TAG »Kleidung«
	*cha'KUYO Gewand	KOIN'ERE Decke	CUL »Kol'ter«
	KUE Robe		
*KEILI Körper	S'GLEN'PA »nackt«		
	R'JEN'PA »nackt«		
		ALL'KINA »Rock«	LICUE »Rock«
			Š'KINI Haut
		ma'KAL »krank«	KALAAN »krank«
	R'GYAL'BA »heilen«	ar'GAL »krank«	
	GLAN »Kolik«	ALA Schmerz	ax'KAŔŔOK »heil«
	KAN'BA verwunden		CALA »heil«
*LOUKKA verwunden		LOKAL'DI »krank«	COOL Pfleger
KOLO'TA schmerzen			*LOK'TO Krämpfe
			COON pflegen

SA/indianisch	Etruskisch *Hethitisch **Sumerisch	Deutsch *Englisch **Nordisch
KALA »nackt«		KÖR'PER NACKT
KALLA »enges Kleid«		KLEI'dung
KARA »nack't«		**LEGE'ME = Körper
		KJOLE = KLEI'D
		**NAKEN = NACK'T
	CANE'DA Gestalt	KAHL = NACK'T
	KANE'STA Gestalt	isl. KJAL'TA = KLEI'D
YA'COLLA Mantel		
pi'LLONCO »nackt«		
UKU »Körper«		
	*NEKU'MANT »nackt«	
HINU »nackt«		schott. KIL'T
		**SKINN = Haut
LAKI Schmerz		KRANK'HEIT UND HEILUNG
UAILA »heil«		
LLI'YACHI »heilen«		
		**LAEGE = Arzt
ANAY Schmerz		
LL'YATIRI Arzt		
LLA Heilmittel		
LLAÑA heilen«		

Lappisch *Finnisch **Ugr/alt.	Tibetisch *Japanisch	Baskisch	MA/indian. *NA/indian.
	S'KYON Schmerz		
	ČON Siechtum		
			LYK'WAAN »krank«
			ULA »heil«
		LEKARI Pein	GUN »heilen«
		KILIN'KALAN kränkeln	CUNAH »heilen«
LAIKK Mal	KLAG Blut		GOLEN niederlassen
			*KUL setzen
CIEL'GE Rückgrat			
		GOLO Drüsen	
	ČAL Bauchhöhle		
	M'KAL'MA »Niere«		
ČOALLE Eingeweide	NAN Herz		KOLOP Eingeweide
GAI'BE Kiefer			
*LEUKA »KINN«	M'GAL »Kinn«		
	R'KAN »Knochen«		E'KAL »Knochen«
			NIN'TA »Knochen«

KALL – FRAU: *Weib/Mutter* / SCHÖN*heit*/GLÜCK / CLAN / *Ableitungen*

GAL'GO	ČAL'BA	GAL'TZAR	A'KAL
LACH'TUT	B'LAG	gal-du	LAKAN
*KAL'HALU		GALE	*MA'HALLA
*HALA'TA			
*HEILAKKA			
GALLES			pu'LAY
AKKA			KA
		ez'KON'GAI	

SA/indianisch	Etruskisch *Hethitisch **Sumerisch	Deutsch *Englisch **Nordisch
KOLLIRI Arzt		
E'KOY »kranken«		
CULEN Heilkraut	GULA »heilen«	
KUN Medizin		
KELLA Narbe		
KIRI Wunde		
KALA behaart	*LAK'NU »neigen«	einige weitere Wörter für Teile
ANCU Nerv Sehne		des Körpers: *vgl. sp. CULO = Gesäß
KKILI Rückgrat		
KELE'TE Drüsen		vgl. auch: KAL'daunen
		GALLE
		NIERE
		LUNGE
		SCHUL'ter
LLOKO Herz		KNOCHEN RÜCKEN
CHUN'CHULL Eingeweide		HALS NACKEN
		KEHLE GURGEL
CHILLINA »Knochen-Mark«		GAU'MEN RACHEN
		KINN

AL'CHA		u. a. m.:
CHALA		**GAL = GEIL
ACHO CALLU	*HALLU	hebr. KALLAH
ALLUCHA		jidd. KALLE
UA'KALLI		hebr. GAIL
CLLA		schott. KEALLACH
UAYLLU		ir. QUAIL und
AH'BA RACA		QUAIN

ie letzte Spalte brachte keine Übersetzung, sondern weitere Bei-
piele – deren Sinn ist überall gleich: Weib, Frau, Mutter!

Lappisch *Finnisch **Ugr/alt.	Tibetisch *Japanisch	Baskisch	MA/indian. *NA/indian.
*KAN'TAA	R'KAN'PA		KAN ČAN
*NAIK'KONEN			*QUAN'DY
UANI		AÑA	
NAI 'NAINEN		ANA	NAANA
		AN'DRE	
			NA
			NYAA
	ČOL'BA	KOL'KO	LOQ
GUOI'ME		OILAKKA	*SQUAW
*EUKKO			cha'GORRA
*NAIK'KONEN	*tai'KON	ez'KON	
	*te'KONA	ez'KON'TZA	
*pul'LUKKA			
*HULLU	KLUN'BA		ma'CUILLI
KUINA	sai'KUN	GUN KUN	GUNAA
	NA'ČUN	sor'KUN KUN'DE	
	CUN'MA	LAGUN	
GUNNE	ČUN		
*HEILA	*tsan'KEI		
*HEN'TTU			
AENNE			
**ENNE			iso'QUIL
*LIKKA			
			NIN
*KAL'TAI			AL'QUAL
LAGGJI			CAL
*KÄLÄ			GAHOL
LAGAN			
*LAJI	*KAI		LAY
GAN'DA	GAN'ZAG		HAL
NALLE		KOLONKA	QUAXOL
	LUGS		
	KUNS		
*KEILI	KELAN	LEGE	
	KYEU		*NIKIE
	SKAL'DAN	E'GOAL	
	GLAGGS	GALANT	
*KALLIS		senta'GAILLU	
		es'KUAL'DI	

SA/indianisch	Etruskisch *Hethitisch **Sumerisch	Deutsch *Englisch **Nordisch
	CANA	*LIKE
NAAKA	NAC'NA	mhd. GALAN
NAUKI	ANA ANE	isl. KJAL = Schoß
AÑA'SU	**I'NANNA	sp. CHALADO
ANHA	*ANNI	**KOLLA
ANI'SIÑA		
LOKJE		isl. LOKKA = WOLLUST
CHOLA		sp. LOCO = GEIL
OCLLA OJLLAI		LOCK'en
KOYA		
CON'CHO KONCHU		
mama'CONA		**KONA
KULLAKA		**LYKKA = GLÜCK
LULU ULLU		
CUNA		
CUNA	**GUNU	**KONA
ÑUÑU		as. CUND = Geburt
		anord. KELLING
		as. CWEN, *QUEEN
CHEN'KE		*QUEAN **GJEN'TE
	*ENI	as. GENNAN = gebären
		lat. GENUS
*ILLA	ILI'thygia	**F'LIKKA
QUIN'CHAN		lat. va'GINA
CHINA		**KVINNA
CHINAN		ahd. CHIN'D
		slaw. SCHINA
		*KIND = begatten
	**NIN	
....	....	....
		Von der Frau
VILLAC		unmittelbar stammend:
KALLU		KIND *CHILD GÖR
	LAV'TUN	CLAN GENUS
AYLLU		**LAG
HUAYNA	CLAN	ÄHN'lich, von
		GLEICH'er Art
*CUNA		AHNEN
CUNA		GENUS as. CYN
CHIN'KI		schott. KIN
		*KIND *KINCHIN
CHALA		GLÜCK **LYKKA
		**HELL
KALLAL'KIRI		gr. KALOS = SCHÖN
ALLINN'YOK		

Lappisch *Finnisch **Ugr/alt.	Tibetisch *Japanisch	Baskisch	MA/indian. *NA/indian.
*KAUNIS		KAAN	
		KAŔAN	
*ONNI		ARRULLO	
	LEGS'PA	ÑAÑA	
		ÑUÑU	
		Verschiedene Ableitungen:	
LAKKA »nahe« sein	GAL'BA enttäuschen	A'HAL »können«	
ANKALOŠ »günstig«			
LAKKE Art u. Weise			LAI »Gna'de«
*LAHEA weich	M'KAN zu eigen		KAN lassen
*KALLEUS lieb, teuer			LANKA »wählen«
	NAN Charakter		NAČ »nahe«
	NAN'BA »ver-nein-en«		NA mein
	NAN'PA »be-gün-stigen«		
*KOOLLE zusammen	KYOR zart		
	KON'DU besorgt		
	KON'PA fähig sein	dan'KON Penis	
*LUONA »nahe«			
*HUOLE sorgen für			
*YLLKE Reiz			
		LAGUN'TZA »Hilfe«	
UNN'TIT »gönnen«			
KEL'PO fähig			NIUR »wün'schen«
*LIKEI »nahe«	LIKOI »like« »wünschen«		NEKI »wünschen«

SA/indianisch	Etruskisch *Hethitisch **Sumerisch	Deutsch *Englisch **Nordisch
KANUY'MANA	CAN	
ACNA'PUY		
KOLI		glücklich
KILL'PU		glücklich
		andere Beispiele:
KAILLA »nahe« sein		**GAL = falsch
ACLLA »wählen«		GALA GALANT GALAN
ALLU Penis		NAHE NACH NACK'T
ALLI gut		KÖNNEN GÖNNEN ahd. GINNAN = öffnen
JANI »Nein(!)«		NEIN NON NO
AÑAY zufrieden		
KJORU pervers		
KOÑA zart		**KJÖNN = GENUS
CUL'TEN weich		KIND = freundlich
KO'CHULLA angenehm		sp. ALEGRE = angenehm
CULLAY kitzeln		
LLULLU weich		WÜN'SCHEN
CHUÑA Ejakulation		HEL'fen *HEL'P **HJÄL'P
KEN'CHA verschmähen		be'GEHR'en sp. QUIERE
KIŔAU Wiege		schott. KEN = letzte Zuflucht KENNEN **KJÄNNE

Lappisch *Finnisch **Ugr/alt.	Tibetisch *Japanisch	Baskisch	MA/indian. *NA/indian.
KALL – MENSCH			
			LAK'WE
		KALAKA	LAK-
			XAAL
	AN'CHAN		WI'ČAN
			LAA
OL'MUS			
KUNNON		ZU'GUN	
*ma'LIKKO			HEL
*HEN'KILÖ		ja'KILE	WINIK
*LACH'KO		LAGUN	
LAKKA	KAI		
*KAN'SA			LAN'SANYU
		JEN'DE	
*LAGGES			CALAL
*VAL'TI	KHAN	LAGA	
	NAN'BA	NAGU'SI	A'HAU
	M'GON'PO		
		LEENGO	
		A'GIN'TARI	
		A'GIN'DU	
KALL – HOHL: *Höhle – Haus – Loch – Hohles*			
*KAL'MISTO		(GAUA)	(YO'WAL)
	*ANA	(GAU)	KALAKI
	R'KAN	KAN'PAI	(LAILO)
*HOL'VA	KOL	GANGA	
	KON'STON	KON'KA	
(ÖIN)		sa'KON	
VUOLLE			CUL
**IOLIK			
**YL	KUN	us'GUNE	(CU)
		A'GUR	

SA/indianisch	Etruskisch *Hethitisch **Sumerisch	Deutsch *Englisch **Nordisch
		*KNOW
		**KJÄNSEL = Gefühl
		*KIND = freundlich
		NENNEN
KALLU		Mann Mensch
CHAULU		gelegentlich auch
CALEUCHE	*LULAHI	GAUNER sp. COÑO
KANA		i. S. v. Mensch
CAY		
CHOLO		
	*LU	
-CUNA	**LU	
RUNA		
		LAIOS = LAIE
		Mann Mensch
CHALLA	LAU'TN	VOLK GENS LEU'T
COLLA		Gruppe Klasse
	*KULAN	gr. LOCHAN **LAG
ALEKA		lat. LEGIO
		lat. GENS
GUA'GUAL	*GAL	der größere M.
	**LUGAL	Ober- oder Anführer
GAI'TAN	LAKHE	kret. Wa'NAK =
LONCO	LAKANE	**KONUNG = KÖNIG
	LUKU'MON	
CUŔACA	**LUKINGI	
QUILLA	LEKE'TIS	
JILA'KATA		
AINI LIKAN		
KKALA	*KAL	HÖHLE (NACH'T)
(LAJJA)		skr. KALA
RAJRA HUANCA		
COLL'KI		HOHL
COYA COŔI		
YONKO		
CULLUNA	CUL	Grabhöhle
CHULLAY	**HULU	gr. KALYX =
		GE'WÖL'BE
		hebr. SCHEOL

Lappisch *Finnisch **Ugr/alt.	Tibetisch *Japanisch	Baskisch	MA/indian. *NA/indian.
			CHEN
			LE
	M'GAL'PA		KAL
			Tza'CUAL
			Xa'CAL
NJALLA			Čića'KWAL
			LAXUL
	KAN		JA'CALE
	*KAN		KALLI CALIX
**Tur'GAN	KAN'BU		CHAN CAAN
	Tsugs'KAN		*HOGAN
			NA
			LACA'BEN
		GOI	
*HUONE		EGON LEKU	
			AXUL
			KULAN
		LEKU	
		KEŔE	
		-ENA	
*LAAKIO		be'LAKI	
	bi'GAN		
	*bo'HAN	GANGA	
	*ANA		
LUOK			
**KOL		tXO'LOKA	
GOL			
*KOLO	CON'BA		
ČALLET			LAUK
		ILLARGI	HAY
	KYIL'BA	A'GIŔI	TLA'CUILOA
	KAL'BO		LAK
	KALA'SA		CALLI
	CAN'ČAN		
	*R'KYAN	GAN'DOLA	
	*DoKAN		KAANO

SA/indianisch	Etruskisch *Hethitisch **Sumerisch	Deutsch *Englisch **Nordisch
	CELA	Höhle
		hohl
		Haus
KALA		
CALA'BOOSE		gr. KALIA
ACCLA		
CHU'CLLA		
CHAN		sp. ma. CAN
CAN'CHA		
CHAÑA		
CAR'PA		
COLL'CA		
Ma'LOCA		fr. LOGIS
CHULL'PA		sp. ma. LOC LLOC
		dgl. LLUCH
QUIN'TA		Haus
CHIN'CHEL		
HUALL'HUANCU		LOCH
KALL'PA		LÜCKE
CALLA		*HOLE
KALLU LAIKU		
KOLL'TU		
		LECK
		sp. HOYO und
		HUELLE = Spur
CHULLI		
KIÑUÑU		
RINRI		
		GRA'.... VIEREN
		SCHREI'BEN
KELL'KANA		auch dt. RUNE
KELL'CA	*GUL'ZI	u. lat. CAELARE
A'KALL'KI	*GAL	Gefäße Becher
CHALL'PUY	CALIKE	
pe'GALL	*LACH'TAN	
KALLANA	HALKH'ZA	
*KALANKA	HALK	*aym. = GLOCKE
LAN'PA ba'LAI		*KANNE

Lappisch *Finnisch **Ugr/alt.	Tibetisch *Japanisch	Baskisch	MA/indian. *NA/indian.
	*TOGAI		
	*CHOGAI		CAA
GARRE			ji'CARA
*KOLOA	KOLE		
	KON'PO		KON
			KONG
*KULHO			
*KUNNE	LHUN		NKU
			ČEL
			ČIN'KI
		GAL'GA	A'KAL
		U'GON'TZI	*KANU
			*KUNNER
		TXI'ROLA	
*LUIKKU			
*HUILU			
*KOURU			
	KHIN		
	GLIN		

KALL – RUNDES

*LAIKKA	KAL'RNA	ma'GAL GUNE	
	KYAL		
	LAG'DUB		CHA'GUALA
*KAIŔA			ma'LACTL
*HAHLO			
*SUI'KALE			
KAULIA			
boa'GAN	R'KAN L'GAN		
*KÄÄNNE	Ten'KAN		
KANNUS			
	KOL		COLOC
**CHOLONG	KOŔ GOŔ		
	KOŔ'KOŔ		
JOŔŔAT	GOLA		KOLO

SA/indianisch	Etruskisch *Hethitisch **Sumerisch	Deutsch *Englisch **Nordisch
QUAU		*SHELL
CHAYA		sp. OLLA
C̀ARA an'KARA		
RAQUI		SCHALE
		sp. HOLLEJO
CHULL	kug'GULLA	KRUG *JAŔ
CHUN'GA	CLUC'TRA	
CHUY'CO	CULIK'NA	URNE
SELLKE		
KHEŔU		
A'QUILLA		PO'KAL
CHILAÑA		
		das HOHLE Boot:
		GALEA GALEASSE
		GALERE GALLEON
		KHAUN KAHN
		SCHOONER usw. usw.
HUAN'CARA		das HOHLE Musik-
CHAYNA		instrument
PIN'CULLU		Trommel Horn
JA'KUI		Flöte
YLLU		
QUENA		
		LAU'TE
		Oboe
HUALL	*LI'LAKK	GONG rund
HUALL'CANCA		rd. SCHIL'D
CHALA CALLA		Reif RING
KALLAY		
LAUCAN	LAU	
HUALLE		
KALEY		sp. CALLAO =
CAHUIN		rd. Kieselstein
HUAN'CAR		daher ROLLEN
HUAN		SCHALE HÜL'SE
QUAU KOLL		
KOLL'KE		Kreis
		**KUL
mo'ŔOKKO		KUGEL Ball

Lappisch *Finnisch **Ugr/alt.	Tibetisch *Japanisch	Baskisch	MA/indian. *NA/indian.
LUOKKO	S'KOL'BA	KON'KOR'TU	
*HOLKKI	KOLI		
	KON KYON		
	KLON NOR		*HON
*SOI'KULAINEN	GLU'GU	KURRURU	
*LUIKER	*GURUGURU	IN'GURU	
		KUNKU	
		bi'RUNDA	
*KELA *HELA			KEEL
GIELLA		LEGAR	
*KELO		LEKUNE	
KIEL'KI			
*KEN'KAIN			
*LENKO			RENKE
			CUE'PA
	SKYIL'BA		
	DKYIL'KOL		
*KIERUKKA	KYIR'KYIR		
	D'KYIL'KOR		
	RIL		

KALL – CAELUM / LUX

	B'KLAG'ČAN		
*VALO	ZAL'ZIGS		CALOLAN
KVALU	ČALUGS		
*HÄÄLYVÄI		I'GAN	KAN KA'AN
*Tai'VAN	*Ten'GAI		KAHAN
bi'LAI'DIT	*To'KA		Ti'LAY
			CAH
	m'ton'KOL		
*KOI	S'GLON'PA	GOI	
*YL'HÄÄLLE			
	GYUL'BA		HUL
	D'GOON		*KYLE
	NYIN'GUN	E'GUN	
*KUU			
ALEK (blau)			
ČIELGA KJELLA		IL	KEN
*ŠELKEA			KIL

SA/indianisch	Etruskisch *Hethitisch **Sumerisch	Deutsch *Englisch **Nordisch
KOḰON'TA		KOLLERN
KOLU		KULLERN
KOLLURI		
LONKO		kugelrund
CHULLECO		KNÄUEL
KULL'PAY		ROLLE
CUR'CU CURURA		
LULO CULULUN		
ḰUIḰU RUNCU	HULU'KANNUM	RUND
LLUNKI		
		KOL'BEN
		Kiesel rd.
KEN'CHA		RING
KEN'CHA		Kreis CYCLUS
KEN'KO		gebogen gedreht
		Diskus
		Scheibe rd.
		Kreis CIR'CULUM
		Kugel

SA/indianisch	Etruskisch *Hethitisch **Sumerisch	Deutsch *Englisch **Nordisch
KHAL'TI		LICH'T
JAL'SU JALANTA		gr. HALO
WALLA ALAYA		
KALLAL ALAI		LEUCH'TEN
CAN'CHA AKAH		
KHANA'KI		KLAR
KJANA		LUX **LYKT
RANKA	**AN	Himmel CAELUM
	**NANNA	
COYA	*LUK	Morgenlicht
COYLLUR		scheinen
GULL'HUE		HELL sein
LLIUK	*LUHA	LEUCH'TEN
LLIULLIU		
-AKULLI	*HUNNA	*NOON
ba'RUN		
HUILA	**EL	HELL KLAR
KILLA		LICH'T

Lappisch *Finnisch **Ugr/alt.	Tibetisch *Japanisch	Baskisch	MA/indian. *NA/indian.
*KIIL'TO	SKYIL'BA	ILLARGI	
IL'BME	D'KYIL'KOL		IL'WI
			KIN

KALL – CALOR *(Wärme)*

	GAL'ME	GAL'GAL	
*HAILAKKA	LC̀AG RDO	GAL'DA	CHALONE
*VALKEA		GAL'GATAN	
*HAALEA		KALLU	
	*Tai'KAN		
	*Tai'KA	GIN'GAN	
GOL'NAT	GLOG		
*LOGE			
GOI'KAT			HO'KO
*KULO		E'GUR	
LIEULA			UUNKWA
LIEGGES		LEGOR	
*LIEKIN	LC̀E	ELKOR	
*HEINÄ		E'KEŔŔI	
**HAIN			Tin'YIN
HILLA *HILLY			

KALL – KULT

	S'KAL gesegnet	GAL'TZA Dämon	T'LACH'TLI kult. Spiel
	S'KAL'DAN heilig		NAGUAL Schutzgeist
	R'GYAL göttlich	YAUŔ'ETXE Kultstätte	KAŔOK Totenkult
			CALOCAN Jenseits
		ARAU Ritual	
	NAG'KU'BERA Gott	E'KAN'DUAK Ritus	
	KAN'TJUA hl. Buch	es'KAIN Opfer	CHAN'TIKO Göttin (Feuer)
	*KWANNON Göttin		KAYNA Gott

SA/indianisch	Etruskisch *Hethitisch **Sumerisch	Deutsch *Englisch **Nordisch
HUILL'CA		
ILLA		
CHILLAI		esk. ALIGNUK =
HUILLI		Mondschein
LLIJUNA		Tageslicht
		Wärme Hitze
CHALLA		dörren
KALLU		
KALLUN		flammen
NAK'SUÑA		brennen
CANCA CANAY		
CAN'CAN HUAYCU		*KIND'LE
LOKA		GLU'T
KONI KONOY		Feuer zünden
KONTA KONCHA		
CUL'VEN		warm trocken
JUN'TTU		
KJELLA		dörren
KJEŔI		Wärme
KILLIMA		KOHLE *COAL
ILLA		GLU'T
NINA		Feuer
CAUL Götter	**Ner'GAL Gottheit	JALK (Odin)
HUACAL Allgeist	**Nin'GAL Göttin v. Ur	ALLAH u. ar. KHAALIQ = Gott
HUA'CAL Kultgrab	Ir'KALLA Totenreich	Maha'KALA des Lamaismus
LAIKA Zauberer	CALU Totengott	LAK'SHMI Indien
LAYKA verhext		LACHESIS, eine der Parzen
CAN'CA rit. Speise		GAIA, gr. Erdmutter
CAN'TU hl. Baum	LAHAR Rindergott	AIGAION, gr. Gott
LAN ew. Seele	Seth'LANS Feuergott	Vol'CANUS

Lappisch *Finnisch **Ugr/alt.	Tibetisch *Japanisch **Mongolisch	Baskisch	MA/indian. *NA/indian.
*NÄKKI Neck			
RANA'NIEIDA Göttin	LHA Gott		HAKAYUM Urgott
Bie'GOL'mai Windgott			
LOIH'TU Magie	GON'PO Dämon		
*LUONNO'TAR Nymphe	GON'PO Zauberer		
	D'KON'MZOG höchster Gott		
		GOI'KO höchster Gott	
		GOGO Geist	
	KLU Halbgott		PUG'GUL Todeszauber
	KLU'MO Dämonin	GUR Kult	
		IN'GURU Wallfahrt	
			KU'KUL'KAN hö. Gottheit
*LOITSU'LUKU mag. Formel	**KULUN Wallf.-Ort		KUHU Zauberer
	KURU'KULLE Göttin		*KURAHUS Ritual
*VEL'HO Magier	GELONG kult. Orden	GELA Krypta	IX'CHEL Erdmutter
*HEN'GELLI heilig	KEURI Göttin	LEGE Ritual	
*HEN'KI Gespenst		es'KEÑI heilig	
Bak'KEN Heide			CHILAM Orakel
			CHILONEN Maisgöttin
			CHALCHIUTLICUE Wassergöttin
			COATLICUE Erdgöttin
	*CHIN'JO Gottheit		*BILLIKEN Fetische

SA/indianisch	Etruskisch *Hethitisch **Sumerisch	Deutsch *Englisch **Nordisch
HUANACAURI hl. Bezirk	Ma'HANA Gott	NAAL, Mutter v. LOKI
ACNA Kult	**ANU Urgott	Mo'LOCH
		gr. LOCHEIA = Artemis
LOK'TANA opfern		die NORNEN
KON Schöpfer		Frau HOLLE
		HÖLLE HEL
KON Magier		HEIL HEILAND
		HEILIG
CON'OPA Hausgott		WAL'HALL
		LAICH kult. Reigen
KOYA Göttinen		
		hebr. PUGGUL Todeszauber
		HULDA, germ. Göttin u. HULDRA, nord. Fee
UILL'CA Idol	*GUL'SES Schutzgötter	röm. JUNO und VA'CUNA, Göttin der Ernten
	CUL'SU Gottheit	
GUILLA'TUN Kultfest	**GULA Heilsgöttin	SI'GYN, nord. Göttin
HUILAC heilig (!)		LLYR kelt. Gottheit
	VEL'CHANS Gottheit	KUL'T
		nord. HYNDLA Göttin
	EL (phön.) Schöpfer	
	**EN'LIL Gottheit	gr. LEUCO'THOE Meeresgöttin
KEN'KO Heiligtum	**ENKI Wassergott	gr. LIKNITES für Dionysos
Mama'QUILLA Mondgöttin	CIL Erdgöttin	nord. NECK Wassergeist
ILLA'PA Gottheit	HIL'KHUA »Heiligtum«	gr. NIKE und AIGINA
ILLA'TICCI Gottheit		ahd. KIL'CH für Kirche
XOC KIN Himmelsgott		ir. CILL für Kapelle
KACHINA Kultfiguren	**INNIN Erdmutter	ECCLESIE
		IGLESIA
	**NIN Muttergottheit	KIR'CHE

KALL – QUELL / *Mündung / Taleinschnitt / See / Bucht*

Lappisch *Finnisch **Ugr/alt.	Tibetisch *Japanisch **Mongolisch	Baskisch	MA/indian. *NA/indian.
	bu'LAK		
*KAI'VO		GAIO	
		U'GAŔŔI	
	**KOLO'DET	ur'GUNE	GOLO
GIEŔA		LENEN	CEN'OTE
		XILO	
NJAL'M	tso'LAG		*LACHINE
*KAIHI			CHI'CHEN
*HAL *LAAK			
*KALLAS HALO	*GAWA	U'GAL'DE	
*ONKALO LAEKKE			NAN'TA
	*ANA		NA
	RAL	ARAN	
GOL'GAT	**GOL		
**KOL'GEMS	GLOG'PO		*GOULA
LUOK'TA			
**GOLU			*GULCH
VUONNA	RON		
**HULAÑA			
ULLE			
GUŔŔA	**ILEK		
LECH'GI			
**KILALNI			
**KAL			*GULL
*LAAKIO			
JAURE	**NOOR	LANGA	
	**KULL		*GULL
*LUCH'TIA	**KUL		
*LACH'TI	LAG		*LAHON
LUOK'TO		GOLKO	*LOGAN
*KUILU			

KALL – PASS/WEG

**HALAD	**KIALLA		CALL–
		KALE	NAČ
			NAXT
			LANE
GAI'DAT			
		I'GAŔO'TOKI	
GOL'GAT		ARROIL	
	**CHJOL		

SA/indianisch	Etruskisch *Hethitisch **Sumerisch	Deutsch *Englisch **Nordisch
CHALLA		QUELLE
KALLAY		sp. (MA) GALL
KKANU		*WELL
ULLCO'KOLLA		**KÄLLA
ELLON		**KIL'DE
		Mündung
		SCHLUCH'T Tal
LARKA		
HUAYCO		
AINACHA		
LLOCLLA		
LLOJHLLA		
KULL'KU		
CULIN		
CHÜN		
UNU	**U'NUN	KANAL Graben
		vgl. dt. FN LECH
QUIJLLU		
HILLI		
CHINA		Talgrund
		See lat. LACUS
		gr. PELAGOS
		schott. LOUGH
		dt. LAACH/LUCH
LLANQUI		Bucht sp. CALA
COLLONCHE		gr. GOLPHOS

CAL–		Pass fr. COL
	KAN	Weg sp. CALLE
ÑAN		*LANE
		»weg«gehen
KAŔKA		Paß
		wandern
COL–		ON an Pässen

Lappisch *Finnisch **Ugr/alt.	Tibetisch *Japanisch **Mongolisch	Baskisch	MA/indian. *NA/indian.
	SO'LOG		
KUOLA	**CHOLAK		
**KOYEL	**KUALA		
NUORRE	**CHULAK		KUL'YI
	CHLUUN		
*KELI KEINO			
GAEINO			

KALL – SCHOLLE

			XAL
LUACH'KA			
*AL'HAALLA			
*JA'LAKA	*KAI	GAŔ	
EANA AENA			
GUOL'BA			
LUOKKA GUOULO			
		LUR	LUUM
		LEGOR	LYI ULEW
....	....	....	....
			KAN
**KOL'NI			U'LOK
		GUNE	LYO
		NUN	
			HEEL
		LEKU	
		AGIRI	

KALL – HAND

*KAL'VOIN	LAG		
	*HAALIA		
	ČAN'BA		KANAN
ANAK			NA
	LHOG	es'KOIN	
*KUN'TIA		A'GUR	
*NYRKKI		es'KU	
		–GILLE	
*LAHJA	KAL'BA	KARRI	ČAL
	KYOL'BA		WALA

SA/indianisch	Etruskisch *Hethitisch **Sumerisch	Deutsch *Englisch **Nordisch
		Pfad
		laufen
		Durchgang
		kelt. KYLE Paß
CHELL'KE		fr. COL Paß
CHILLA		Weg Übergang
CHIN'CHEL		Furt
KALL'PA		SCHOLLE Acker
		bebautes Land
LAKA		Lehm
LAKKA KALLAY		Erde
HUAILLA CALLA		
CLA CALLO		
CAN'CHA		
NAGH		
KJOLLINA		
KHULA		SCHOLLE Krume
NEKKE		
LLAC'TA		Ortschaft
LLAI'TA		
CAN'CHA		Hof sp. LLOC
AKAI/ANKJA		hier/dort
LOYÜN		lat. LOCUS
		wo?
EL		HIER dort
		Ort Stätte
		= gr. AGORA
		HAN'D
	HAL	HAL'TEN HOLEN
CAN'TI		
		*HAND
		lat. LEGERE
LUKKANA	*KINAI	pf'LÜCK'en fassen
-KEN		haben
		-macher
AKJAÑA	CAU	geben REICH'en
LANKAY	*ma'KANNI	

Lappisch *Finnisch **Ugr/alt.	Tibetisch *Japanisch **Mongolisch	Baskisch	MA/indian. *NA/indian.
			LOQO'SIK
	SKUL'BA		KON
			KUL'YA
**KUN'DAMS			CUILIA
GEI'GIT		KEN'DU	
		KIÑU	
			KOL
			LOXOL
GAL'GALIT	KAL		
GAL'GAT	R'GAL'BA		
**KANNAS		EGIN	GULAKI
			NAG
ČUOL'DET	S'GYEL'BA		LOČ
**KAI	GAL	U'KAL'DI	
GAI'KOT			
KOLA LOUK			

KALL – QUANTITAS

	KO'LAG		–LAX (5)
			LAXUS (10)
	ČAN		ULA'KAL
GALE		NAIKOA	
		GAILLEN	
ganne-tit		NAIKO	
		NEUR'KAI	
		I'KAŔA'GAŔŔI	
		GEI	
**KOL	KOL		
*KOL'JO			
LOGE (10)	KLON		KON'TA
*KOKONAIS			
		GUŔAIÑA	ma'CUIL (5)
*LUKU		mu'KULU	
*KYLLIK'SI	KUN	E'GUN'DOKO	
	KUN'LAS		XUN
HUI	LHUN	jo'GUNE	
AELLO			
		E'GIN	QIN QUIN
		ma'KIÑA	
LAKKE	LHAG		LAK KA
		AGO	KAO LAAKA
AENNE			KUNS

SA/indianisch	Etruskisch *Hethitisch **Sumerisch	Deutsch *Englisch **Nordisch
AINE	NANAK	NEH'men
COY	*LA	Gabe
CHULL'MI		
	*KUUA	
	*HIN'KUN	
	es'CUN	
AINA'KAÑA	CAN'DE	hegen betreuen
CULLA	*HAN'TINYAI	
HUALL'PA		machen tun
LURA	CEN	
RURAY		
	*HANDA	fügen f'LECH'ten
	*HANDAI	
CHAN'KAY	*NANNA	Zwang SCHLAG
		sp. GOL'PE
LEKKEÑA		

LLAC'MA	**GAL'TA	viel voll gr.
KALL		handvoll=5
KKALA		GANZ *WHOLE
		GENUG
HUAN'LLA		Überfluß
LANKHU	*ANNA	viel mehren
ANCHA	CEAN	QUANTUM
HUAḰḰANCA		KOLOSSAL
KHAI		viel
KOLLANA		viel alles
KOLL'KENI		
ALLOJA		
	GULA	viel voll
CUN'CO	*HUN	gr. HOLOS GANZ
HUNUN		ALLES
HUNU (1 Mill.)		enorme Menge
ALEKA	CELC (5)	voll viel
LIJU		alles ganz
KIN'RAY		viel
		mehr
JILA		

KALL – HAND / *Gerät* / *Hebel/Knüppel* / KEULE / KEIL

Lappisch *Finnisch **Ugr/alt.	Tibetisch *Japanisch	Baskisch	MA/indian. *NA/indian.
GALL'VO	ČA'LAG		
*KAL'VIN	LAG'DAR		
*KALU		KAILU	
*KALLI'TA	to'ČUN	mail'LUKA	NUU'KUL
*KUY			KUY
LAEGGA	GAL'TA		
KAN'KURI	KALO		
*HAN'KO	*cho'KAN		
	sin M'KAN	KANA	odaba'GAN
	SGO'KOL	A'RAUNKA	
*LUOKKA	KYON'BU	LAI	
*LUIKAH			
LUNKA			
KYN			KUY
*KELKKA			
		GIL'TZE	
		ma'KIL	
		KIN'KIN	
		XIN'GANA	
*NALKKI	KAŔU	GOŔA'GAILU	
*KIILA	*GAO		
*KALIKKA			ma'KANA
*KOL'KKA			
*KOL'KU	R'GOL'BA		
*LUKKI		JO'GAILU	
*KUŔIKKA		LUKI	
*NUIJA		KILO'seska	
*KEILA			
*KAL'PA		GANI'BET	
	KHAM'BA		
*VUOLLA		aiz'KOL'ta	
*KOVELI		az'KON	
	pon'M'CAN	au'KON	
		AN'GAILA	
*LINKKO			

SA/indianisch	Etruskisch *Hethitisch **Sumerisch	Deutsch *Englisch **Nordisch
CAULA		Gerät
LAHUE		
		und
	**GUGUN	
		Werkzeug
CALL'HUA		Stab Hebel
LAWA		
CALLA'PI		
HUAN'KA		Stock Knüppel
ma'KANA		
LLAN'PA		Hacke Haue
KONUNA		Schlitten Sitz
KULL'CU		Prügel Knüppel
KKULLU		
si'CUNA		PF'LUG Stange
CUY'CUY		B'RÜCKE
KELL'PA		
KEŔO KKEŔU		HOL'Z, Balken
KEN'CHA		
		Stab Stock
		Dübel
CAŔ'KEN'PA		KEIL
CHILL'PA		KEIL
ma'CANA		KEULE
MA'CANA'MA'CANA		Kriegskeule
		SCHLAGEN kämpfen
		KEULE
UINU		*CLUB
HUINI		sp. CLAVA
		schott. KYLLE
KALLANA		Schwert
	*HULLAI	KÄM'PE
bi'KHYO	*KULLU'PI	*COLT (Messer)
		Speer
		Pfeil
LAQUE		SCHLEU'der
AYLLU		sp. HON'DA

TAL

hat als Archetyp vieles mit KALL gemeinsam. An seiner Selbständigkeit ist jedoch nicht zu zweifeln.

Gr. THELYS steht für das Weibliche allgemein, eng. DELL ist ein junges Mädchen, wie die DALAGA der Tagalog auch. Kis. SALIA ist die Geburt, ar. TALAK die Scheidung von der Frau. Hind. SUL'KA ist die Mitgift der Braut. DELUL ist im Arabischen ein junges, weibliches Kamel, dt. ma. TÖLE eine Hündin.

Die Mythologie ist nicht arm an TAL-Gottheiten. Bei den Römern ist SALUS die Göttin der Gesundheit und des Gedeihens, bei den Griechen THALIA die Muse der Freude, SAL'MACIS eine verehrte Quellnymphe, phö. TANIT wurde zuerst in Höhlen als frühe Erdmutter verehrt, später die jungfräuliche Königin des Mondes, als solche bei den Griechen als SELENE angerufen. Bekannt sind SALAA und SCHALOM, Friede. pln. TALO'FA drückt Liebe und Zuneigung aus, deren Wirkung scho. SEIL und as. SAEL und zu deutsch SELIG macht. Auch hier wie bei KALL Assoziationen: ir. DILIS, geliebtes Wesen, nwg. DEILIG, schön, eng. TIL, gut, scho. DILL, ein Kind liebevoll beruhigen, mit deutschen Worten: STILLEN.

In der Bedeutung ›TAL‹ findet sich der Archetyp noch heute auch außerhalb der Bindung an Namen im Wortschatz vieler Völker: eng. DALE, nord. DAL, mong. TALA, austr. TALLY, eng. DELL, tag. SIL, pln. SALE, rs. DOLINA, dt. ma. DOL, eng. DEN, tmk. TIN.

Aus der TALA Hochasiens wird DZHAL und DZHARY für Ebene, daraus SALA, DARY und SARA für Fluß. TAL verdanken also auch unsere Flußnamen Saale, Salbach, Saalach, Saar, San, Saône, Seine, Donau, Don, Dill, die sibirische Selenga, die alaskische Selavik, die Tallahassee und die Tallapoosa Floridas, der Saracocha-See nahe dem Titicaca und die Solimoes, wie die Eingeborenen den Amazonas nennen, ihren Namen.

Anmerkung: Die Solimoes ist dem Salomon so wenig verbunden wie das Schubert-Quintett »Salmo, die Forelle«, es sei denn archetypisch, aber bestimmt nicht geschichtlich...

TAL für Fluß hat sich in Fischnamen fortgesetzt: austr. Tallygalon, pln. Salele, indian. Salema, lat. Salpa, gr. Salpe, und, w. o., Salmo, der Lachs. Die Flußweide ist lat. Salix, as. Sealh, nwg. Sälje, dt. Salweide; gr. Solen ist unser Schilf.

Eng. DALK ist so etwas wie eine DALLE oder DELLE, as. DAELF kennzeichnet das Ausheben eines Grabens. Gr. TALLON ist die Grube, die gegrabene Höhle, und das steckt hinter unserem gemeinsamen europäischen Wort »Metall«. Die Höhle, und da erst recht die selbst gegrabene Höhle, war schon früh Wohnstatt, und wie bei KALL haben einige Sprachen hier eine Anleihe für ihre spätere Wohnstatt gemacht: etr. ME'TELUM, ar. und vorderasiatisch TELL, balearisch TALA'YOT, kretisch THOLOI, NA/indian. TOLA. Gr. THALA'MOS ist eine tiefe Kammer, sp. SALA und dt. DIELE oder SAAL sind hier noch angeknüpft.

Aus dem Gedanken an Boden und Land springt auch der Impuls, TAL für die IN'SULA zu verwenden, egal ob als Ceylon, Sulu oder Sylt. Nun aber verstehen wir eher den Kummer unserer Lateinlehrer, welche zwischen der »insula« und den römischen »insulae« keine rechte Verbindung fanden. Diese römischen Mietskasernen leiten sich noch von TAL für die in Bergwände gegrabenen Wohnhöhlen her, wie auch sp. SOLAR, Hausgrundstück.

Der gr. Buchstabe DEL'TA hat in phö. DALETH, Öffnung, Durchlaß, seinen Vorgänger. Er zeichnet in der Urform einen Zelteinlaß nach – die Phönizier waren als Kanaaniter Nomaden. Damit ist auch der Archetyp TAL ›schriftlich‹ belegt.

Belegt ist aber durch die eindeutig *offene* DALETH auch die sprichwörtliche Gastfreundschaft der einstigen Nomaden. Wo immer die Phönizier einmal herrschten, wie z. B. auf den Balearen, ist es heute noch Brauch, kurz vor Sonnenuntergang die Tür zur »Sala«, die immer unmittelbar an der Straße hinter der Haustür liegt, zu öffnen und jeden, der das Zeichen der »offenen Tür« – richtig – als Einladung deutet, freundlich zu empfangen. Ob Caseta oder Palacio, niemand würde wagen, den Brauch und die Pflicht zur Gastlichkeit zu verletzen, indem er zu jener Stunde SALA oder DIELE, sprachliche Nachfahren der DALETH, nicht öffnete – er schlösse sich demonstrativ von der Gemeinschaft aus!

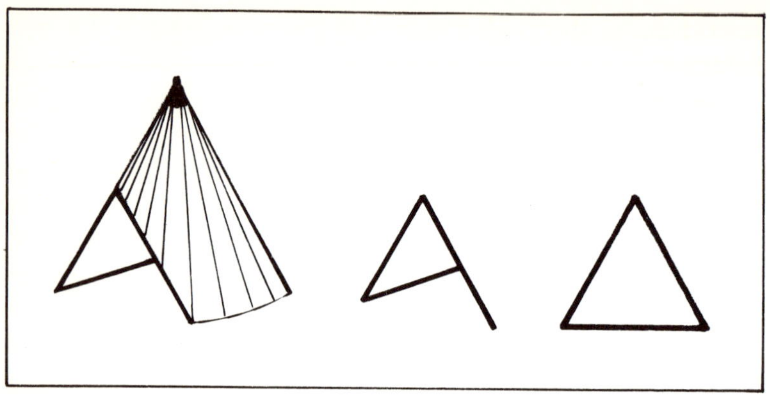

In der Mitte das phönizische DELTA, das einfach »Einlaß« bedeutet; rechts die griechische Weiterentwicklung auf das lateinische -D- zu.
Da die Vorfahren der Phönizier, die Kanaaniter, Nomaden waren, stellte deren DALET einen Zelt-Einlaß dar – einen offenen zudem, wie die Zeichnung ganz links anzudeuten sucht ... (Abb. 30)

Wenn ein Urwort seinen heutigen Nachkommen tausend unterschiedliche, aber innerlich noch erkennbar verwandte Sinngehalte verliehen hat, so bezeugt dies rückschließend die zu erwartende Beschränktheit der Ausdrucksmittel jener frühen Menschen. Während die isländische Sprache heute etwa 120 verschiedene Bezeichnungen für das Pferd kennt, dürfte der Neandertaler nur ein oder einige Wörter für den Begriff »Tier« insgesamt verwendet und noch keinen großen Unterschied zwischen Ren, Hirsch und Wisent gemacht haben. Tatsächlich läßt sich dieser Umstand paläolinguistisch heute noch nachweisen. Aus Gründen der unterscheidenden Kennzeichnung war es aber schon für den frühen Menschen wichtig, groß von klein oder hoch von niedrig oder oben von unten zu trennen. Dabei fällt auf, daß alle diese Begriffe, *parallel gesehen,* also: groß, hoch, oben, überragend, erhaben, aufrecht usw. untereinander gar nicht so verschieden sind, daß dafür anfangs vielerlei Wörter unerläßlich notwendig gewesen wären.

Wer sich aus dem Sehen und Sinnen des frühen Menschen heraus zu vergegenwärtigen sucht, was zuallererst als groß, hoch, überragend usw. erschienen sein muß, dem dürfte sich das Bild der Naturerscheinung »Berg« als das stärkste und nächstliegende Gleichnis aufdrängen.

Gezielter Ausgrabungsarbeit des Prähistorikers vergleichbar haben neue paläolinguistische Bemühungen zur Freilegung eines Urwortes für ›Berg‹ zugleich auch im Sinne der soeben erwähnten Merkmale geführt, dessen Allgegenwart in zeitlicher und geographischer Hinsicht ein ungeheures Alter und ein gewissermaßen »atomares«, d. h. nicht weiter teilbares Wesen bezeugt und beweist.

Dieses Urwort heißt:

TAG

Nehmen wir das »Dach der Welt«, die Bergwelt Hochasiens zum Ausgangspunkt einer kurzen Verfolgungsjagd über den ganzen Erdball. Da stoßen wir hinter differenzierenden Kennzeichnungen wie Ala-, Chöl-, Kara- oder Bala- auf Hunderte von reinen TAGH im Sinne unseres ›Berg‹ oder ›Gebirg‹ neben sprachlichen Abwandlungen wie TAU, TAI (wie in »Altai«), TAR, TAS, TOK, TUR. Ostwärts nach China und Japan setzt sich TAI, DAK, TZIN und YIN durch, südwärts im Himalaja TSCHOU oder DYAK, nordwärts bis in die Höhen des Taimyr TASS, bei den ugrisch-altaischen Lappen Nordeuropas TJÅKK. Westwärts durch den Hindukusch und Persien nach Kleinasien wird aus TAG ein DAGH, aber auch TAUR'OS, TAYG'ITOS, die Hohen TAU'ern, die Berglandschaft des TAU'nus, THÜR'ingens, TIR'ols, TYR'rheniens (Etruriens, der heutigen Toskana), ja selbst der Fränkische, Schwäbische und Schweizer JURA oder SAR'dinien und SIC'ilia tragen das Mal des TAG. Im Zentralmassiv Frankreichs, in den Pyrenäen und auf der Iberischen Halbinsel, auf dem Balkan und im hohen Norden begegnet es uns teils in offener – TACH, TUCH, TACA, TAX, TAY, TJAKK, TEJ'eda–, teils in verschleierter Form – Mon'TIEL, Mon'TEIL, TEICH, TAICH, TJUGG, DOV're, TJAERRE, SASSO u. a.

Ob als TAMJURT, dem höchsten Berg des Atlas, oder als Kiliman'DSCHARO, dem Vulkanriesen des afrikanischen Kontinents, es taucht auch im dunklen Erdteil überall da auf, wo Berge und Gebirge eine Namensgebung durch den Menschen herausforderten. Da steht das ›sibirisch‹ anmutende TASSILI, das in den letzten Jahren durch Henri Lhote zu einer der ergiebigsten Fundstätten steinzeitlicher Felszeichnungen inmitten der Sahara wurde, neben zahllosen Formen wie TAKA, Kai'TAKKA, Lei'TOKITOK, Gor'THEG, Loti'DOK, Gari'TEI, Se'DAK, TOGA, DOYA, DIYA, TIR, Biri'TIRU, ungeachtet der Tausende, die weniger deutlich ihre Verwandschaft mit TAG zum Ausdruck bringen.

Besonders reich an TAG-Vorkommen und -formen erscheint die Inselwelt des Pazifik. Wohin auch immer der Mensch, gleich welcher Rasse, Farbe oder Sprache, in abenteuerlicher Fahrt gelangte, TAG folgte ihm auf dem Fuße. Auch in der Neuen Welt geht ein roter Faden von Alaska bis Feuerland, vom TIKTOYAKTUK und TIKIKTUK der Eskimos über den TAKH'ini, den TIKH'ie und den Ko'DIAK der Aleuten, über TACHT'la und TATHSA der kanadischen Indianer, vorbei an TOCK'wanna, DESA'TOYA, Toma'SAKI oder dem Vulkan ZACATECO'luca bis zum TECO'mate und TAC'ANA Mexikos, und ungezählte Bergriesen der Anden Südamerikas bezeugen in ihren indianischen und aus vorkolumbischer Zeit stammenden Namen die Dominanz des TAG.

Eine auffallende Anhäufung zeigen Mexiko, Mittel- und Südamerika. Das erklärt sich aber ganz einfach daraus, daß Azteken, Mayas, Tolteken, Zapoteken, Inkas und andere Völker altamerikanischer Hochkulturen für ›Berg‹ das Wort TEQUAN, später TEHUAN hatten. Daher hören so viele der bekannten Fundstätten und Tempelstädte Mexikos, Yucatans und der Anden bis hinunter zum Titicacasee (der selbst unter die TAG-Formen fällt) auf die amerikanische Spielart des TAG.

Bei den Ama, einem fernöstlichen, urmongolischen Fischervolk (bekannt durch seine Muscheltaucherinnen) ist TAKKA ein felsiges Kap, bei den Türken DAGH ein Berg, bei den Arabern DAKAR ein Hügel, bei den Japanern DAKE der Gipfel – die geringen Akzentverschiebungen in der Sache sind sprachlich ohne Bedeutung.

Aber TAG ist nicht nur ›Berg‹ und daher ›groß‹, es ist auch ›hoch‹ und ›spitz‹. So nimmt es denn nicht wunder, daß einheimische Namen für Vögel eine gewisse Vorliebe für TAG entwickeln, ist es doch das Merkmal derselben, hoch zu fliegen und spitze Schnäbel zu haben. Dem trägt sogar noch die Kennzeichnung des Australnegers für das paradoxe Schnabeltier TAMBRIT Rechnung. Reichen Gebrauch machte der Mensch von TAG bei der Benennung wehrhaften Wildes, wobei uns der TAUROS, der TORO, der S-TIER, englisch S-TAG, das DEER, unser TIER am nächsten liegen, wenn auch bei letzterem der Sinngehalt heute ein allgemeinerer ist. Wie sehr die ursprüngliche Benennung jedoch auf die Bewaffnung zielte, zeigen TIGER und (D)JAG'uar oder JAGO'rondi ebenso wie TAK'iya, SAK'in und TEK für Steinböcke des Altai, wie TAK'in für eine Antilope des östlichen Himalaja, wie DZIGGETAI für den bissigen Wildesel Hochasiens, wie Diba'TAG für eine Gazelle Somalias, wie THAR und SAR'au für eine Gazelle der Mongolei, wie TAR'andos, das nordische Ren in griechischer Sprache, wie der TAR'pan der Tataren, wie vor allem auch TUR: im Polnischen der Auerochs, in kaukasischen Sprachen einmal ein Steinbock, zum anderen ein Wildschaf.

Daneben kennzeichnet TAG auch besonders lange Körperformen, sei es bei der ostindischen TIC'polongaschlange und amerikanischen Reptilien, bei der Somali-Antilope Diba'TAG mit auffallend gestrecktem Hals und überlangem Schwanz, oder bei den langgeschwänzten Nachtäffchen DUKU'kuli der Amazonas-Indios.

Eines der markantesten Tiersymbole in Allegorie und Mythologie ist der DRACHE. Von der Nibelungensage über die altmexikanische Gottheit Federschlange (Quetzalcoatl) bis hin zum Drachenthron der chinesischen Gottkaiser kehrt der Drache als Symbol übermächtiger Kräfte wieder. Jedoch schon bei der altfranzösischen Form TARGON und beim arabischen TARKHUN (TAG und KALL) stoßen wir auf die TAG-Herkunft unseres Drachen; ein Vergleich mit der ganz entsprechenden Verschiebung des *R* bei ›Born‹ und dem späteren ›Bronn‹ mag unser Verstehen erleichtern. Dabei ist weiterhin interessant, daß das indianische TARA'guira wie das romanische DRAG'on und das philippinische TIQUI die Ei'DECHS'e, die heutige Drachen-Miniatur also bezeichnet, während die Rieseneidechse Amerikas auf Indianisch TEG'UEXIN genannt wird.

Auch die Benennung von Menschen bildet keine Ausnahme. Im Sinne von ›aufrecht‹ im Unterschied zur Tierwelt findet TAG selbstverständliche Anwendung. Im philippinischen Tagala hat sich TAUO noch in der Umgangssprache erhalten, während wir sonst auf Völkernamen oder Titel angewiesen sind, um TAG in der Bedeutung von ›Mensch‹ heute noch festzustellen.

Da haben wir in Asien die TAI, die zu Beginn unserer Zeitrechnung nach China, damals »Cathay« genannt, einwanderten, dann die TAIAN von THAI'land, ferner die TAJIK, TAJAK oder TAUSIK, wie Menschen persischer Abstammung in Asien genannt werden, die mongolischen TATAR'en, die TIRDA tamilischer Abstammung, die TURK-Völker, die DUR'ani Afghanistans, die SYR'er, die SIKHS Indiens, die bereits von Strabo erwähnten chinesischen Nomaden der TOCH'ari, heute YUECH'i, und schließlich die sibirischen Nomadenvölker der (D)YUR'aks, der YAK'uten und der YUK'aghir, deren Sprache gewissen Indiosprachen ähneln soll. Im Pazifik die TAG'al, die TAG'alog, die TAG'buana und TIR'urai der Philippinen, die DYAK von Borneo, die SAK'als und SASS'aks Indonesiens und die TONG'a, und TONG'afiti Polynesiens. In Afrika die DOKO, die TONG'a, die TSCHI, die TAMACHEK (Tuareg), die SUA'heli, die JOR'oba. In Europa die DAC'er, die TAUR'i der Krim, die DOR'er von Hellas, die TIR'oler, TYR'rhenier oder TOSC'aner, die TEU'tonen, die TOSK Albaniens, die THESS'alier, die TSCHECH'en, die SICA'ni genannten Ureinwohner Siziliens, die TZIG'-ani oder Zigeuner, die SAR'mater, die SAR'sen Südenglands, die SASS'unachs oder SACH'sen, die SAM'niter, die SAM'e oder Lappen und die SUO'mi oder Finnen des Nordens. In etwas weiterem Abstand gehören selbst die Schweden, Schweizer, Schwaben und Schotten neben vielen anderen noch in diese Liste. In Amerika die alten Kulturvölker der Az'TEK'en, der Tol'TEKEN, der Mix'TEK'en, Zapo'TEK'en, und Indianerstämme wie die TZIN'uk, TZON'eca, SIKSIK'a, TONC'-awan, TUS'ayan oder TUSC'arora, deren Name europäischen Ohren so vertraut klingt wie YAK'utat, YAGH'an und YURU'kari asiatischen.

Als gesellschaftliche Kennzeichnung des höheren oder rangmäßig höherstehenden Menschen mag eine kleine Auswahl z.T. bekannter Titel die weltweite Verbreitung von TAG auch in diesem Sinne beweisen:

Der THAK'ur ist ein bengalischer Adliger, der TARTAN ein assyrischer Oberbefehlshaber, der SARDAUN ein Neger-Herrscher im Monarchenrang, der DUX ein römischer, der HERTOG ein germanischer Heerführer, der DOG'e das Stadtoberhaupt Venedigs, der TOSCHACH ein Truppenführer früher schottischer Heere, der DAR'hoga ein indischer Gebietsobmann, der DIZDAR ein persischer Burgvogt, der TAN'ist und TOISECH keltische Oberhäupter, der TUTU ein chinesischer Provinzbefehlshaber, TI ein chinesischer Kaisertitel, der TUAN ein malaiischer Herr, der TAM'buran ein indonesischer Stammesführer, der TOMUNDAR ein Baluchi-Häuptling, der SCHOG'un ein japanischer, der SCHA'C'H ein persischer, der SCHEIJK ein arabischer und der TSAR (!) ein hethitischer Herrscher. Der SAGAN war einst ein Landeshauptmann der Judäer, der SACH'em ein Indianerhäuptling, der DAI'mio ein hoher japanischer Offizier, der ZAI'm ein türkischer Schwadronsführer, der ZA'morin ein indischer Herrscher, der SA'murai ein japanischer Ritter, der SAG'amori ein Angehöriger indianischen Häuptlingsadels, und der TZIN ein aztekischer Adliger. Diese Verwendung von TAG deckt sich mit der aus anderen Zusammenhängen gewonnenen Erkenntnis, daß der frühe Mensch in der Regel tatsächlich den körperlich »größeren« Menschen zum Führer bestimmte.

Der Paläolinguist überläßt es dem Etymologen, sich über die oft verblüffenden Übereinstimmungen (SACHEM/SAGAN oder SAMURAI/SAGAMORI oder DAIMIO/ZAIM/ZAMORIN) Gedanken zu machen – ihm genügt es zu wissen, daß alle diese Namen und Titel sich auch gänzlich unabhängig voneinander auf dem Urwort TAG aufbauen konnten. Die Paläolinguistik bedient sich gern solcher Namen und Titel, weil sie mehr als die Umgangssprachen einer konservierenden Beharrungstendenz unterliegen und Urtümliches reiner und länger bewahren. Sie erleichtern so das Verständnis sowohl der primären Sinngehalte als auch der späteren Formwandlungen. Und – sie ebnen uns den Weg zu den Göttern der frühen Menschheit.

Offensichtlich empfand der Mensch der älteren Steinzeit das Göttliche als ein mütterliches Wesen, in dessen Schutz er sein Leben und Wirken befahl. Aus jenem Zeitalter stammen die bis zu 40 000 Jahre alten Frauenplastiken und Steinzeitmadonnen, in denen man wohl zu Recht Symbole und Idole von Muttergottheiten sieht. Zur gleichen Zeit entstanden in Kulthöhlen Felszeichnungen und Malereien, die das Tier in seinen damaligen Arten und Formen darstellen. Aus der Nomenklatur der ältesten weiblichen Gottheiten, aus den ältesten Wörtern für das Weibliche, aus der Art der Bestattungen, aus den ältesten Höhlen- und aus den ältesten Tiernamen schälten sich BA und KALL als erste Wörter religiösen oder kultischen Sinngehalts heraus. Aus einer elementaren Grundvorstellung heraus, die wir heute am nächsten mit »Hohlraum« umschreiben, galt KALL sowohl für ›Höhle‹, wie für ›Frau‹, wie auch für das Tier als Gesamterscheinung. Das in die Höhle KALL gemalte Tier KALL war dem mütterlich-fraulichen Schutzgeist KALL geweiht und gewidmet. Mit dem Ende der älteren Steinzeit trat KALL, und mit ihm BA etwas in den Hintergrund, wenn sich die uralten Vorstellungen auch bis weit in die Antike, ja bis in die Gegenwart hinein sprachlich noch aufspüren lassen. Mit der größeren Vielfalt der Natur- und Schicksalsgewalten jedoch, die der Mensch nunmehr zu erkennen glaubte, und deren Willen und Wirken er sich ausgeliefert wußte, rückte TAG anstelle von KALL und BA in den Vordergrund. Denn groß und übermächtig, hoch und erhaben, stark und allgegenwärtig, so empfand er sie nun, der kleine Mensch die großen Götter.

Selbst wenn man weiß, daß es unter den Abenteurerhaufen der spanischen Conquistadoren wenige des Lesens und Schreibens kundige und für damalige Verhältnisse gebildete Menschen gab, so nimmt doch wunder, wie niemand bemerkte, daß die Tempel der Azteken eigentlich ganz ›griechische‹ Namen hatten. Der TEOKALLi Mexiko-Tenochtitlans war eine Zusammensetzung von TEOTL = ›Gott‹ und KALLI = ›Haus‹, während das griechische THEOS ebenfalls ›Gott‹ und das griechische KALLIA nicht gerade Haus, aber immerhin ›Wohnstatt‹ bedeutet. Wenn weiter der Gott ODUDUA der Joruba-Neger Nigeriens vom Himmel herabstieg, um ihre Welt zu schaffen, so tat er dies sicher nicht, um den Germanen einen schwarzen ODIN entgegenzustellen – aber all diese Namen enthalten doch in TEO, DUA, DI sprachliche Elemente, die sich bei DIOS, dem älteren Namen des ZEUS, bei DEUS, bei DIONYS, THETYS, bei dem DYAUS der Veden, dem P'TAH der Ägypter, bei THOR, TYR und TYCHE, ja selbst beim TEUFEL (!) wiederholen und die man längst auch *ohne* das Wissen um den Generalnenner TAG hätte als das erkennen müssen, was sie sind: Variationen *eines* Themas.

Das chinesische TAA bezeichnet eine den Buddhisten heilige Art Schrein oder »Pagode«, die im Singhalesischen noch richtiger DAGOBA heißt. TAA und DAG'oba sowie die zufällige Umkehrung »Pagode« ermahnen uns daher, auch bei anderen Namen an den in allen Sprachen möglichen Lautabtausch zu denken, der aus »topp« ein »Pott«, aus »Ziege – Geiß«, aus dem TZIGANI (Zigeuner) im Spanischen einen »gitano« und ebensogut aus DAG ein GAD oder GOD machen kann. Eine solche Überlegung spart uns selbst vielerlei etymologische Umwege und stellt unseren Gott–GOD–GUD und KWOTH, den als reinen Geist begriffenen alleinigen Gott der NUER am oberen Nil, als TAG-Varianten unmittelbar neben die TAG-Varianten ZEUS oder DEUS. Noch reizvoller ist es, dem Gedanken an den Lautabtausch bei so bizarren Götternamen wie dem toltekischen QUETZALCOATL Raum zu geben: Dann bilden erstes und letztes Drittel als TEQU und TAOC sogar die Vorform von TEOTL und lauten in richtiger Übersetzung etwa »allmächtiger Gott« und nicht »Federschlange«, wie noch die Tolteken selbst wegen der TAG-Nähe von Tiernamen für Vögel und Schlangen vermeinten.

Die Etymologie betrachtet die etruskische Sprache als einen geheimnisvollen Fremdkörper. Die Paläolingustik ist zuversichtlicher. Ordnet sich schon der Name dieses Volkes willig in die große Ordnung, so gilt das von seiner Götterwelt erst recht. Da gesellt sich die tuskische Gottheit TAGES – nach der noch heute unsere Sommerblume ›Tagetes‹ den Namen hat – harmonisch zu einem der größten unter den altirischen Göttern, zu DAGHDA, dem Herrn über Fülle und Fruchtbarkeit, und auch zu DAKSCHA, einer Brahma-Inkarnation der Hindu-Mythologie. Aber schon Jahrtausende früher nannten die Assyrer und Babylonier *ihren* zweifellos aus noch älteren Überlieferungen übernommenen Gott der Fruchtbarkeit DAGAN, und DAGON war einst der Hauptgott der Philister. Letzterer wurde halb als Mensch und halb als Fisch dargestellt, und dafür gibt es keine bessere Erklärung als den sprachlichen Zwang des DAG, des hebräischen Wortes für ›Fisch‹, das sich sogar im griechischen DAGON noch mit der gleichen Bedeutung findet. Der Fisch als Symbol des Göttlichen ist ja nicht einmal dem Christentum erspart geblieben – aber, wie gesagt, nicht weil es um den Fisch selbst ging, sondern weil das *Wort* für ›Fisch‹ aus der gleichen sprachlichen Sphäre stammt wie das Wort für ›Gott‹. Die gleiche Quelle befruchtete die antike Phantasie zur Ausgeburt all jener fischleibigen Nixen, Nereiden und Wasserjungfrauen, mit denen man im Grunde so herzlich wenig anzufangen weiß. Hier schossen die alten Ägypter vielleicht den Vogel ab, indem sie eine ihrer gutmütigsten und wohlwollendsten Gottheiten TAURT nannten. »taurt« war aber zugleich das Wort für Flußpferd, und so verehrten denn spätere Geschlechter das Flußpferd selbst als Gottheit. Sicherlich ist TAURT eine sehr alte Gottheit. Es mag gestattet sein, daran zu denken, daß Henri Lhote im TASSILI der SAHARA (beides sind ebenfalls TAG-Formen!) zahlreiche Felszeichnungen von Flußpferden fand, die von den »Rinderhirten« vor 4000–6000 Jahren dort hinterlassen wurden. Das Flußpferdbild *kann* daher den Sinn gehabt haben, die Gottheit um Wohlwollen, um Segen und Regen, um Fruchtbarkeit und fette Weiden für die Herden zu bitten.

Angesichts dieser »Tieranbetungen«, die in Wahrheit keine kultische Verehrung der Tiere selbst bezweckten, sei auch an die Rolle anderer markanter TAG-Tiere in Allegorie und Mythik erinnert: an Stier und Widder, an Drachen und Jaguar, an Schlange und Falke, Ibis oder Schwan. Bezeichnenderweise halten sich selbst die amourösen Abenteuer des ZEUS in diesen Grenzen – er konnte als Stier die Europa entführen und als Schwan die Leda verführen –, denn beide Verwandlungen gehören zum TAG-Kreis.

Wie in den Wassern des Nils TAURT, begegnen uns in antiken Meeren THETIS, Tochter des ZEUS, und die Mutter des Achilleus, die Nereide THETIS, sowie die plejadische Atlastochter TAYGETA. Die Griechen berichten uns auch von TOTH, dem TEHUT der Ägypter, Gott der Weisheit, der Künste und der Schrift, in den Tempeln mit Ibis-Haupt dargestellt. Im ägypten-fernen Irland treten TUATHA und TEUTATES aus dem Dunkel, und ganz gleich, ob der altmexikanische TOTEC der Fruchtbarkeit, der altchinesische TSAI TCHIN des Reichtums, der TUHAN der philippinischen Monos, der etruskische

»Zeus« TINIA oder der chinesische »oberste Herr« TSCHANG TI – sie alle sind Brüder, geboren aus der TAG-gebundenen Phantasie weißer, gelber, roter, brauner und schwarzer Menschenrassen.

Mexikaner sahen in dem Greise TONACATECUTLI, die Chiman-Indios am oberen Maniqui-Fluß in DOHITT, die Feuerländer in SE'TE'BOS den obersten Schöpfergott, während TOR'NAR'SUK ein Geist ist, den die Eskimos fürchten und beschwören. Genaugenommen enthalten die meisten dieser Namen das Element TAG doppelt und dreifach. Das ist nicht verwunderlich, wenn man der verwandten, aber doch unterschiedlichen Bedeutungen eingedenk bleibt. Verblüffend ist nur, daß voneinander völlig unabhängige Sprachen und Religionen den gleichen Gewohnheiten des Anrufens und Namengebens huldigen.

Als die Germanen einen ihrer klassischen Asen THOK nannten, kannten sie den Hauptgott des babylonischen Pantheons, MARDUK, sicher nicht. Als dem MARDUK schon schimmernde Tempelpyramiden errichtet wurden, tranken die Germanen noch nicht einmal ihren sprichwörtlichen Met. Dem MARDUK freundlich-feindlich verbunden TIAMAT, sprachlich der DEMETER schwesterlich zugeneigt, beide vielleicht die damals unter anderem Namen noch immer lebendigen ›Großen Mütter‹ der Steinzeit. Noch unwahrscheinlicher aber ist eine geistige Verbindung zwischen dem germanischen THOK und dem Maori-Gott TIKI, dem Schöpfer aller Dinge in der fernen Welt Neuseelands, oder gar dem ebenfalls antipodischen Sonnengott KON'TIKI (KALL und TAG) pazifischer Inselwelten.

Nichts Rätselhaftes umgibt die etruskische Venus TURAN, die sich leicht mit den nordischen THOR, TYR und BALDUR über eine gemeinsame Herkunft verständigt hätte, und die nicht einmal die indianische TAURSCARA verleugnen würde.

Andere Indios beten zu TAEN'TSIC oder IOS'KEHA, und das bringt uns direkt zurück zu ZEUS, dessen älterer Name DIOS (sprich DJOSS) den Römern auch als DIANUS bekannt war, aus dem dann der bekannte, doppelhäuptige JANUS wurde. Das zeigt uns deutlich die Lautwandlung zu -J-, bei dem die Erinnerung an das einstige -D- nie ganz stirbt. Daher gehören auch der hebräische JAH, der vedische DYAUSPITRI, der Maya-Gott TSCHOCHIPILLI und die JUJU's von Nord-

Nigerien zu der Reihe von JUPITER'TAG-Varianten, deren weltweite Verbreitung sich nicht mehr einfach mit ihrer linguistischen Reiselust erklären läßt. Ob sich der bei Ausgrabungen helfende Indio in umständlicher Zeremonie an die TSCHAK-Götter der Maya um Vergebung für seinen Frevel wendet, ob die indischen THUK's zu Ehren ihrer Göttin DURGA Menschen morden, ob die hinterindischen TANTRA die urmütterlich weibliche Kraft der Göttin SAK'TIE (zweimal TAG!), als SA'TI Gemahlin des SI'VA, und als weitere SATI in der altägyptischen Mythologie mit HERA oder JU'NO vergleichbar, in den Mittelpunkt ihrer Kulte stellen, ob die sumerisch-assyrische ISCH'TAR ihren Gemahl TAM'MUZ töten und zu neuem Leben erwecken muß, so geschah und geschieht dies alles unter dem Zwang des einen Wortes TAG, das immer von neuem und an den verschiedensten Orten den menschlichen Vorstellungen von den Göttern Ausdruck verleihen mußte.

Auch jener Zwang kultischer Vorstellungen, der die Ägypter, die Sumero-Akkader, Babylonier und Assyrer sowie die Tolteken, Maya und Azteken Grab- und Tempelpyramiden errichten ließ, erfährt nun zum ersten Male eine sehr einfache, fast simple Erklärung: Die Pyramide war eben das ideale Abbild des »Berges« und damit das Symbol des Göttlichen. ZIQQURAT nannten die Sumerer ihre Tempelberge: ZIQ = TAG.

Während so der Glaube der genannten neolithischen Kulturen ›Berge – in Tempelstädte – versetzte‹, sahen und sehen andere Kulturen in den Bergen selbst das Göttliche oder auch personifizierte Gottheiten. Das gilt für die Hindu und die Tibeter genauso wie einst für die Judäer, deren Fels SAKRAH inmitten Jerusalems ebenfalls ein »Heiligenberg« war. So war es selbstverständlich, daß sie ihren berühmten Tempel unmittelbar auf und über dem SAKRAH errichteten. Der islamische SAKHRAT ist ein Stein, der wunderbare Gaben vermittelt. Noch das Lateinische spiegelt diese Assoziationen deutlich wider: SAXUM für Fels (vergl. Gran Sasso) und SACER für heilig sind keine *zufälligen* TAG-Varianten! Ebensowenig »zufällig« ist der Name der Tempelfeste von Cusco zur Blütezeit des Inka-Reiches: SACC'SAI'HUAMAN – zweimal TAG, einmal KALL und einmal

BA, zu deutsch: »des Großen Gottes Tempel und Wohnstatt«. Der Große Gott aber war der Inka selbst.

Es fällt nicht schwer angesichts der Ausdrucksbeschränkung frühmenschheitlichen Denkens zu verstehen, daß das Wort TAG für ›Berg‹ folgerichtig auch für das Material, aus dem Berge bestehen, für ›Stein‹ also, herhalten mußte. Der Römer ist nicht der einzige, der sein SAXUM von TAG ableitete – wir wissen es von den Phöniziern, deren TAG-Form TAYR der Stadt TYRUS, heute SUR, auf einem Felseneiland vor der Küste gelegen, den Namen bestimmte, und von den Kelten, deren TOR einen *einzelnen* aufragenden Fels bezeichnete, dessen sprachliche Vaterschaft für das englische TOWER und unser TURM auch unabhängig vom lateinischen TURRIS beweisbar ist. Hier fügt sich der DAGHMA der Parsen nahtlos ein, ist es doch jener Turm, auf den man die Körper der Verstorbenen bettete, damit die Vögel die sterblichen Hüllen in den Himmel entführten.

Wenn so von der Sprache her die sakrale Verbindung Götter/Berge sich auch auf den Begriff ›Stein‹ erstreckte, dann nimmt uns die »Kaaba« in Mekka so wenig wunder wie die megalithischen Kultbauten der ausgehenden Steinzeit, die Pyramiden oder die zyklopischen Bauwerke der Alten und der Neuen Welt. Die Ursache dieses sicherlich oft mörderischen Zwanges der Aufeinandertürmung von Steinkolossen läßt sich erneut bei TAG vermuten: je größer (-TAG-) die heiligen Steine (-TAG-) waren, um so mehr entsprachen sie der Würde der (-TAG-) Götter. Je größer der Block, um so sicherer der Götter Wohlgefallen, um so stärker der göttliche Schutz. Ja, selbst als der Mensch schon metallene Werkzeuge kannte, durften – wie auf Malta – megalithische Tempel nur mit Hilfe von (-TAG-) Steinwerkzeugen erbaut werden!

Das hethitische Bildzeichen für den Herrscher, TSAR genannt (diese Form aus dem Jahre 1500 v. d. Zeitrechnung widerlegt übrigens die Behauptung, daß auch der russische Herrschertitel »ZAR« wie »Kaiser« usw. von »Caesar« abgeleitet worden sein soll – eher ist CAE'SAR eine späte Variation von TAG!), ist eine spitze Pyramide. Mit anderen Worten: auch im Hethitischen besteht eine sprachliche Kongruenz zwischen ›Berg‹, ›groß‹ und ›Herrscher‹. Wie bewußt den Hethitern diese Verwandtschaft noch gewesen sein muß, zeigt das Zeichen für ›Land‹: es sind *zwei* Pyramiden. Sie bedeuten nicht etwa zwei Herrscher, sondern deuten eine Pluralität von Bergen an, und das stimmt mit der TAG-Form TAN überein, die an vielen Orten dieser Welt die Bedeutung Erde, Boden, Land hat – nicht nur in AFGHANIS'TAN, TURKES'TAN, KASACHS'TAN, TIEN'TSCHAN oder YUCA'TAN, sondern auch bei uns: TENNE, der ERD-Boden unserer Scheuern; TANNA, die ›ERDE‹ der Malaien; SHAM, der Acker der Suaheli; JOCH, ein Flächenmaß für Ackerland; IUGUM und TERRA in den romanischen, JORD und DAUGH in den germanischen und keltischen Sprachen sind allesamt TAG-Formen, die einmal mehr zum Ausdruck bringen, daß für den frühen Menschen ›Land‹ und ›Erde‹ gleich *›Berg‹* zu setzen ist. Das Land der Berge war seine Umwelt. Die altamerikanischen Ortsnamen verraten in ihren auf -TAN endenden Formen wiederum eine verblüffende Parallele in Konzeption und Entwicklung, deren sprachliche Ableitung von TAG, später TEQUAN und TEHUAN offensichtlich ist.

Sind TOHONGA, TESHO'LAMA und DUS'TUR hohe Priester einheimischen Götterglaubens bei den Maori, bei den Tibetern und bei den Parsen, so sind die SCHA'MAN schon eher besessene Zauberer und Mediziner, wie man sie unter diesem angeblich indischen Sammelbegriff bei allen primitiven Völkern findet, insbesondere in Nordasien und Nordwestamerika. Daß wir es bei dieser Benennung wiederum mit einer TAG-Form zu tun haben, enthüllt das indianische Wort für ›Magie‹, ›übernatürliche Kraft‹ und ›Macht‹: TA'MANOS. Beide erscheinen – hierin dem griechischen DAI'MON verwandt – als Kombination von TAG und BA, eine Zusammenstellung, wie sie auf diesem Teilgebiet religiöser Vorstellungen geradezu die Regel ist: DAI'VA ist im Altpersischen, DAE'VA im Sanskrit, DUG'PA bei den Tibetern, TIG'BALAN bei den Tagala, TAN'IWAH bei den Maori ein gefürchteter dämonischer Geist. Aus Perlen und Zähnen (Urwort dafür: TAG) gefertigte Ketten, welche südamerikanische Indios zu ganzen Schürzen vereinigt gegen Magie und böse Geister tragen, nennen sie TAYO, und der eigenartige Gedenkpfahl nordamerikanischer Indianer zum Schutze des Hauses und seiner Ahnen heißt XAT (eine Umkehrung).

Der Grabstock der frühen Pflanzer, der auf keiner Darstellung des VIRACOCHA, des obersten Gottes von Alt-Peru, fehlt und nicht nur eine praktische, sondern auch eine bedeutende kultische Rolle gespielt haben muß, ist als TACC'LA entziffert worden. Nun, dieser TACC'LA wurde so gehandhabt, wie man später eine Hacke betätigte – wer denkt da nicht an das keltisch-welsche Wort MA'TOG für ›Hacke‹ und an das englische DIG für ›graben‹!

Die TAG-Variante TAU war vor Jahrtausenden ein heiliges Werkzeug der Ägypter, von dem man nicht genau weiß, ob seine Form dem griechischen Buchstaben T den Namen und die Form gab. Denn dies Gerät hatte T-Form.

Eine andere Lesart leitet die Form des Buchstaben T von griechisch TAUROS (Stier) ab und sieht im T die bildhafte, wenn auch stark abstrahierte Darstellung eines Stieres en face. Auch in diesem Falle hätte das Urwort TAG (in TAUROS) dem Buchstaben T Sinn und Gestalt aufgezwungen.

Es hat, wie schon bei KALL dargetan, seinen Reiz, wenn in Einzelfällen begründete Aussicht besteht, ein Urwort quasi »schriftlich« nachzuweisen. Wenn es nur darum ginge, »recht zu haben«, wäre jedes weitere Wort überflüssig und die beiden angeführten Lesarten überzeugend genug. Was folgt, ist weniger überzeugend, aber dafür möglicherweise wahrscheinlicher.

Das phönizische T ist ein einfaches Kreuz mit gleich langen Armen. Es dürfte als Form noch älter sein als die ägyptische T-Hieroglyphe, die – kaum glaubhaft – als ›Lasso‹ gedeutet wird. Im phönizischen Kreuz eine »Eigentumsmarke« zu sehen, hat wenig für sich – wenn alle ihr Eigentum so markierten, war kaum noch eine Unterscheidung möglich; aber es gibt Leute, die ernsthaft an einen solchen Sinn des TAU glauben.

Das phönizische TAU-Kreuz ist die denkbar primitivste Darstellung von der Verbindung zweier Dinge. Was uns heute als etwas Selbstverständliches und Banales erscheint, war für den frühen Menschen eine sensationelle Erfindung von weittragender Bedeutung. Diese Fähigkeit verhalf ihm über die ersten primitiven Faustkeile hinaus zu geschäfteten Steinwerkzeugen und Geräten bis hin zur

Weberei. Wenn wir das phönizische TAU als zwei Holzstäbe sehen, die überkreuz miteinander verbunden sind, dann ist der Stift, der sie in der Mitte zusammenhält, ein TAG; ein solcher Stift ist im Englischen ein TACK (was zugleich eine engstichige NAHT bezeichnet!), im Schwedischen TAGG. (Die meisten Sprachen reagieren auf Spitzes mit TAG!) Am Kreuz als der Verbindung zweier Teile ist also das Wesentliche das Medium, das sie verbindet – ein Stift, oder auch eine Schlinge. Das ägyptische Zeichen dürfte nicht ein ›Lasso‹, sondern eine solche ›Schlinge‹ darstellen. Oder eine Schlinge, mit der man ein Gewebe knüpft. Denn gleichgültig, ob man sich erstes Weben als einen Knüpfvorgang vorstellt oder über eine Vielzahl von Stiften (TAG) geflochtenes Band: Viele Sprachen verbinden auch den Webakt mit TAG: allen voran das Lateinische mit seinem TEX'ere, von dem wir unsere TEX'tilien ableiten. Unsere eigene Muttersprache folgt dem gleichen Trend, denn ZEUG und TOY oder TYG sind ebenfalls TAG-Ableitungen. Und genauso, wie diese Erklärungen das gemeinsame Prinzip in der ägyptischen und in der phönizischen Darstellung verständlich zu machen vermögen, erläutern sie die Dualität unseres germanischen ZEUG-TOY-TYG, das einmal Stoff (Leinen etc.) und zum anderen Gerät (Werk»zeug«, Spiel»zeug«, »Zeug«haus, Schlag»zeug«) bedeutet. Auch sie sind, wie ägyptische ›Schlinge‹ und phönizisches TAU, auf zweierlei Art von dem gleichen Grundbegriff abgeleitet.

Das deutsche Wortpaar ZEUG und GE'WEBE ist ein gutes Beispiel dafür, wie die Sprache sich für ein und dieselbe Sache zweier Urformen bedienen kann. »Weben« – althochdeutsch WEB'BAN und WEFAN – ist eine reine BA-Form und leitet sich von der Beobachtung des »nahebeieinander« der Fäden ab. TAG und ZEUG haben dagegen das verbindende Medium zum Ausgangspunkt genommen.

Doch zurück zum TAU-Kreuz der Phönizier. Erinnern wir uns wieder daran, daß dieses TAU der Buchstabe T des Alphabets war. Eine große Zahl früh- und vorgeschichtlicher Götternamen und die Wörter für Gott und Religion und Kult hatten aber als TAG-Ableitungen für den ersten Laut und daher Anfangsbuchstaben das gleiche T. Es wäre also viel wahrscheinlicher, Kreuzesmarkierungen aus alter

Zeit als kultische, beschwörende, segnende (auch SEG'EN ist eine TAG-Form) Insignien (auch SIG'num, ZEICH'en, TOK'en, TAK'en, TACH'E und TATU gleich ›tätowieren‹ sind TAG) zu deuten (auch »deu«ten, nämlich das Lesen von »ZEICH'en« steht im TAG-Kreis). Wir vergessen zu leicht, daß das Kreuz keine christliche, sondern eine antike Erfindung ist, und daß es das Kreuzeszeichen als religiöses Symbol schon lange vor dem Christentum gab – sogar in der Neuen Welt, in Mittelamerika, fand man zur größten Verwunderung der Forschung zu Kreuzform behauene und gruppenweise aufgestellte Steinblöcke.

Das baskische Wort AITX hat schon mehrfach die Phantasie der Etymologen und Archäologen beflügelt – nicht weil es »Stein« bedeutet, sondern weil es als Wortbestandteil die Bezeichnung von Axt, Messer, Hacke und einer Reihe anderer Werkzeuge bestreitet, wie wir es heute bei Stemm'eisen, Brech'eisen usw. mit »Eisen« tun. Aus dem Umstande, daß AITX gleich »Stein« in der baskischen Sprache gewissermaßen stellvertretend für »Eisen« angetroffen wurde, schloß man, daß die baskische Sprache folglich bis in die Steinzeit zurückreichen müsse. Nun, diese Folgerung ist für die Paläolinguisten eine Binsenweisheit, die er nur darum moniert, weil *jede* Sprache bis in die Steinzeit zurückreicht, und ferner, weil *jede* Sprache in ähnlicher Weise ihre Wörter für »Stein« für genau die gleichen Werkzeuge einsetzt, die das Baskische solchermaßen auszeichnet, und weil schließlich das baskische Wort AITX selbst, wie unser deutsches AXT auch, eine ganz klare, durch einfache Lautverschiebung entstandene Form von TAG ist!

Ob von spitz, scharf, lang, hart oder Stein abgeleitet, *Waffen* gehorchen weit und breit dem TAG: Die TOKA ist eine Kriegskeule der Fidji-Insulaner, TAIAHA eine ca. 1,8 m lange meist reich geschnitzte Hartholzkeule der Maori, TOM'BOC eine javanische Schlag- und Stoßwaffe. Im mittelalterlichen Frankreich war ES'TOC ein Kurzschwert, und der TUCK ein Vorläufer des Rapiers in England, das außerdem den DAGGER, einen Dolch, kennt. TAK'OUBA ist ein Tuaregsäbel mit breiter, flacher Klinge, der YA'TAGH'AN ein kurzer, feststehender türkischer Dolch. Auch das germanische SEAX ist sowohl Messer (aus zwei Messern entstand übrigens die nordisch SAX, englisch SISSERS, deutsch SCHERE) als auch Kurzschwert der Teutonen. Das englische TAK'EL für Pfeil steht wohl am ehesten mit dem persischen TIGH'RI, von TIGH'RA = scharf, in Verbindung, schottisch allerdings DOR – dafür war DOR'Y in Hellas der Speer. TAG'ANE ist ein spitzes und scharfes Werkzeug, mit dessen Hilfe die AMA-Taucherinnen Japans die Muscheln vom Meeresgrunde lösen. Der TUM'NA-HEGAN schließlich ist der berühmte »Tomahawk« der nordamerikanischen Indianer, und der TU'MI ein für die Inka Alt-Perus typisches Messer.

So reiht sich TAG in die Gruppe der Urwörter ein, die wir zum Gegenstand unserer Untersuchung gemacht haben. Mit BA, ACQ, KALL und TAG haben wir den Beweis in Händen, daß es einstmals einen begrenzten Urwortschatz gab, und daß die Völker der Neuen Welt trotz ihrer Trennung und insularen Abschließung, trotz auch aller Verschiedenheiten der seitherigen sprachlichen und kulturellen Entwicklung auf dem gleichen Fundament aufbauten wie wir selbst. Obwohl Paläolinguistik ein ganz junger Forschungszweig ist, kann schon jetzt ein Weniges von der Rolle erahnt werden, welche die Sprache bei den geistigen, vor allem aber bei den religiösen und kultischen Uranfängen gespielt hat. Lawinenartig begleitete sie den Weg der Menschheit – sehr bald schon war der kleine Anstoß vergessen, dank ihrer eigenen Schwerkraft blieb sie in Bewegung und bestimmte oder veränderte das Werden der Menschen, später nicht selten aufgrund von Mißverständnissen. Viele der ursprachlichen Erkenntnisse decken sich zwangsläufig mit den Erkenntnissen der tiefenpsychologischen Erforschung der Einzelseele, zwangsläufig deshalb, weil beide Forschungszweige jenseits der Grenze forschen, bis zu der hin die Kontrolle und Steuerung des menschlichen Bewußtseins Macht auszuüben vermag. In der unbewußten Sphäre der menschlichen Sprache wie der menschlichen Seele herrschen die gleichen Gesetze. Und so wie seelische Regungen Reflexe auf sprachliche Impulse sein können, so sind umgekehrt sprachliche Formungen Reflexe auf festgelegte Reaktionsbereitschaften der menschlichen Psyche. Das ist es wohl auch, was das Interesse an der Sprache weit über den Kreis der Spezialisten hinaus lebendig erhält.

TAG-Tafeln

BERG / Höhe / Gipfel
GROSS / viel
STEIN / hart / stark
MENSCH
Kopf / DENKEN / SAGEN
Kopf / SEHEN / ZEIGEN
SEX / Liebe / Ehe
HAND
Hand / GEBEN / NEHMEN / TASTEN / TUN
ZEUG / Gerät
ZEUG / Tuch
AUFRECHT / oben / spitz / scharf
GUT und GOTT
GEHEN / Weg
HOLZ / Bau
TAG / SONNE / LICHT / FEUER

TAG – BERG / *Hohe / Gipfel*

Lappisch *Finnisch **Ugr/alt.	Tibetisch **Mongolisch *Japanisch	Baskisch	MAm/indian. *NAm/indian.
TAK	TAGH	ZAKAR	n'TACHO
	*TAKA		SAGUACHE
DAR'DA	*TAKASA		
TJAERRO	*YAKU		DARIEN
	*DAKE		DANI
	TAU, *DAI		TAYIN
TASS	TASS, *TASS		
TJÅKK	*TOKAY, *TOGE	-TOKI	TOCKE
TJÅRRO			YORO
*TÖYRY	DZÖNGA		
DUODDAR			TUX'TLA
**TSUK	DSCHUG		YUCU
	SUGET		XUYU'PAL
TJUR, TUIR			
TUN'TURI			
	TUZ		
	DZEG PA	ATXE	TEQUAN
	TEKAR	AR'TEGI	*TEO–
	TEKE	Elur'TEGI	
		Gain'DEGI	
TJEURA			

Beachte: lapp. č und ind. x werden TSCH gesprochen!

TAG – GROSS / *viel*

GASSAG	*TAKA	GAITZ	YAGAC
DOAKKE	*TAKAI		TAX
SAGGA	*SAIKO		YAX
ČOAKKAI DAWJE	*TAKE		
SAGG'JAI			
SAKKE ČOAGGE		TZAR	
	TSAN'MA	TAN'TAI'TZAR	
ŚAT	TSAD	DANA	
	*TASHO		
*TÄYSI	*TA		
			ma'DA
GOUDAG	*TAI'SAI		TAO
ČOGGUT	DOG		
	ČOG'PA		no'XOC
TOKKA	*CHOKA		
ČORA			*TONKA

SAM/indianisch	Etruskisch *Hethitisch **Sumerisch	Deutsch *Englisch **Nordisch
KATA	**HUR'SAG	Berg, Gebirge
		türk. DAGHI, DAG
TAUKA		Gipfel, Anhöhe
RASU		vgl. BN wie
		TAUERN, TAUNUS
		TOCK'bg/Erzgeb.
		oder in den
		Pyrenäen
TOKOSO	**TSCHOKA	TOUC, TUC, TUIC
		und
		THUIR, ferner
		THYR'rhenien,
		THÜR'ingen
		und in NO Dtschl.
		TUCH, Tucheler
TURAGUA		Heide u.v.a.m.
SUN'TU		
DUIDA		aber auch:
SEKAY		s'TEIG'en
		wieder Berg, Höhe,
	TET	Anhöhe
	TIT	
	**ZIQQURAT	(künstlicher Berg:
SIRKA		Tempelpyramide)
CHITA		

SAM/indianisch	Etruskisch *Hethitisch **Sumerisch	Deutsch *Englisch **Nordisch
CAD TAKA	**SAG	viel
JACH'CHA		GROSS *GREAT
TAKE		**STOR SEHR
TAKE		lat. TOTUS alles
		auch DICHT ge-
		drängt=viel
ARKU		*EN'TIRE
		genug: SATIS
	**SCHA	
THIATA		
SAITTU		TOTUS
SAJ'SAY		chin. TAI=groß

ŚO

Lappisch *Finnisch **Ugr/alt.	Tibetisch *Japanisch	Baskisch	MA/indian. *NA/indian.
DUKKA	TUG'PO	GUZ'TI	
*TIUKKA			
*TUIKI			
JUR *SUURI	TUN		
*SUUNA			TUZA
DIEVVA	*DEKKAI		TEC'PAN
		DIRANAK	

TAG – STEIN / HART / STARK

KAED'KI	ke'TAKA		*nuna'TAK (esk.)
GAED'GE		AITX	
DAK		ZAKAR	
		SAGAR	YAKATA
DAR'JAT	*TAEGI	GAITZ	
		TARRI	
		ATXARRI	
DAESSA		ARRI	
DAW'ZAN	*TAI'SEKI		me'TATE
	*SAI'DEKI	ZANGAR	
	KOD		
	*TOGA DORJE	ZORROTZ	
	*TOI'SHI	ADORE	
	DUR		KUDU
	DUR	ZURRUN	
			TUN
	**TSUI		XIUH
		ZEKEN	
	*TEKKI		TE
	bo'SEKI		TETIK
	DZEN	SENDO	TE
		ZIKOTZ	

TAG – *Mensch (auch:* ICH DU ER SIE DER DIE DIESER DIESE JENER JENE

DAGGAR	B'DAG		TJAKA
GAZZE	gan'ZAG		
*TAJA	DZAG *DAIJO	i'ZAKERA	TJAKA
DAK	B'DAG		TAK TAX

SA/indianisch	Etruskisch *Hethitisch **Sumerisch	Deutsch *Englisch **Nordisch
KUTI		
CUTI		
HA'TUN		
SUNI		
CHUNCU SUITU		
CHICA		
TINCU		
TIA		
KAČA		Fels
SAKAY		STEIN *STONE
CHAKA		HART STARK
SAIHUA		STEIN
	TAR	STARK ZÄH *TOUGH
	HAR	Mühlstein
	*HARRA	
		Granit
		STEIN
SAJSA		it. SASSO
	*TASSI'JAMA	HÄRTE
		STEIN
SOJYA		
CUTA		
THURO		HART
CHUJRU		sp. DURO
TUNAU		STEIN
CHEK		
CHEKA		
SEKA		HART
CHIK		
TIKA		STARK
SIN'CHI		
		Mensch Bürger
ČACHA		Person Mann
ČACHA		Kind Charakter
CACHA		dieser jeder er

Lappisch *Finnisch **Ugr/alt.	Tibetisch *Japanisch	Baskisch	MAm/indian. *NAm/indian.
DAK	*TAIGA *DAIGA		YA YA IYA
	B'DAG'DZIN		KAS
	*DAIKO		
DAEGGA	*TACHI		CASI
			CHA
*TÄJÄ	*DAN'SEI	GIZAKI	
*SAKKI		en'DAKI	
SAER'VE	*DAINOTOKO	JAUNA	
*SEURA			SANYU
SANGAR			AČ AX TAY
DAT	*TASHO		YA
*TAA			TYA
**AI	*CHAN	AITTA	TAATA AI
			TAATA
ATJE			AATA
*TAATTO			TA
*ISÄ			
AGGJA			
CACCA	*DAN'SHI		ASARI
			JATHA
*JOUKKA	*DOYA'DOYA	AUZOKO	CHOTA
DORRE	*DOKUJE	AUZOKI	TOTEC
DUKKA			
UROS *SUKU			
		ATZERRI	TEKU
		JENDE	
	*TI	GIZ GIDARI	pa'SIN
		an'DIKI	
DOK	TSOG-SE		
DOGGAR			
DON	*TOHO		TOON
SON			TO
JOUKKE	*TSUGA		QUT
	*TSUGI		TUKEL
			XUUN
			TEC
			YE
SIG			TIKA
JIES			TI
DI			SI
			TUN
	*TOSA'MA		YUM
	*TETEGO		DZUTU
	*CHICHI		
	*DOYO		COTI
	*TONJI *DOHO		TO YUK

SAM/indianisch	Etruskisch *Hethitisch **Sumerisch	Deutsch *Englisch **Nordisch
		sie der die
JAKA		Egotismus leben
SAKA		Kind Zwerg
YAYA		sp. CHACHO
TAIKA	*ZARI	Mensch Mann
TZARI	*ZARI	dgl.
THAUN		
TAN'TA		
TAO		
JAKA YAY -SA		leben werden
		der dieser
	TA	er sie
TAITA	ATTA	Vater Dad ir.
TAITA		ATHIR tsch. DADA
TAITATA	TATI	Papa Väterchen
CHACHA		
YAYA		
ACHA		Großvater
TAIK'CHI CACHA		Familienmitglied
JACHA'TAIKA		
KOTO		Mann Mensch Leute
CHURAWI		
		Leute Volk
CHUTA	*TUZZI	
CHE		
		der dieser jeder
		gleich ähnlich
		solcher jener
		du ich
		wir ihr
		sie
U'MA	ZE	er
TEČ TEN		sie
TEES ČE		
KHITI		
ca'TITU		
TI	ZI	
		Vater
		Dad Papa
YOKA		Sohn Tochter
UCHE		Familie

Lappisch *Finnisch **Ugr/alt.	Tibetisch *Japanisch	Baskisch	MAm/indian. *NAm/indian.
	*TEI	ETXE	
		SEME	
CIWGA	*CHIKA	mu’TIKI	TI
			SI’WA
	*DOKYO		
		ADIN	KUS
		GIDARI	ČIK
		an’DIKI	

TAG – *Kopf* – DENKEN – DOCERE – DUCERE – DICERE (SAGEN)

*TÄHKÄ	*DAIGO		AW’XAX
AIGOT	TA’SAIKA	DAKI	
GADDET		JAKIN	
*TAI’TAA	R’TOG’PA		
OU’DOK’SU	TUGS TSOR’BA	ol’DOZ’TU	TOKA TOTI
DOAIV’OT	SUGS	E’TORRI	TUK
JUR’DAK	*bo’TSUGA	IRU’DITU	
*TUU’MA			
*TIETO	SES’PA	DERI’TZAZU	
DIETTO		TXEDE	TIX
DITTIK	ta’SHIKI		
	DZIN’PA		
	CHI		ma’TI
			IKE

	DAG’PA	ez’TAGO	
DAGG’JADIT	TAG’COD’PA		
	*DOKKAI TOKU	E’TORRI	
	TSO’BA *TOYA		mach’TIA
	*DEN’JU		

	TAG’COD’PA	TAJUTU	tac tzac
		buru’ZAGI	
		agin’TARI	
SAETET	bka’TAN	JARRI	
*SÄÄTÄÄ		SA	
	TOG’DREN’PA		
GOČČOT	SUN’SOG		
	YUGPA	KUDE’ATU	
		na’GUSI	

SAM/indianisch	Etruskisch *Hethitisch **Sumerisch	Deutsch *Englisch **Nordisch
TURA	TUR	
CHURI		
u'SUSI	TUT	
	sec	
	SEC	Familie allgemein
TIRA		
TOQUI		Größe Mut
ATIK		leben
ya'TIRI		
AJAYU	**SAG	Kopf
YACHA		DENKEN
ASAIH		Kopf
		DENKEN
		GEIST
		Verstand
TUN'TUN		DENKEN
YUYA YUYAY		SINNEN
		wissen
CHIKI		wissen
		verstehen
		Kopf
C̀AK		SACHE
YACHACHI		lehren
		*TEACH
		lehren
		lehren
		befehlen
SARA'YANA	THAR	
	**DUC	DUCERE
	TUC	befehlen
	TEZ	

Lappisch *Finnisch **Ugr/alt.	Tibetisch *Japanisch	Baskisch	MA/INDIAN. *NA/indian.
		GID'ATU	
	S'KAD		XAAK
SAKKA	*SAKKA		cui'KATL
DAJAK DAJAI	*TAGON		YAGAC
GAČČAT DAGGJAT		JAR'DUN	
SAGA'STIT		JAR'DUKI	
SAR'DNE			
*SAAR'NA'TARU		esa'TARI	
*TARINA *SANA		E'SAN	
SANNE SADNE	*TAI'WA	SA	no'TZA
N'JOCH'SCHA			KOD
JUOIGAT JOIK	*YOGO		I'TOA
*JUTU	*TSUKAU		XOY
	*TSUGERU		
**KET ŚE			SE
			ZIC ČIK
		DIOZU	DIIJA
			ČIX
			SIH

TAG – *(Kopf)* SEHEN / SUCHEN / ZEIGEN / *Zeichen*/TOKEN

AICAT	*TAKKAN	JAKILE	TJACHIA
GAČČAT GATTIT			
*TACH'YTÄ			
DAR'KUT			
			N'TAO
			DYAO
		min'TOKI	
		oar'TOKI	
	*TOSHI	SOGIN	
		AR'DURA	
ITTET		TXETU	
	ZIGS'PA		TIKA
			SIN ŠIM
			ITTA
	*SAGA'SU	az'TAKA'TU	TA'ho
	*SAKU'TEKI		
	*TAN'CHI		
SOK'ČAT		SUR'MATU	
		KETA	
E'TSIÄ		ZU'TIK	
ČAJE'TIT	S'TON'PA	TAJU	ZAKA

SA/indianisch	Etruskisch *Hethitisch **Sumerisch	Deutsch *Englisch **Nordisch
	*SESHA	
CHI	TEU	
		Sprache
SAUKA		REDE **SAGA
TAQUI	*TAR	
	*SAR'LAI	
	UT'TAR	
ARJA'YANA		
ARU		SAGE Mythe
SANA		
TAU'TIY	*TAUI	SAGEN REDEN
	**DUC	
	TUC DUC	
	TES *TE	
SI'BA		
CHI		
	*SAKUUAI	SCHAUEN SEHEN
TARIY	*TAN	
AJANU		
U'YA	*TAUUA	Auge
	*ZAUI	SEHEN
TOJRIY	*DUGG	
	*SUVU'AIA	*SEE
JIKINA		
ma'DI		
		**TITTA
TACUI		SUCHEN
	*ZAN	* SEEK *SEARCH
TUJ'SIY		ZEIGEN *SHOW

Lappisch *Finnisch **Ugr/alt.	Tibetisch *Japanisch	Baskisch	MA/INDIAN. *NA/indian.
ČUZUK		JAKIN	
ČUW'DE		era'TSUKI	
		ADIRAZI	
			TAK
	R'TAGS	XAKI	TOKAI TOKAYO
	*SAGA	az'TARNA	
GOČČOT	*CHOKO	ZANTZU	
*TUNNUS	*CHO	ZEN	
*TEIK		ZIGILU	

TAG – *Liebe*/SEX / EHE / *Geburt*/*Abstammung*

GAS'KET	ČAGS'SPYOD	lo'TSAGARRI	YAK
DAGA'DIT	ČAGS'CAN	ernari'TAKO	TZAK
ČOAKKE	*CHAKUI	SAGUAK	ZAC
SAR'VES	dod'ČAGS	AR	
DAI'DET		TARIKO	
	TSAN		
	*DAN'KON		
SATTET	B'TSA'BA		CHA'GORRA
	*TAI'YOKU		
	TAI		
	YAG'PO		TAC'CHIJ
	ČAGS'PA		
	*DAKU		
	*AI'CHAKU		
	*DAKI	laz'TAN'IZAN	
	*TAGUI	ezkon'TZAKO	
	SAR		
	ČAD	AITA	
	*SAI'TAI	bakun'TZA	
	*SAJO		I'TSCHOK
SAGAT	ČAGS'PA		
SAKKO	*AJAKA'RU		QUAXOL
	*TAGUI	TAR	
	*TAN		
	TSAN		
SADDAT	SAN'ČAD	JAIO'TERA	
SADDAM	KJAD'PAR		
	*TAI		TATJ
GODDAT	TSOGS'PA		TI'YOX
	GOD'PA		
SUORO	*TOKOIRI	SORTU	
**JOZ'VI	SO'BA	TZO	
	TSUGS'PA		
	*TANE'SUKE		

SA/indianisch	Etruskisch *Hethitisch **Sumerisch	Deutsch *Englisch **Nordisch
CHUCHU	SIYA	
SEKE	SIANS	
	*TIHAN	
		Symbol
		Omen *TOKEN
SUTI		ZEICHEN
		SIGNAL
		sp. SEÑA
	TIR	

SA/indianisch	Etruskisch *Hethitisch **Sumerisch	Deutsch *Englisch **Nordisch
JAKKA		Genitalien
JAKANA		kopulieren geil
CHAUQUE	*SARU	Penis Wollust
	*TARUH	können fähig
JATHAÑAR		Genitalien
SAY'HUAY		geil
CU'YAK		lieben
		liebkosen
		verliebt sein
TAIKA		GATT'en
DAHU		Hochzeit
CHACHA		
		Verlöbnis
CHA'CHAY		GATT'in
		Abstammung
TAINO		Art
		Geburt
		Art
		Generation
YOK		zeugen
YOKU		vereinigen
YOKUI		begatten
YOKO		

Lappisch *Finnisch **Ugr/alt.	Tibetisch *Japanisch	Baskisch	MAm/indian. *NAm/indian.
*YH’DYNTÄ	TSURU’MU		TSUK
*SU’VU			
SUOGNOT	*AI’YOKU		
	*TOCHI’GURUV		
	TOICHI		
	DGA’TSOR		
	DOD		
*TYKÄTÄ	KATUGA		
	dere’TSUKU		
*TUURI	*TSUYA		
	nor’TOG		
		SOR’KUN	
		SOR’TZAILLE	
	*TZU’ZUKU	E’TORKI	
*SYNTY			
			GAZ’TACH
SORKA	SUG		YO
JEK	MJE		
	TIG’PA	GIZA	TIC
	KITSI	GIZON’JENDE	
DIRRE		TIXIKI	
*SIITIN			
		ez’TEGO	TEHE
	ČIG	SENAR	ZEC
	*CHIGU		
	*CHIJO		
*SIITOS		kun’DE	

TAG – *Hand*

SOAGG’JA	*DAKA		
TAKKA		gal’TZAR	
DUOGG’JE			
**KAD			
SUOR’MA	SOR’MO		
*SOR’MI			
**SOR’MUNK	TSON		
DOR ČOR			
DUOJ			
DUGG	*TSUKA		
*TUKKO	KUTSUR		

SAM/indianisch	Etruskisch *Hethitisch **Sumerisch	Deutsch *Englisch **Nordisch
CHUCHA	TUV	paaren
YU'MA		
CHU'PILA		SCHEIDE
		freien
		flirten
		Liebhaber
	TUS'NUT	Liebesfreuden
CHU'QUISA		
CUSI		
		ECHT genuin
		Geburt
YUYCU		Generation
YURI		geboren werden
YURINA		gebären
COSA	TUS	GATTEN
TEKA		ZEUGEN
TINKUY		Genital
na'SINA	**TI	ZEUGEN
ATI		
SI'PAS		DIR'NE
CHEI		Hochzeit
CHIKA		lieb teuer
SIS'PA		einander nahe
CHI'MU		
na'SINA		gebären
CHICHU		

SAJ'MA		Hand **TAK
	*asa'TARA	(nur in Zusam-
THAU'CÜN	*is'SARI	mensetzungen)
	*han'DAI (!)	arch. gael. TOG
		Finger lat. DIGIS
		Finger sp. DEDO
		Hand
		Hand
		Hand
		Hand
THUN		Hand

Lappisch *Finnisch **Ugr/alt.	Tibetisch *Japanisch	Baskisch	MAm/indian. *NAm/indian.
**KOT	*TEKO	bos'TEKO	
GIETTA	*TEKKEN		
**KED	*TETE		
TIGGAR			
	*TAKA'TE		
	*DAKI	gal'TZAR	

Viele Sprachen verwenden wie das Deutsche (HAN'D) KALL-Formen – siehe dort!

TAG – *Hand:* GEBEN / NEHMEN *(auch schenken, darbieten, greifen,*

DARJO'TIT		JAR'DUN	
*TAR'JO	*A'TAERU	TZAR	
	*TARERU	e'TSAI	
ADDET		DAZU	YA
		DOAIZ	ČA
		TZAT	THAO TAI
*TUOJA	YON	DUAN	CHOA
		DUARIK	
		I'TZEN	
		DEKI	
GIIT'ET			ČI
			DII
			SI
*SAADA	*DAIKA		
*OT'TAA			TAI
*TUODA	*TOYO		
TUOSTOT	*TORU DORU		
DUKKU'DAK	TUG'PA		an'TUK
	*TSUKU		
	TEKU'SE		ich'TEKI
			SIČ

TAG – *Hand: Sammeln/greifen – halten – loslassen*

ČOAGG	ČAGS'PA	GOATU	
*TAR'TTUA	deki'DAKA	az'TAKA	TAN
	TOG'PA	A'TZAR	
	SOG'PA		
ČOGA'DIT	lo'TOG	ai'TZAK	TZA'PIN
	*TORIIRE		YA
			ČUK
	*TEKI'SHU	E'TXEKI	TZUKU

SAM/indianisch	Etruskisch *Hethitisch **Sumerisch	Deutsch *Englisch **Nordisch
		Hand
	*KES'SAR	Hand
	DE	Hand
	han'TIY	Hand
		Arme

fassen usw.)

ATAK	**DAKU	geben
CATU	*TARRA	lat. DARE
ČARA		gr. DORON
YANA'PA	na'DANU	
YA		
A'CHURA	TUR	
CHURA'WI		weiter
CHURAÑA	**TEK	geben und
	ČEKA	schenken
CHIYCU		Gabe
TICHI		Geschenk
TITUY		
TSARIY	*TAJA	nehmen *TAKE
		empfangen *GET
		bekommen
		gelegentlich
		auch
SUA		stehlen
KECHU		gr. DEK- nehmen

U'SACHI		greifen sammeln
AI'TAÑA		

Lappisch *Finnisch **Ugr/alt.	Tibetisch *Japanisch	Baskisch	MAm/indian. *NAm/indian.
		A'TXIKI	
*KAITA	ČAGS'PA	SAKA	
DO'ALLAT	R'TEN	I'DUKI	ČUK
	DZIN'PA	TXIKI	
**XAJJO **KATO			
GUOD'DET			
**KODAM			
**KUED'AL		AI'ZUTU	
DIK'TET			

TAG – *Hand:* TASTEN / *berühren*

		TAKA'MAKA	
GAGGJOT		az'TAKA	
*KAJOTA		az'TATU	
DAUDAT			
**XAI			
GUOS'KAT	*TOCHIRU		
	TSOR'BA	TORRA	
DOWD	*TSUKU	I'TSUKA	
		mu'TXUKA	
		TES'TUZKA (!)	
*TUNTU			
ČUW'DIT	*TEZA'WARI		
SIERRAT	*TEA'TARI		

TAG – *Hand:* TUN

*TAAKKA	*SAIKA		TSCHAK
		RATU	
		SOINKA	
	TOGS'BA		KUČ
DAG'PA			
		SA	TUHU
DOGG'JET	DOGS'PA		
DUK'SO			
DIK'SO			
DAKKAT		SA	ćak
DAKKE	TAIKU		E'DAGU
TAKKIT			
*TAITO		TOKI	ŠA
DOAIMA			TIA

SAm/indianisch	Etruskisch *Hethitisch **Sumerisch	Deutsch *Englisch **Nordisch
I'TIKA		
JIK'KINA		
		halten
A'TIKA		festhalten
		bewahren
	*TAK	lassen
		loslassen
		gewähren
		lassen
		tasten
		sp. TOCAR
CHANCA		*TOUCH
JATTINA		fühlen
TA'PRAY (!)		tappen
		anfühlen
		tasten
SAHUAY		tragen Bürde
CHANTA		
aika'TAÑA		
TACAY		formen streuen
TACU		mischen rühren
TACUY	TAT	setzen
TAR	**TA	säen
	DAI	setzen stellen
	TEC	setzen legen
	TEG	pflegen
		TUN
YACHI		
YANA	*TARIYA	
	*AYA	
	*IYA	

Lappisch *Finnisch **Ugr/alt.	Tibetisch *Japanisch	Baskisch	MA/indian.
*TYÖ	JUG'PA	TU	TUN (!)
*TEK TEKO			TEKA
*TEOS *TEHDÄ		ZERTU	TEKI
			THI
			JIINYA

TAG – *Hand:* STOSS / DRUCK / SCHLAG / ZUG

	*TA'TAKAI	au'TZAK'batu	CHAK
DOARRO	*DAKYU	era'TSAKI	YACH
DAER'PAT		SAKA	TAN
SOATTAT		ZAKA'TU	
*TAISTO		ZAITU	TARIH
JAH'DATA			JA'VARI
	DOR'BA	SORKA	ČAY
GODDET	SOR'BA	JOKA'TU	CA'ZAH
	ČOR'BA		YOCH
	*TOSHA		YOC (!)
*SUKAI	*TSUKI	I'TYEKI	
*TUR'MIO		A'TXIKI	
	*SEN	ZIRI'KATU	DIIS
DOAGG'JET			
			XAS
*TOKK			
SOICAS			KOTONA
			YUQ
			TUT
DUW'DET			
	*TACHI'KATA	TXEA'KATU	TAO CAT COT
		I'TAITU	SAHOT
		ZARRA'TATU	
	JOG'PA	SOKO'MATU	QOT
ČOGA'STIT	R'KOS'PA		KOTO
	*CHOKO'KU		

TAG – *Hand:* ZEUG (*Handwerkszeug*)

*TAKOA			
		TAKET	
AKSO	STARE	AIX'KORA	
		AITZ	
va'SARA	*TAI		
SIG	*TOKO		*TUMNAHEGAN
*TYÖ'KALU	*DOGU *YOKU		

SA/indianisch	Etruskisch *Hethitisch **Sumerisch	Deutsch *Englisch **Nordisch
TUCU		
TAKA		schlagen
TACAY	*SAKU'RIJA	kämpfen
TANCA		stoßen
YYA		
TSA'PAY	*SAI	
CHOCA		schlagen *SHOCK
		JAGEN
DOH'BAN		unter'JOCH'en
		schlagen stoßen
CHUR'TAÑA		
		kämpfen
SAHUAY		brechen werfen
JAKO	*SAI	
AISAY		
		strecken DEHNEN
	*DUUAR'NAI	brechen
	SUA	drängen
CATAN		schneiden *CUT
CATHÜTÜN		zerhauen spalten
CHAY ATRAK	*SARRA	
TACCLA		Grabscheit
TACANA		Hammer
TACHO		Mörser Keil
AYRI		AXT
		Messer
	**TA	Hammer ZEUG
IOKU'BA	A'TESSA	AXT, alt'ADESA
		ZEUG Instrument

Lappisch *Finnisch **Ugr/alt.	Tibetisch *Japanisch	Baskisch	MA/INDIAN. *NA/indian.
	*TOGU'WA		
	JOR		
*SOUTAA	*TOYA *TSUKA		
DUKKU	TUR'MGO		
	*SA'ZUCHI		
	*TSUI'KOTSU		
	*DAITO	TXURI	
			MA'CHETE
*SUUDE			
	KA'DIG MCIG		
	SIRI		
	GADA		
DAWGAK DAWGE	*DAIKYO	DAR'DA	
DAUGE TAUG		JARA	
	YOGS	SOKA	
	TOKKO		
	ŽU	au'TZITZA	
		GEZI	
		ZIRRITOA	

TAG – *Handarbeit:* ZEUG / *Tuch* / TEXTILIEN

bessu'DAK	TSAG'MA	ZARA	pe'TAKA
DAGG'JIT	*SAKUJO		
TOAKKE			
DAR'VE'TIT		SARE	
SUOGGA		SOKA	TAAN
DUOGGE			DAA
DUORGO	*TOSHIN	JOSI	DOO
DUGGO	*TSUNA		SUČ
DUGGUM			TYUU'PA
			TZIZ
			SIT
SAEKKA			AČI'YAK
SAGGAT		THAKI	TZAYA
DAWKAS			
DAR'GE			TARIN'BA
DAEDDASTAK			TAAN
DUOGGAS			
DOK'SE			
DUOG DUOGGJE			
DORKA		ZORRO	GUA'YUCO
ČUOZZA		SOIN	
		janz'TURA	

SA/indianisch	Etruskisch *Hethitisch **Sumerisch	Deutsch *Englisch **Nordisch
		HACKE
CHO'PE		HACKE
		Schaft Griff
TROY		DRESCH'flegel
		ZEUG
		Hammer
		Hammer
TU'MI		Messer
		Haumesser
		Keil
		ZEUG Werk-
		ZEUG
		Keule Waffe
		Bogen Waffe
pej'TA		Pfeil sp. DARDO
		Bogenschießen
		Keule
		Dolch
		Pfeil Lanze
		Pfeil
KATA		Geflochtenes
TAKE		Verfilztes
KAITU		Gezwirntes
THARÜN		Tau Seil Faden
THAUN		sp. SOGA
TOCUYO		Matte Korb
		DOCHT Schnur
TURU		Zopf Schnur
SUISUY	TU	ZEUG TUCH
SEKO		TAU STRICK
SI'PI		spinnen
KATA		Kleider
JAKANA		
YACOLLA		
TTAURA		
SAU		Stoff
TAJSAY		
ACSU		TUCH
DUK'DURA		
KÜCHAN		
CHUCU		
CHUCUN		
llau'TU		

Lappisch *Finnisch **Ugr/alt.	Tibetisch *Japanisch	Baskisch	MA/indian. *NA/indian.
SAEKKA			
SIKK			

TAG – AUFRECHT / *oben* / *spitz* / *scharf*

*TAUKO	*TACHI	DAGO	KASA
		IZAN	YACA'TACH
	TSA'TSA		TJAC
		gal'TZAR	
RADDE		bu'DAR	
		TATA	
	DAD'PA		TAC ČEX
	ZAN'BA		CHAC XAN
OH'DAK		TAKA	TAK
SAHA			ATICHI
GAZZAR			
SAGGAT			
*SAKARA	*TAGANE		
SAGGE	*TAKE		
SAITI	*TACHI		
	*SAKI		
*SAR'VI	ZAR		
*SAHRA	*YARI		
GOAS			COT
GAETKE			
GAZZA			CATARI
		KATU	
DARRA		TXAKUR	TAM
SARAVA			
DOARROT		TARRI	SANIK
ČUOZZAG	*TOSHU'TSU	ZOZO'KON	TOKE'MA
			ODOY
	*TOGI	TOTTO	
ČOKKA	DOGS'PA		
**TSUK	*TOKA		
ČOGGAT	*TOGARI		
ČOGO	*TOGU		
	*TOGE		
	DOGS		
ČUOGGOT	*TOKKI	TSO	mo'YO

SA/indianisch	Etruskisch *Hethitisch **Sumerisch	Deutsch *Englisch **Nordisch
TEKO		
TEKE		eng gekleidet
		TUCH Lappen
TACA'TACA		aufrecht
ha'TARI	*TARAU	stehen
TAN'SA		**STÅ
SAYAY		
TAJYA		
		weibl. Brust
		*DUG
		saugen *SUCK
YAO		Zahn essen
		kauen **TYGGE
CHAK		spitz Spieß
CASA		scharf Pfeil
		Nadel dornig
		Schwert Dolch
		*DAGGER DEGEN
CHA'PI		
	*TAR'MAI	
	*TAR'MI	
YAURI	*ARDU	Pflug Zech
TANCAR		
		Adler
		Adler Vielfraß
CHACU		Adler Vielfraß
		Schnabel Zähne
		Klaue Kralle
		Schlange
TARUCA		Köter Katze Toro
CHOKO		aufrecht stehen
SOKOY		*DUCK *SUCK
		scharf spitz
		Stift Spieß
SOKOS		Dorn Schwert
		stechen
		nähen sticheln

Lappisch *Finnisch **Ugr/alt.	Tibetisch *Japanisch	Baskisch	MAm/indian. *NAm/indian.
SOAIKOT	*TOJI		
ČUOGGES	SOR		
ČOR'VE SZARU		O'TSAR	
DORUN		O'TSO	
TUGGIT			QUS TYEX
			KUUTA TEHE
*SUKA	KYUG'PA		*bel'DUQUE
*SYRJÄ	ZUR		
*TUURA			
N'JUNNE			
*per'TUSKA			
**SU	*TSU'TSU		
*SUIKULAA	*TSCHU'ME		
lach'TUT			
*TYTTÖ			
AITI			
TUTTI			
GUSSA	*TSUNO		
NJUKČA	*TSU'ME	SUGE	KKUTI
ČEG			TEN
			TISO'THAI
ČIEKKA	*TEKKA		
	*TEIKO		
*TEROI	*TEKIZU	DEN	
	ZER		
bas'TET	TEN		TZIZ
SIK			KIIS
*TIKKU	CHIKU'CHIKU	ZIKAI	ČIPI'CHIK
*TIKARI	SA'DZIN	ZIRI	ČIN
DIKKE		TINI	TIKI
	TSIGU		TIS
ČIČI		TITI	
NJIZZE		TITIKO	SISI
AITI		TITI'SAGAR	
			KEZE
DIGGAL		ZITIKA	KISAYN
		IDI	
			TZIZ

SAM/indianisch	Etruskisch *Hethitisch **Sumerisch	Deutsch *Englisch **Nordisch
TOTORA		spitz scharf
O'TORONKA		Raubtier
A'TOK		
	TOJTO	Biene
	SUTU	essen Zähne
DURU		kauen
CHUCU		stechen
CHUK		nähen
DUHE		sägen
CHUKI		Lanze
TUR		spitz
TURAY		
ČHUCHU		
		spitz
TUJSI		
TU'PU		
ACHU		
		*DUCK *SUCK
CHUCHU		Zitze
		Horn Kralle
CUTUMA		Stachel Schnabel
TCHURO		
THU		
		aufrecht stehen
TIAY		
		spitz v. Dingen
		Stich
		schärfen
QUICH'CA		nähen **SY
JICCHU		
TTIRI		Spieß
SIRAY		Pfeil
CHI		*DAGGER Dolch
	TITA	Zitze *DUG
	*TITTIJA	
TIJTI		*DUG *SUCK
KEYA		spitz v. Tieren
SIKI		Schnabel Zähne
SIRA		Horn
SIN'TIRU		
SISI		Stachel

TAG – GUT / *taugen* / GOTT / *Götter*

Lappisch *Finnisch **Ugr/alt.	Tibetisch *Japanisch	Baskisch	MA/indian. *NA/indian.
DAGG'JA			
DAIGA	*TAIKO	ZAGAI	ČČAKI
	YAG'PO	ZANKAR	TAON N'TA
	*TOKKO		TOX
DOKKIT	*TOKU	ZUGUN	
ŠIEGA		SEKU'LAKO	YEK
	*TAIYO'SHIN	GAIZ'TO	CHAC
*Onne'TAR	*TAIRO		TZAC'UAL
		TXARRAN	VO'TAN
TJAS'OLMAI	*TAI		
	*TAI'SHA		TA TAO
RO'TAI'MO	*SAI'SHIN		XA'MAN
D'kon'MZOG			YO'TOC
			KOAHTI
	DUG		XOCHI TOTEC
JUK'SAKKA	DUG'PA		TOU TONAC
ATJEK			*SUA
			T'EC
TJER'MES		TXERREN	TECUTLI
**JEN	*TEN'MA		
	*TEN'JIN		TEZ- TE- TEPE
			TEO TEOTL
			*ATAEN'TSIC
DIIDA		JIN'KO	KISIN

TAG – *Bein:* GEHEN / *Weg und bewegen*

		ZANGO	TZA
		ZANGAR	
			NYEE
GOAS'TAT		TAKA TXAKA	NDOAK
DOAGG'JET		TIKI'TAKA	TAAK
GAČČAT			TZAKON
DOAR			TAKEH
			SAKEH
		ZEAR'KATU	
		ZANKA	TAN'DUY
			ČAA

SA/indianisch	Etruskisch *Hethitisch **Sumerisch	Deutsch *Englisch **Nordisch
		TAUGEN
		TÜCH'TIG
SASAINI		GUT
A'TAU		TUGEND GÜTE
KHUSA		**DUGA
		GUT *GOOD **GOD
ZA'TAKA		GOTT und
TAUR'SCARA	TAR'HUNNA	Götter
SAYRA SAJJRA		SATAN TEU'fel
TANE	**ADAD	GOTT
TATA		
TA'MANOS		chin. TSAI'CHIN
JOS'KEHA		gr. DYAUS
TOKI		
DOHITT		
	*TURES	
*SU'PAI	DUTU	(TEU'FEL) Götter
Win'DEGO	**TU UTU	
	ATEN	
	**EN'TEN	*DAI'MON
SETEBOS	**SIR'RUSCH	
Kon'TIKI	TIN	DEUS DIOS THEOS
SIN'AN	**SIN	
TINCA	**DINGIR	
IN'TI		
TIA	**TIA	
TAICA		Bein
ATAKA		*THIGH
CHAKA		
KAYU		
CHAKI		
CHARA		
CHANCA		SCHENKEL
		gehen
CACHA		kommen
UT'ČA		
CHACU		JAGEN rennen
CHAYACU		weggehen
SAR'TANA AYKI		
SARAÑA TATQUI		SCHREITEN *STRIDE
CHASQUI		Kurier Läufer

Lappisch *Finnisch **Ugr/alt.	Tibetisch *Japanisch	Baskisch	MA/indian. *NA/indian.
SUOČČAT	SOG	DOKE	
*JUOSTA	JOG'PA		
JOTTET		E'TORRI	
JUKSAT			KUČ
*SUJUA			
ČIERKČAT			KET
		an'TXIKA	GEDA
		YIN	ČE'PA
		XIN	SIT
DAGGO	GAITO		TAHO
	SANDO	bi'DAI	
		TXANGO	
*TIE	TSIR		TIA

TAG – *Bauholz / Holzbau*

SUACH'TI	S'TAG'PA		
TAEGA			YAGA
**TAIGA			mo'TACU
*SAKEA SARGA			JAGUAY
SAGGEN		SAKA	SAGUARO
	ČARA	ZARAKA	YAAROMA
	TAN'SIN		TAMA'RACK
			ACXO'YATL
*me'TSAI	*I'ZAI	I'ZAI	
HIR'SA			
DAKKA		GATZ'ARI	
DAEKKA'DAS	TAGA	A'TAKA	
SAGG'JA		bur'TAGA	
S'TAGGO	*TAKO		
SAGGE	*DAKI	ZUAGE	XAC
		A'DAKI	
SARJA airo	*TARUKI		
*TAR'VOIN			
	*TARU		
SAEDNE	SAN		ŠAN
*SAITTA	*DATCHO'TAI	ZATI	
GATTO	*DAIKU		TAK'KA
GOATTE (KÅTA)	*TAKU		
	TSAN		
SANGA'VUH	ZAM'PA		
AITE			
AIDE			
		bor'DA	TA'PIA
			YA

SA/indianisch	Etruskisch *Hethitisch **Sumerisch	Deutsch *Englisch **Nordisch
TAI'TAY	U'ZAI	gehen
CUYU		
SUCHUY		laufen rennen
KKITA		GEHEN KOMMEN
AITIN'AKTANIA		
		springen
KHATA		GASSE **GATA
TAKI		Fußpfad
THAKI		chin. TAO
		frz. ROUTE

mus'TAIC		Birke
TAQUA		Baum Wald
SACHA		TEICH **TEIG
TAGUA		div. Baumarten
		Bauholz allg.
YAOR	*TARU	hebr. YAAR=Baum
pi'TANGA		TANNE Lärche
		TANNE
llam'TA		*TIMBER-Wald
		*TIMBER-Wald
CHAC'LLA		Balken Träger
CHAG		TÜR STURZ
CHACA		Strebe
TACAR'PU		Pfahl STOCK
	*ZAKKI	STOCK Stab
	*ZAKKI	DEICH'SEL
	ha'TTARAI	Längs-, Querstreb
		TROG
TAUNA TANCA		Stütze s'TECK'en
		sp. es'TACA
AITI		TROG
TAC		Haus DACH
CHAKA	**SCHAKKU	HÜTTE, Bauwerk
		Nest Beute Logie
TAM'PU		KATE Unterkunft
		lapp. Vorratshaus
		lapp. ZAUN
XA XAA		Haus Gebäude
U'TA		

Lappisch *Finnisch **Ugr/alt.	Tibetisch *Japanisch	Baskisch	MA/indian. *NA/indian.
			DYA
*SUOJA	*CHOKA	bizi'TOKI	TOC
	*TOYA		YO'TOC
	ćos-pa		TROYE
	*DOU		YOO
*TUKE	KUTU	ZUI	
**JURT			
DUOK'TO			KOČ
SOKKA	*TOGI	SOKA'ZUI	
DORDNO	*TORII		
uv'SUK UKSA			
DORRAK ČUG	TUR	ZAR'DUKA	
DOGJE	DOG		TOCOCO
SUOKKAD			*TOKON
SOGGE SOAKKE			
SOGGJEL	SOM		TO'PA
*TUKKI	*TSUGA		
*SUKKO	*I'SUGI SUKA		
	DUN'MA		ma'SUČ
		ETXE	
	*TEI	TEGI	
	*TEIJU		
	R'TSIG'PA		
**GID	SIN'DOM	TIXIKI	TI
			ČE
			*bus'TIC
			TIKI
			mes'QUITE

TAG – SONNE / TAG / LICHT / *Wärme* / FEUER

	ZAG		-TAK-
	ŽAG (S. DÖGN)		
	*TAIYO TAIKU		
DAERVA	*SAKKON		pun'CHAU
DAK SAKAS			ZAQ
TJAUG *KAJAS	*aza'YAKA		ZAK
	ŠAR		
*TÄCH'TI SARVA			
ŠAEGG'JAD'SARAS			
	*SAN'KAI		
SAM'MAT	M'DANS		
	TAI		
	*TO'DAI		ZAI'BA

SA/indianisch	Etruskisch *Hethitisch **Sumerisch	Deutsch *Englisch **Nordisch
		HAUS
		lat. TUG'urium
		**STUGA
		**HYTTA S. GOATTE
SUN'TUR	**DUKU	HÜTTE *HUT
		KATE
		Holz-Bauteile
TOCCO CHOKO		
		TOR TÜR *DOOR
		**DÖRR
JAI'TTUNA		Pfeiler STOCK
TUNU		Säule
fus'TOC		Stammholz
JOCOTE		
TONCA		**TÖM'MER
TUCUM		
TURU		Baumgarten/Stamm
TUN'TI		Baumarten mit Stamm
TUSA		
		Haus *COTTAGE
		Haus Heim
		Bauwerk
		Stamm
TICA		
can'TIKA		
KITA		
TINGI		Baumart

SA/indianisch	Etruskisch *Hethitisch **Sumerisch	Deutsch *Englisch **Nordisch
		TAG *DAY **DAG
		**DÖGN (=24 Std)
		SONNE *SKY
TAW		TAG
CATACH'ILLAI		Licht hell
		SCHEIN Glanz
	SUAR	
	*SAR'LI	
JAIRI	*A'SARA	Helligkeit
	*SASANNA	
an'TA		
CHA'CANA		Tageslicht

Lappisch *Finnisch **Ugr/alt.	Tibetisch *Japanisch	Baskisch	MA/indian. *NA/indian.
	TAIIN		
saigas	*ATA'TAKAI		
GAESSE	*SAKU'ZEN		
SOAR		ZAR'GORI	
AS'TAT	*DAN	TXAN'GORI	
	TAN'BA		XA
	*TAINETSU		YAA
	*TAI'KAN		TA'JIN
GAS'KAT	B'KAD		KJAK
TZACH'HIT	YAK		KAČAY
*TAKKA		YAKA	
*ma'JAKKA		JAKE	QATAN
*TAKAILLINEN	*TAKU		
ČAKKE'TIT	*YAKU-*TAGIRU		
	*TAKI'BI		
	*TAKI'TSUKI		
DASSAT			
ASSO			
	*DAN *TANKA		
	TSAN		
*SA'LAMA		gal'DA	DA
*SA'EN	TSA'BA		
*SA'VO	TAI'MA'TSU		mikin'TSCHAU
*TAE	*DAI'DOKO		TAJIN
	TOG	ZOARGI	
	*TOJI'TSU		
	*CHO'TON		
	DUGS	E'GUZ'KI	
			TUN
			*ma'TUSI
			DYET
	*TOKEAU		
	*TOKA'TOYO	ZOARGI	
	*TORO	ARGI	
	M'DONS STON		
SOAIVVOT	*TOSHO *TO		ČO
TSCHUOW	*TOKAN *TOEI		
-tuike	*TSUKI		
	TURRE		UR
	*TSUVA		
*SUR'KAS		I'DORRAK	
SUN'TA		SUGAR	
SUOINE	*chine'TSU	XUKU	
	TOG		
	*DOYO		
TUOHUS		TORTXE	TORAKE

SA/indianisch	Etruskisch *Hethitisch **Sumerisch	Deutsch *Englisch **Nordisch
		Mondschein
sakou		milde Wärme
CHAKI		TROCKEN DÜRR
TARI		Wärme
A'SANSINI		
CHAYAY		
		DÜRRE
		Feuer HITZE
		ZÜNDEN **TÄNNE
UYAKA		
TACAY		Feuer HITZE
		brennen
KHAT'INA		SIEDEN
	AZARU	Feuer legen
	*ASARU	
TAS'NUY	SAZ	
SAN'SA		sp. ASCA=Glut
SANKKA	*SANZ	brennen
YANU		
AKJA	*SA	Feuer
pun'YA	SA	
un'TAI		ZÜNDEN
nak'TAYANA		
		TAG Tageslicht
TONA'TIW		SONNE
	*TURES	-gott
		TAG
CHOKE		Licht SCHEIN
		Glanz
TOTU		Beleuchtung
CHUYA		hell
	**UR	
an'TÜN		Licht
		DÜRR
		warm
TUNKA		Wärme
TOC'PI		Feuer SCHÜREN
KHOTHO		
		*TORCH Fackel

Lappisch *Finnisch **Ugr/alt.	Tibetisch *Japanisch	Baskisch	MA/indian. *NA/indian.
DOR'RJTIT	*TONDO	TOATXA	
*SOIHTU	TSOD'PA		CHO ŠO
SUOV'VA	*TO		
	B'DUG'PA		TUX
*TUHKA	K'YUG'PA		KUŠ
*TUIKKU	S'GYID *TSUKU		
*SYTYKE	*ATSUKE	SUKEA	
*TUITTU		ille'ZUZKI	
*SYTTYÄ		ZUZU	YUČI
		SU SUTZAR	
	*TATSU	SU'TEGI	
	*TSUI		
guk'SU	tera'SU		
			SUA
	*TEIGO		
	ZER *TERI		
	TSER'BA		
mad'DE	*TEN'TO *TENCHO		
	DEURE DZIN		ČIKE
			CHI
			JI
	*TEKA'TEKA		
	KETU *TERA		
	TSER'BA		
	TEN'TO		
		SEES	
		THE	
*pon'TIKKA		TTIKA	
	*CHIRA CHIRA	DIR'DAI	
		DIZ'TIRA	TIN'YIN
			CHIA
*KESÄ			
GIDDA		gor'TXINGA	
		DSINKA	ZIN'JA
		ERRE'TEGI	TECUI
	*DENKA	I'ZEKI	
	*TENKA	ZEN'DOKO	
HEISTIG	*TEN'JIRU		
			TJE
GIDDO'DIT	TSIG'PA		ČIX
SIN			TI
			DJI

SA/indianisch	Etruskisch *Hethitisch **Sumerisch	Deutsch *Englisch **Nordisch
		*TAWNIE
TOIHUY		Feuer
		brennen
		HITZE
CUSA	*tete'KUZZAN	
	*UR	ZÜNDEN TEINNE
nak'SUÑA	UR	
TUNNI	**ATTUN	
COTÜN		kelt. TEINNE
YUNGA	ZUAS	
	*TUHHU	brennen
		SCHEIN
AN'TÜ		SONNE
		gr. DEIR
		SONNENSCHEIN
	*YEH	SONNE aeg. A'TEN
TIJNU	**SIN	
DISKO	AU'TI	
IN'TI		SONNE
CHI'SI	ZIUAS	TAG lat. DIES
		SCHEIN Glanz
		Beleuchtung
	THES	SCHEIN
	THESAN	
		Mondschein
CHIRAU		SCHIMMER
SITUY		
TIA		Helligkeit
	*TESA	Sommerwärme
		Wärme
		entflammen
		SENGEN
TEJ'TIY		HITZE
		Feuer sp. TEA
puk'TIK		ZÜNDEN
TTIRIÑA		brennen

Teil V

Nachlesen als Beweis

Aus der Fülle einzelner und darum in den Tafeln übergangener Entsprechungen sind hier einige, die zu denken geben, zu einer kleinen Nachlese zusammengefaßt. Einzeln geboten, hätten sie leicht die Abqualifizierung »Zufall!« provoziert – nach der massiven Beweisführung, die sich bis hierher auf mehr als 6000 Beispiele stützt, gewinnen auch sie Gewicht.

Fangen wir mit dem ›Beginn‹ an. Dieses Wort, eng. BE'GIN, nord. BE'GYNNAN, ist schon – oder noch – im Mhd. GINAN ›offen‹, ›klaffen‹. Wer hier weiter und an die große GYNE-Gruppe (Frau, Geburt) denkt, assoziiert wie sein Vorfahr: richtig. As. und ahd. GANAN enthält den gleichen KALL-Faktor. ›Gähnen‹ hat jedoch im heutigen Deutsch zwei Bedeutungen, und die zweite ist das ›Gähnen‹ eines Abgrunds, einer bodenlosen Tiefe. Auch das dt. BA-Wort ›An'fang‹ bleibt, BA-bedingt, im gleichen Spannungsfeld: FANG oder nord. FAVN ist der weibliche Schoß. Das Quechua ist diesem Gedanken gefolgt, sein ›Beginn‹ ist CHANCA, oder, noch KALL-näher: ČALLARI; KALL'TA bei den Aymara.

Das ›Knü'pfen‹ von Schnüren ist gewiß eine frühe Fertigkeit des Menschen; unser Wort »Knü'pfen« verbindet KALL und BA. Die gleiche Struktur verrät bei gleicher Bedeutung das lapp. ČUOL'BMA und das que. CAU'PU. Letzteres aber führt zu dem vom Inkareich bekannten Nachrichtenmittel der Knotenschnüre, der QUI'PU. Zufall?

Que. HUASI ist nicht gleich ›Haus‹ – es wurde schon erwähnt. Seine Aussprache WA'SI verrät jedoch die Nähe zu bask. BAI'TA und dt. BAU'DE. Maya PAL und eng. POLE entsprechen unserem PFAHL, zweifellos ein sehr altes Wort.

›Gänge‹, die von Burg zu Burg führen, spielen in Überlieferungen gern eine geheimnisumwitterte Rolle. Fast immer werden sie als unterirdisch verstanden, obwohl die Tatsachen dagegen sprechen und in der Regel nur einfache Wege gemeint sind. Dem KALL-Wort GANG haftet es an, was das Baskische im Klartext bewahrt hat – GANGA ist dort Höhle, Gewölbe.

Das europ. Wort für ›mahlen‹, allgegenwärtig bei uns, fand seinen Weg bis nach Chile: MULAN. Primär zielte dies Wort auf das ZerMALmen mit den Zähnen, nach außen gewendet dann auf das Zerstoßen und Zerreiben zwischen Steinen. Wir Deutschen unterscheiden ›Malen‹ und ›Mahlen‹ – eigentlich zu Unrecht, denn das Malen war ohne vorheriges Mahlen und Zerreiben der Farberden gar nicht möglich; und letzteres war nicht nur zeitraubender, sondern auch bestimmend für die Wortform.

Wir wissen von eiszeitlichen Bildern, daß Katzen schon früh in der Gesellschaft des Menschen lebten, schon damals offensichtlich mit Sympathie bedacht: was wir freundlich MIEZE rufen, locken die Lappen mit MICHI und die Quechua mit MISI.

Gr. PUS, lat. PES und dt. FUSS haben im Populuca PUY ein Echo. Pfad, Piste, Weg als Folgen davon (Fuß) finden wir auch im bask. BIDE und im maya BEO. Anders die Lappen: ihr GADDE hat heute noch den Sinn Ufer, Rand. Gerade der Uferstreifen an Flüssen aber bot dem frühen Wanderer eine von Gestrüpp und Baumwuchs freie ›Gasse‹. Die nordische GATA ist heute natürlich eben und befestigt, anders als das »Kattegat«, das noch lange nach der Eiszeit nur ein freier und gut begehbarer Uferstreifen auf dem Wege nach Norwegen war. Die dortigen »Fjällritningar« waren, wie man weiß, Wegweiser[1].

Auf die Übereinstimmung que. PACHA und finn. POJA für Erde und Boden ist bereits hingewiesen worden. Die Finnen gaben weiter mit POJAIN = Norden der Beobachtung Ausdruck: Norden ist da, wo die Sonne in der Erde verschwunden ist. Die Basken folgen den Finnen, auch ihr I'PAR heißt ›Norden‹ und ist von der Vorstellung ›Erde‹ hergeleitet. Schier unglaublich aber ist die Entsprechung im

[1] An Uferfelsen meerwärts eingeritzt, waren sie zu der Zeit, bevor das Meer zurückflutete, vom schon eisfreien Uferstreifen gut sichtbar.

Mapuche: PICUM = Norden. Nicht nur verrät PICUM den gleichen Grundgedanken, zugleich enthüllt es, daß diese Form älter sein muß als die Beheimatung der Mapuche südlich des Äquators: Denn für sie und für dort geht die Sonne heute im Süden ›unter die Erde‹, PICUM müßte logischerweise also ›Süden‹ bedeuten!

Wir hatten der roman. CALOR das Prädikat ›mütterliche Wärme‹ gegeben, um anzudeuten, wie KALL auch zu der Note ›warm‹ gekommen sein könnte. Der Leser hat gewiß schon an das genaue Gegenteil, an KAL'T gedacht. Der Verfasser auch. Hier sein Versuch einer nachvollziehenden Deutung: KALL, wir sahen es, kommt von der Vorstellung des HOHLEN. Aber gerade darum fand es für den Kopf des Menschen weite Verbreitung. Als vergessen war, warum KALL ursprünglich für ›Kopf‹ verwendet wurde, nahm der Mensch das Kopf-Wort wieder, wie vorher BA (PIK, GIP'FEL) und später TAG, zur Landschaftskennzeichnung für Berg und Höhe in Gebrauch.

Während der Eiszeit war jeder hohe Berg von Eis und Schnee bedeckt, und so war es naheliegend, das KALL der Höhe gleichzusetzen mit der ›Käl'te‹, die dort herrschte. Der Wahrscheinlichkeitsgrad dieser Interpretation kann an der folgenden Beispielkette abgeschätzt werden: Gr. GALA, lat. GLACIES, frz. GLACE sind Eis, daher stammt der dt. GLETSCHER (Assoziationen: GLATT, GLEITEN, GLEISSEN, GLENNEN, GLITSCHIG, GLITZERN). Das Baskische hat KOILLA und JELA für Eis und – gerade noch als KALL-Form kenntnlich – ELUR'-TEGI, frz. NEIGE und dt. SCHNEE.[1]

Aym. CHULLUNKAYA (gleich dreimal KALL) und que. CHULLUNKU ist Eis; eng. CHILL, frösteln, könnte für aym CHILLKA, Eis, Pate gestanden haben, umgekehrt könnte KHUNU unserer Form SCH'NEE geholfen haben. Aym. LOCHOÑAR entspricht dem lapp. GAL'MET für gefrieren und dem finn. HALLA für Frost und KOLAKKA für Frostwetter, und schließlich noch dem que. KOLLA (vgl. bask. KOILLA!) für die Kälte der Bergregionen.

Mancher Leser mag bis hierher eine Stellungnahme zu der auf den ersten Blick sensationellen Entdeckung des Prof. Lieberman von

[1] Play-back: SCH'NEE/NEE'SCH/NEIGE/GEIN/GAN/GAL

der Connecticut University vermißt haben. Sie sei zum Abschluß dieser Nachlese versucht. Dazu ein weiteres Zitat aus der oben erwähnten Arbeit des Prof. Illies:

»Der bekannte Biologe Adolf Portmann wies darauf hin, daß die Möglichkeit (zu artikulierter Sprache) auch beim heutigen Menschen erst nach der Bildung der Rachenhöhle und der Absenkung des Kehlkopfes auftritt, also am Ende des ersten Lebensjahres. Der menschliche Säugling kann nicht sprechen, selbst wenn er ein geniales Wunderkind wäre: er kann statt dessen zugleich atmen und schlucken, und das ist für ihn zunächst auch wichtiger. Aber auch alle heutigen Affen können aus diesem Grunde nicht sprechen: ihr Kehlkopf verbleibt lebenslang in der Säuglingsstellung. Alle Versuche, Schimpansen unsere Sprache beizubringen, scheiterten daher kläglich, obwohl diese Affen auf der Intelligenzstufe von zweijährigen Menschenkindern stehen. Mehr als ein dumpfes MAM oder BAB kam dabei nicht heraus, wurde allerdings von den beglückten menschlichen Ziehelter für ›Mama‹ und ›Papa‹ gehalten. Entsprechende Untersuchungen wurden inzwischen auch an den fossilen Resten unserer Vorfahren durchgeführt. Prof. Lieberman ... kam dabei zu der sensationellen Feststellung, daß auch der Neandertaler keine Rachenhöhle hatte.«

Angesichts der geistigen Leistungen des Neandertalers, von der Forschung in zunehmendem Maße enthüllt, fällt es schwer, daran zu glauben, daß diese ausgestorbene Art ›Mensch‹ einer Sprache nicht mächtig gewesen sein soll. Es ist für die Ergebnisse der Paläolinguistik ohne Belang, sie kann eh nur von den heute gesprochenen Sprachen ausgehend forschen und folglich mit Sicherheit ursprachliche Formen nur bei unseren unmittelbaren Vorfahren, den Cro-Magnon-Menschen, aufdecken.

Es sind ja zunächst einmal die Biologen, die einander in der Frage, wie entstand Sprache? widersprechen. Hier die Verhaltensforscher, welche geneigt sind, Sprache an den Anfang der eigentlich menschlichen Entwicklung zu stellen, dort die Spezialisten anatomischer Details, siehe das Zitat. Man muß wohl weitere Forschungsergebnisse abwarten.

Beim jetzigen Stand der Erörterungen kann die Sprachwissenschaft drei Argumente beisteuern, teils pro, teils kontra:

1. Wenn es so war, daß nach Lieberman der Neandertaler noch nicht zu sprechen vermochte, dann ist die allgemeine und taktische Überlegenheit des Cro-Magnon-Menschen verständlich. Es wäre sogar denkbar, daß der schon ›sprachbegabte‹ neuere Homo den vorzeitlicheren noch gar nicht als seinesgleichen sah und ihn daher bewußt zur Strecke brachte – die erste der Folge von zwischenmenschlichen Tragödien, die sich – trotz UNO-Deklarationen gegen Völkermord – bis in unsere Tage fortsetzen und in den Monaten, da dieses Buch entstand, insbesondere Indiovölker im Zentrum Südamerikas zu wehrlosen Opfern von Gruppen machte, die sich anmaßen, andersgearteten Mitmenschen aus nacktem Gewinnstreben und ungeachtet ihrer Auch-Zugehörigkeit zu einer christlichen Religionsgemeinschaft ein rechtlich und ethisch gleichwertiges Lebensrecht zu bestreiten.

2. Die beiden ersten Archetypen BA und KALL sind auch ohne Rachenhöhle sprechbar. Bei BA (vgl. Säugling und Affen: MAM und BAB) ist nur ein Öffnen der Lippen vor oder ein Schließen nach einem Vokal erforderlich – Vokale aber (A/O/U) sind schon bei Tieren möglich. Auch die B-Varianten P/F/W/M werden durch Lippenstellungen allein bewirkt.

Bei KALL ist der Endlaut L gleichfalls kein Problem – schon der Säugling »lallt« vor Absenkung des Kehlkopfes, indem er spielerisch die Zunge nach oben biegt. Das K ist ein Knacklaut, der z. B. bei amerikanischen Völkern viel weiter vorn und schärfer gebildet wird, wiederum unabhängig von Rachenhöhle und Kehlkopf.

Die späteren Varianten der beiden Archetypen BA und KALL bestreiten heute gut 65 % aller von Menschen verwendeten Vokabeln ...

3. Man hat ja nicht zuletzt von den Biologen gelernt, daß und wie bald die Natur ihre Geschöpfe mit dem ausstattet, was sie für das Überleben besser ausrüstet. Es erscheint im Gegenteil schwieriger, einmal erworbene spezifische Verbesserungen wieder loszuwerden, wenn sie durch Änderung der Umweltbedingungen unnütz und überflüssig geworden sind.

Im Falle der Sprache dürfte die Henne vor dem Ei existiert haben, der Wunsch und die schon in Ansätzen geübte Fertigkeit also bereits vor der Kehlkopfabsenkung, oder, anders ausgedrückt: Die Sprache des Menschen hat sich ihre Instrumente selbst geschaffen und sie entsprechend dem steigenden Modulationsbedürfnis selbst und ständig verbessert.

Dieser Prozeß ist wahrscheinlich sogar noch im Gang – verschiedene Sprachen zeigen ja einen unterschiedlichen Entwicklungsstand, insbesondere bei den Konsonanten, die durchaus nicht überall gleich zahlreich ausgebildet sind.

Teil VI

Sprache – ein Protokoll der Vorzeit?

Wer trotz der angebotenen Fülle die Sprachtafeln studiert hat, wird bemerkt haben, daß es nicht nur die manchmal identischen Formen diesseits und jenseits des Atlantiks sind, die unser Erstaunen verdienen. Wichtiger noch und beweiskräftiger ist die oft verblüffende Parallelität der Assoziationen und der sprachlichen Folgerungen – diese vor allem führen uns weit zurück in die Vorzeit und sind ohne die Mühe, sich in frühe Verhaltensweisen (frei von jeder Wertung) zurück zu versetzen, gar nicht nachvollziehbar.

Zudem gibt es Beispiele in Hülle und Fülle, die uns zeigen, daß wir – genaugenommen – unsere eigene Sprache oft schon selbst nicht mehr verstehen. Das Wort »Objekt« (lat. OB = entgegen, und IACERE = werfen) verdient an sich schon ein ironisches Fragezeichen, irgendwann einmal wurde es dann auch ins Deutsche übersetzt, und nun sollten wir uns fragen, was ist eigentlich ein »Gegenstand«?! Doch wohl das gleiche wie ein »Widerstand«? Absurd, nicht wahr? Warum ließ man es nicht bei SACHE oder DING?

Was ist »Ver'stand«? »Stehen«, dazu gehört an-, über-, vor-, nach-, durch'stehen, klarer Fall – aber »*ver*'stehen« und »*ent*'stehen«?! Zur Vorsilbe »ver-« hat ein Wort zu gehören, das auch für sich allein einen Sinn hat: vergehen, verlangen, verirren, verfahren, verfangen, vergreifen... usw. – was aber gehört zu »ver'gessen«, »ver'lieren«? Was ist – sprachlich – eine »Nachricht«? Halten und Halt haben jedes für sich zwei Sinngehalte, die wenig miteinander zu tun haben können, doch was ist »Verhalten« (nicht etwa die zweite mögliche Bedeutung ist gemeint, die wäre ja noch logisch...)?

Nun, in diesen und anderen Fällen sind zwei ursprünglich getrennte archetypische Ableitungen einander phonetisch und später wieder so nahe gekommen, daß sie sich miteinander verwirrten. Beim »Ver'stehen« steckt der TAG-Faktor »denken«, beim »Ent'stehen« der des »Zeugens« dahinter. Wie vertrackt aber muß vergleichende Sprachforschung sein, wenn sie ohne die Kenntnis der Archetypen gar nicht genau wissen kann, was sie eigentlich vergleicht, und ob sie nicht Unvergleichbares zu vergleichen sucht!

Genau da, bei der Frage nach dem Vergleichbaren, ist aber *der* Hund begraben, dessen Denkmal diejenigen bewachen, die da sagen: »Es kann keine gemeinsame Ursprache geben« – obwohl der begrabene ›Hund‹ (CHUN'D/KUN/KON/KAN/KOL/KAL) bei uns CANIS, oder COLLIE, in Amerika CHOLA oder COL'PEO, in Afrika KHOLACH oder KEL'B, und in Asien KHOL'SUN oder KONG heißt...

Die Zugrundelegung der Archetypen macht Sprachforschung unkompliziert für Interessierte, aber vielleicht zu unkompliziert für Interessenten. Aber sie wird dadurch unerhört spannend und verschafft echte Entdecker-Erlebnisse und vergibt echte Entdeckerfreude. Paläolinguistik führt jedoch vom enggestrickten Fachspezialistentum weg in die Bereiche anderer Geistes- und Naturwissenschaften – Psychologie, Verhaltensforschung, Geologie, Biogeographie, Archäologie, Völkerkunde, Soziologie und ... und ... Ob solche Konsequenzen nun schön oder schön unbequem sind, ist eine subjektive Frage.

Der Hund, auf den wir im vorletzten Absatz gerade gekommen waren, hilft ein wenig bei der Einengung des Zeitraumes, innerhalb dessen die Weiße Brücke verschwand. Wir wissen von den Prähistorikern, daß der Hund (eine von den Menschen geförderte Züchtung aus dem Wolf) seit etwa 7000 v.d.ZR. gesellig mit dem Menschen zusammenlebte. Folglich müßte die Weiße Brücke vor 9000 Jahren noch bestanden haben! Denn auch in beiden Amerika gibt es den Hund, KALL-fixiert wie der unsere auch. Das ist nicht selbstverständlich, ›Fuchs‹ und lat. ›Lupus‹, der Wolf, sind BA-, ›Köter‹, ›Dogge‹ und ›Dackel‹ TAG-Ableitungen; dabei verrät eine Herkunft von KALL eine freundlichere Einschätzung als eine von TAG.

Das Lexikon weist den chilenischen COL'PEO als einen fuchsroten

Hundetyp aus, wie ihn ähnlich die Eskimos verwenden, und wie er sich am diesseitigen Brückenkopf der Weißen Brücke, in Nordnorwegen allenthalben findet.

Das an festen Wohnplätzen gefundene vorgeschichtliche Leitfossil ›Hund‹ ist mit 7000 Jahren v.d.ZR. jedoch eher als Minimum zu werten: Nomaden könnten schon tausend oder Tausende Jahre früher Hunde gehalten und nach Amerika mitgenommen haben, ohne daß wir heute datierbare Knochenfunde machen könnten; Hunde von Jägern und Hirten ohne feste Plätze hinterlassen keine Knochen, einmal tot, verschwinden ihre Reste spurlos.

Zur etwa gleichen Zeit folgte auf das Magdalénien das Azilien und das Capsien. Steinwerkzeuge sind zunächst wieder gröber, zeigen aber erstmals das Beil. Die Komsa-Funde könnten daher in diese Zeit fallen. Die Amerikaner kannten das Beil etwa gleichzeitig. Mas d'Azil, Komsa, und Amerika, das indiziert einen Zeitraum von 10 bis 8000 v.d.ZR.

Dagegen scheint die Mikrolithen-Technik des späteren Azilien um 7000 v.d.ZR. nicht mehr über die Weiße Brücke gelangt zu sein. Die inzwischen berühmten Folsom-Spitzen sind bestenfalls eine Vorstufe, 2 bis 6 cm lang. Die eigentlichen Mikrolithen waren bei hervorragender Verarbeitung so klein, daß – so bei P. Honoré »Es begann mit der Technik« – etwa 50 Klingen in einer Zündholzschachtel Platz finden! Gemeinsam aber ist beiden, daß sie die wichtige Erfindung des zusammengesetzten Werkzeugs verkörpern. Etwa 10000 Jahre vor der Zeitenwende.

Auch diese Gemeinsamkeit deutet auf mehr als die 7000 Jahre v.d.ZR. des Leitfossils ›Hund‹. Irgendwann also zwischen der Zeit um 12000, als die beschleunigte Abschmelze begann, und etwa 8000 verschwand die Weiße Brücke, mittelbare oder unmittelbare Folge der plötzlichen Polverschiebung.

Sehr wahrscheinlich werden uns japanische Ozeanographen Genaueres ausrechnen können. Sie und wir wissen, daß die in subtropischen Klimata beheimateten Makaken von Hokkaido einst über die damals trockene Straße von Tsugaru gekommen sind. Der Umstand, daß sie heute noch dort leben, beweist, daß sie nicht mehr nach Süden in wärmere Landstriche Japans ausweichen konnten. Von dieser Tatsache ausgehend, braucht man nur noch eine exakte Vermessung des Meeresgrundes, um zu erfahren, in welcher Höhenschicht genau die einstige Landverbindung zwischen Honda und Hokkaido wieder unter Wasser geraten und unpassierbar geworden ist. Geht man von einer maximalen Absenkung um 100 m und dem Beginn der spürbaren Wiederflutung des Weltmeeres um 12 000 v. d. ZR. aus, dann läßt sich für die gemessene einstige Landbrücke auch die Zeit ihres Wiedereintauchens bestimmen: Zwischen 12 000 und 7000 stieg das Meer um 100 m, jährlich also um 2 cm. Hätte es z. B. bei 80 m noch eine Landverbindung gegeben, dann hätte die Flutung derselben um 11 000, bei 60 m um 10 000, bei 40 m um 9000 v. d. ZR. eingesetzt, Ebbe und Flut nicht berücksichtigt. Vielleicht wissen wir bald mehr.

Auch die Geophysiker werden, wenn sie erst einmal von der Existenz der Weißen Brücke Notiz genommen haben, ihr Ende bestimmen helfen können. Sie wissen nämlich schon seit einigen Jahren, daß die remanente Magnetisierung von in bestimmten Gesteinsarten (Basalte, Granit) eingelagerten Eisen-Molekülen ein z. T. erhebliches Umherwandern der magnetischen Pole in früheren Erdaltern bezeugt. Wie es dazu kommt, möge ein kurzes Zitat aus Heft 9 der Physikalischen Blätter von 1971 (S. 418–9) aus der Feder des Dozenten Dr. Soffel von der Münchner Universität erläutern:

»Ein großer Teil der magnetischen Gesteine ... enthält einige Volumenprozente fein verteilte kleine Erzkörner in Form ferrimagnetischer Eisen-Titan-Oxide (also Roste) in der sonst vorwiegend paramagnetischen Gesteinsmatrix der Silikate.

Bei der Abkühlung der Schmelzen im ... erdmagnetischen Feld erwerben diese Erzkörner nach Unterschreiten ihrer Curie-Temperatur (200 bis 675 Grad C) eine remanente Magnetisierung, die thermo-remante Magnetisierung (TRM) genannt wird. ... Bedingt durch die besonderen Eigenschaften kleiner ferrimagnetischer Teilchen besitzt die TRM von Gesteinen in der Regel eine sehr große zeitliche Stabilität und verringert sich im Laufe der Erdgeschichte im allgemeinen nicht stark.

Die Richtung des erdmagnetischen Feldes zur *Zeit der Entstehung* eines Gesteinskörpers ... bleibt deshalb in der mittleren Richtung seiner stabilen TRM erhalten. Wenn Gesteinskörper keine Lageänderung erlitten haben, so können wir aus der Richtung und Intensität ihrer thermo-remanenten Magnetisierung Aussagen über die Geometrie des Feldes und seine geschichtliche Entwicklung machen.«

Man kann also aus der Richtung der Erzkörner, die sich bei Temperaturen von etwa 700 Grad C auf die Magnetströme der Erde wie eine Kompaßnadel einstellen, die ungefähre Lage des gleichzeitigen Pols errechnen. Hierzu eignen sich besonders durch Vulkanausbrüche glühend-flüssig durch die Erdkruste gepreßte Basalte. Weiter:

»Vom heutigen Magnetfeld der Erde wird angenommen, daß es seine Quellen in Stromsystemen an der Grenze Erdkern-Erdmantel in einer Tiefe von etwa 3000 km hat. Diese Stromsysteme sind wahrscheinlich mit Massenströmen im gleichen Raum gekoppelt. Das heutige erdmagnetische Feld ist mit guter Näherung das eines Dipols, wobei die Achse des im Zentrum der Erde gedachten Dipols einen Winkel von etwa 11 Grad mit der Rotationsachse einschließt.«

Daraus folgt, daß die magnetische Achse nicht immer mit der Umdrehungsachse, die magnetischen Pole nicht immer mit den geographischen übereinstimmen müssen, daß aber im Laufe der Zeit ein Zusammenfallen beider Achsen eingestellt wird. Wenn also eine plötzliche Verschiebung der Pole aus äußeren (etwa wegen verschobener Gewichte) Gründen stattfindet, dann dauert es seine Zeit, bis beide Achsen wieder übereinstimmen.

Es will scheinen, daß wir uns angesichts der 11 Grad derzeitiger Differenz auf dem Wege zu einem solchen Ausgleich befinden...

Die thermo-remanente Magnetisierung von Basalten der letzten 10000 Jahre weist gegenüber dem heutigen erdmagnetischen Feld keine nennenswerten Abweichungen auf. Damit erreichen wir für die Polverschiebung und das Versinken der Weißen Brücke wiederum die gleiche untere Grenze von 8000 v. d. ZR.

Die im Prinzip gleiche Forschungsmethode hat jedoch in allerjüngster Zeit, nämlich in den 60er Jahren, eine neue, für die Schlußfolgerungen dieses Buches sensationelle Wendung genommen, und das wortwörtlich in dem gleichen Augenblick, in dem diese Schlußbetrachtungen niedergeschrieben wurden, nämlich am 3. Februar 1972 in einer von Nigel Calder für das britische, amerikanische und deutsche Fernsehen verfaßten Darstellung.

Danach spielen sich die gleichen Vorgänge in mit Rostteilchen versetztem Lehm ab, der durch Erhitzung seine Magnetisierung verliert und beim Erkalten, d. h. nach Auskompassierung seiner ferrimagnetischen Teilchen eine remanente, gewissermaßen festgeschriebene Ausrichtung der Erzteile erkennen läßt.

Was sich Phantasie kaum hätte vorgaukeln können, wird von der Realität übertroffen: Der Mensch selbst hat vor 30000 Jahren das Testmaterial für die Geophysiker unserer Tage hergestellt. In den unberührten Weiten des australischen Kontinents findet man vorgeschichtliche Feuerstätten, deren Alter durch die C-14-Methode an gleich mitgelieferten Holzkohleresten genau zu bestimmen ist, und deren Untergrund oder Abdeckung aus Lehm diesem Prozeß der Ent- und anschließenden Neu-Magnetisierung unterworfen war. Man fixiert den ausgedörrten und daher bröckeligen Lehmbatzen mit einer Plastikmasse und bestimmt seine Lage zur Nordrichtung genau, bevor man ihn zur Untersuchung ins Labor bringt.

Während die bis zu 10000 Jahre alten Basalt-Laven keine Differenzen mit den heutigen Polen aufweisen, ergeben sich bei den 30000 Jahre alten Lehmbatzen aus vorgeschichtlichen Feuerstellen erhebliche Abweichungen.

Die Pole lagen also in der Altsteinzeit nicht da, wo sie heute liegen.

Wir können daher nunmehr mit einiger Zuversicht auf den Augenblick warten, da in Australien oder in der Sahara, wo es gleichfalls jahrtausendealte und unberührte Feuerstellen gibt, Lehmwürfel gefunden werden, deren Alter nach C-14 auf die Zeit zwischen 12000 und 8000 v. d. ZR. verweist. Irgendwann innerhalb dieser Zeit wird man dann den Zeitpunkt einer Umpolung der Erzkörner bestimmen.

In einem Beitrag »Die eiszeitliche Einwanderung in die Neue Welt« hatte der Verfasser am 3. August 1960 bereits ›Weiße Brücke‹ und Polverschiebung in der Stuttgarter Zeitung und etwa zur gleichen Zeit in der Monatsschrift Scala International besprochen und geschlossen:

»Die paläolinguistische Beweiskette solcher Gleichheiten kann heute schon erheblich verlängert werden. Aber weder die Paläolinguisten noch die Archäologen können die Erstentdeckung der Neuen Welt zuverlässig rekonstruieren. *Dafür die Voraussetzungen zu schaffen, ist Sache der Geophysiker.«*

Genau das ist nun eingetreten.

Obwohl der Verfasser glaubt, in den 12 Jahren seither die Beweise für seine Thesen zur Genüge vervielfacht und verdichtet zu haben, bereitet es eine verständliche Genugtuung, im letzten Moment auch noch und gerade die Geophysik an seiner Seite zu wissen.

Die blitzgefrosteten sibirischen Mammuts, die auf andere Weise nicht erklärbare Anwesenheit von Tigern am Amur und von Makaken in Nordjapan, das Fortbestehen des Süßwassersees bei Thule, die Strandterrassen Nordnorwegens, und nicht zuletzt das abrupte Ende weiterer Zuwanderungen nach Amerika zwangen uns zu dem Schluß, daß Erdachse und Pole vor etwa 9000–14000 Jahren (7000 bis 12000 v. d. ZR.) eine *plötzliche* Verschiebung erfahren haben müssen, mit weithin spürbaren und zeitweise katastrophalen Folgen.

Besonders spürbar mußte der Wandel der Achsenstellung in geotektonischer Hinsicht in den Zonen zwischen den Polar- und den Wendekreisen sein, weil hier die Peripherie des Erdgloboids bei der Auszentrifugierung die größten Differenzen und daher Spannungen erfuhr. In diesen besonders betroffenen Zonen lebte der weitaus größte Teil der damaligen Menschheit.

Es ist sicher verwegen und rein spekulativ, eine Menschheitserfahrung dieser Größenordnung als auch in der Sprache bewahrt zu vermuten. Was hilft's? Es sei gewagt.

Die Spannungen in der Zone zwischen Polar- und Wendekreisen dürften zu geologisch gesehen leichten, aber weit verbreiteten Erschütterungen der Erdkruste geführt haben. Zu einem allgemeinen »Knistern im Gebälk«. Was bedeutete das für den Menschen am Ende der Eiszeit und des Magdalénien?

Dieser Cro-Magnon-Mensch hatte in Europa und auch anderwärts einige 30 000 Jahre lang in Höhlen gelebt. Eine einmalig günstige Konstellation von warmer Golfluft, Landschaftsform, Flora und Fauna war durch das Vorhandensein von Tausenden von Höhlen zu

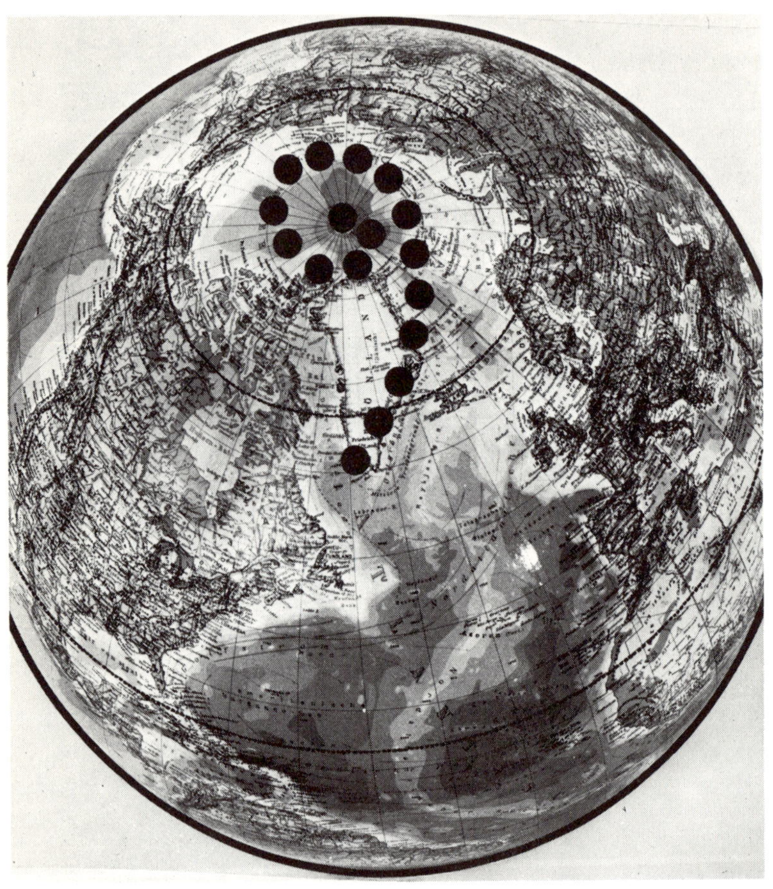

So etwa trudelte sich der Pol auf seine neue – heutige – Stellung ein: auf Umwegen, bewirkt durch die Erddrehung, die ihn verheerend nahe an die sibirische Küste heranführte.
Polar- und Wendekreis sind markiert, um die Zone der größten Oberflächenspannung nach dem Abtrudeln der Pole zu veranschaulichen.
Der äußere dicke Kreis zeigt gewissermaßen maßstäblich die Stärke der Erdkruste im Verhältnis zum Inhalt – schematisiert, denn tatsächlich schwankt die Dicke der Kruste zwischen 65 km unter Europa und nur 10 km unter dem Pazifik. (Abb. 31)

einem wahren Steinzeit-Paradies gesteigert worden. Es gab – und gibt – so viele Höhlen, daß sie heute so wenig alle erforscht sind wie sie früher alle bewohnt gewesen sein können. Man konnte sich die schönsten aussuchen. Höhle, das hieß Geborgenheit vor Raubtieren und etwaigen Feinden, Schutz vor Wind und Kälte im Winter, eine konstante Innentemperatur von 14 bis 16° C auch im Sommer. Viele Höhlen hatten kleine Wasserläufe oder gar Seen im Inneren, so daß ihre Bewohner des Trinkwassers wegen die Geborgenheit ihrer Behausung nicht verlassen mußten.

Es bestand also kein Grund, solche Burgen der Sicherheit und der Zufriedenheit zu verlassen.

Und doch geschah das Widersinnige. Und es scheint, es geschah plötzlich, wie von panischer Angst getrieben. Auch vor etwa 11 000 oder 12 000 Jahren. Eine scharfe Zäsur in der Qualität der Funde zeigt das. Man fing in vielen Dingen wieder von vorn an – draußen. Statt der bequemen und so absolut kältegeschützten Höhlen baute man selber Höhlen, mühsam, aus schweren Felsbrocken, die man mit Erde bedeckte. Und die waren kalt und feucht, während die, welche man sicher nicht freiwillig verlassen hatte, warm und immer trokken waren. So ist das noch heute. Die Kunstbauten boten auch weniger Schutz, erst die Nuraghen Sardiniens waren so konstruiert, daß ein einziger Mann sie verteidigen konnte. Wasser aber gab es nicht darin. Kein Mensch vertauscht ohne Not Gut und Sicher gegen Schlecht und Unsicher; worin also bestand diese Not?

Sprache hat auch menschliche Not bewahrt. Furcht, Angst, Schrekken und Entsetzen erfüllen, für sich betrachtet, eine biologische Funktion. Zur Rettung des Individuums mahnen Angst und Furcht zur Vorsicht, lösen Schreck und Entsetzen eine sofortige, unwillkürliche Fluchtbewegung aus.

Die Geborgenheit der Höhle, die tausendfach KALL-Ausdruck gefunden hat, kannte dennoch einige Ängste.

Erstens: Das Dunkel. Angst, die sich zum Entsetzen steigern würde, überfiele noch heute jeden, der in der Höhle von Niaux etwa, vor dem Bilde des Wildpferdes, vier Kilometer vom Ausgang entfernt, erleben müßte, daß seine Acetylenlampe verlöschte.

Solche Angst vor dem plötzlichen Dunkel, dem Alleingelassensein im schwarzen Nichts findet im Sanskrit überzeugenden Ausdruck: KALA ist die Höhle, KALA ist aber auch die Nacht, das Dunkel schlechthin, und auch schwarz (lat. von den KALL-Derivaten NOX/NIGER her noch als aufeinander bezogen kenntlich); für den, der aus dem Dunkel KALA nicht mehr herausfindet oder erlöst wird, ist KALA dann KALIYA = tödlich.

Zweitens: Der Abgrund, »der sich plötzlich auftut«. Auch das eine Höhlenerfahrung. Man tastet sich bei schwachem Lichtschimmer in unbekannte Gänge, und jählings, ehe man die Gefahr erkannte oder ihr auszuweichen vermochte, ein Schritt ins Bodenlose. Auch dies eine Urangst, wie das nicht endenwollende Dunkel in heutigen Träumen noch qualvoll durchlitten.

Das gr. CHAOS, heute ein geflügeltes Wort und phantasievoll ausgeschmückt, ist wörtlich »der bodenlose Abgrund« und ist hergeleitet von CHAINO = »klaffen«: wahrlich »der Abgrund, der sich plötzlich auftut«.

Das sind die KALL-Ängste (auch ANG'ST und ENG gehören zu KALL: ANG/GAN/GAL). Doch man wußte ihnen zu wehren. Fackeln und Talgleuchten erhellten das Dunkel gerade genug, und man vermied es, allein zu sein. In der Regel blieb man im Lichtkreis des Eingangs; die Ablagerungen reiner Wohnhöhlen finden sich meist in geringer Entfernung vom Zugang. Anders bei Kulthöhlen; bei ihnen gehörte der weite Weg durch den Leib der KALL-Erdmutter zum Ritual.

Lat. COLERE hat die schöne Erinnerung an die Höhlenzeit bewahrt. Es bedeutet zuerst ›aushöhlen‹ und später ›wohnen‹. Wie verräterisch! Gr. KALIA war daher die Wohnstatt schlechthin, und noch unser Fremdwort KULTUR gehört zu COLERE. In der Höhle, so das Protokoll der Sprache, begann unsere »Kultur«.

Doch nun zu dem Ausdruck, den KALL-Ängste in anderen Sprachen gefunden haben:

bask.	KAŔ'KALL	erschreckt, angstvoll
lat.	CALA'MITAS	ursprünglich Vernichtung, später verflacht zu Unheil, Kalamität
bask.	LAKAR	erschüttert, erschreckt
bask.	LAGOŔŔI	Entsetzen

cat.	es'CLAF'ar	bersten, sich auftun, klaffen
eng.	ANGUISH	Angst
eur.	AGONIE	Todesangst
dt.	GRAUEN	Angst, Entsetzen
bask.	ELKOŔ	Erdrutsch, Verschüttung
lat.	HORROR	Schrecken
maori	HOŔO	Erschütterung
nord.	ŔAGNAŔOK	Götterdämmerung, Weltuntergang, Berge beben, das Meer verschlingt das Land, Gericht auch über die Götter

Die amerikanischen Sprachen zeigen die gleiche Reflektion:

que.	LLAC'SAY'CUY	sich grauen, Entsetzen empfinden
aym.	LLAKHLLA'SINA	Angst haben (CLA = Erde, Boden, Land)
que.	LLACA'SASINA	Grauen, Angst haben
aym.	LLAKLLA'TAÑA	Grauen, Entsetzen
aym.	LAKJA'KEÑA	zittern, fürchten
que.	ŔAKŔA'YAK	Abyss, bodenloser Abgrund
que.	pacha'CUCUY	Erdbeben (pacha = Erde)
aym.	HIN'TAÑA	Angst haben

Die auffällige Form LLAKHLLA sowohl im Quechua wie im Aymara für Angst, Grauen und Entsetzen ist fast identisch mit dem Wort ŔAKŔA'YAK[1], das vor der späten Verwendung des R auch L war. CLA entspricht am ehesten unserem Wort SCHOLLE, das ja gleichfalls nicht nur die Erde, sondern auch alles, was sich darunter befindet, ausdrücken will. Die gleiche Verwandlung des R macht auch das nordische RAGNARÖK zu einem eindeutigen KALL-Derivat, dessen Begleiterscheinungen Beben, Überflutung die Erinnerung an eine große Katastrophe genauso bewahren wie den Wechsel in der Götterwelt, denn so gewaltig war das Geschehen in der entfesselten Natur, daß sogar die – alten – Götter trotz Gottseins vor Gericht erscheinen müssen. Mit anderen Worten, das Unheil war so groß, daß es nicht von Menschen, sondern von den Göttern selbst verschuldet sein mußte.

Das Bestreben der Erde, nach der großen und plötzlichen Ver-

[1] Die R-Schreibung kann natürlich auch einfach auf einem – spanischen – Schreibfehler beruhen; ein undeutliches L kann leicht als ein gerolltes R mißverstanden werden. Das ist ja auch der Grund, warum aus lat. ARBOR sp. ARBOL wurde. Da auch die Endsilbe YAK wahrscheinlich LLAK (ljak) gesprochen wurde, hieße es richtig eher LAKLA'LLAK.

lagerung ihrer Umdrehungsachse die Kugelgestalt wieder zu gewinnen, traf bei den mittleren Teilen der Kruste auf größere Schlingerbewegungen als in Pol- und Äquatornähe. Was sich im Mythos, und das nicht nur im nordischen, zu dramatischem Geschehen verdichtete, war geologisch gesehen nur ein ›Knistern im Gebälk‹. Die relative Harmlosigkeit des Naturgeschehens hatte jedoch im Leben der Menschen verheerende Folgen: Die Berge zitterten und bebten, und als Folge stürzten Stein- und Geröllawinen die Hänge hinab und rissen mit, was nicht fest verankert war. Da, wo die Schuttmassen zur Ruhe kamen, wurden nicht gar so selten Höhleneingänge verschüttet – die Prähistoriker wissen ein Lied davon zu singen! Das spanische Wort für Entsetzen hat die Erinnerung an solche Ereignisse protokolliert, ASOMBRO heißt eigentlich »Zu'schattung«! Es reflektiert das Entsetzen des Menschen in der Höhle, wenn mit Donnergetöse herantobende Geröll- und Schuttmassen den Ausgang verdunkelten. Und schaut man etwas genauer hin, dann enthüllen auch heute verbrauchte und zungenläufige Fremdwörter mehr als man hinter der Fassade vermutet. Das griechische Wort KATÁ'STROPHÉ, wörtlich übersetzt, ergibt wenig (KATA = hinunter, STROPHE = wenden), was die heutige Verwendung begründen könnte. Sieht man es als nackte Tatsachenschilderung, trifft es das Geschehen jener Zeit genau. Auch der heute abstrakte Gebrauch eines Wortes darf den Sprachforscher nicht darüber hinweg täuschen, daß auch das Abstrakteste einst einen ganz materiellen Inhalt hatte. So dürfte auch hier das ›katastrophale‹ Herabstürzen der Steinmassen beides bewirkt haben, die Bildung des Wortes und den späteren Sinn: Wendung zum Schlimmen.

Die Basken, einst im Zentrum des Geschehens, nennen eine Erschütterung ZAKAR, ZAKATZ und MO'TZAKO; Stein und Fels ZAKAR, SAKAR, TARRI. Auch wir sind nicht immer nur seelisch erschüttert – der handfeste Vorgang ließ unsere Vorfahren neben die Er»schütt«erung den SCHUTT stellen, und den SCHOTTER, Geröll, Steinsplitter, Felsbrokken. »Bestürzung« verrät als Sprachform Ähnliches, wenn man scharf genug hinhört. »Stürzen«, nun gut, kein Kommentar; aber BE'stürzen? Das kann – materiell – nur einen Vorgang des Herabstürzens betreffen. »Bestürzt« sein, cat. A'STORA'T, ist fast dasselbe wie verschüttet sein. Am nächsten kommen sich die Vorstellungen Schrecken und Erde im lat. TERROR und TERRA. Das wird noch klarer, wenn man bedenkt, daß TERRA erst in der Ära des Ackerbauern den Sinn »Erde«, Ackerboden und dergleichen auf sich gezogen hat. TERRA und ERDE haben ja in beiden Sprachen noch den Inhalt »Land« oder ›alle Länder zusammengenommen‹, Planet »Erde«, »Terra incognita«, unbekannte Welt. Das baskische TARRI steht für Fels und Stein, erweitert die TAG-Form TERRA/TIERRA/TERRE materiell also auch dahin, daß die Beschaffenheit nicht nur der Oberfläche, sondern auch des Erdinneren mit umgriffen wird.

Eine derart nahe Verbindung von Wörtern für Schrecken oder Entsetzen und Stein, Fels oder Erde kann kein Zufall sein, wenn ein solches Nebeneinander mehrfach auftritt. Andererseits reicht aber einmaliges Geschehen nicht aus, um ein Engramm im Sprachbewußtsein zu bewirken, das stark genug war, um heute noch mühelos in einer Vielzahl von Idiomen aufgedeckt werden zu können.

Tatsächlich muß der Vorgang der Erdkrustenanpassung an die neue Lage der Erdachse als ein mühsamer, langandauernder Prozeß gesehen werden. Wenn sich auch ein Punkt am Äquator infolge der Erddrehung um 470 m/sec fortbewegt, so mindert sich die Geschwindigkeit und damit die Zentrifugalkraft bei 45° geographischer Breite auf 235 m/sec. Da ferner die Entfernung zwischen den Polen ›nur‹ einige 40 km kürzer ist als der Äquatordurchmesser, beträgt bei einer durchschnittlichen Krustenstärke von 40 km der Bedarf an Formkorrektur nur wenige Kilometer. Das ging tatsächlich nicht von heute auf morgen, sondern in andauernden kleinen Schüben oder gelegentlich ruckweise. Viele hundert Jahre lang wird das ›Knistern im Gebälk‹ spürbar gewesen sein, hier und da verstärkt und verlängert durch mittelbare, flankierende Folgeerscheinungen – häufigere Vulkanausbrüche, auch Wiedererwachen vorher erloschener, kleinere und größere sowie häufigere Erdbeben, Hebungen und Senkungen von Teilen der Kontinente, Aufbrechen des Tanger-Trafalgar-Dammes und Wiederfluten des Mittelmeeres, was seinerseits wieder Beben, Vulkantätigkeit, Hebungen und Senkungen zur

Folge haben mußte, und nicht einmal zuletzt Regenkatastrophen im Gefolge massiven Eindriftens von Eisbergen in den sich verändernden Golfstrom.

Kleine Erdbeben, der Ausgleich von Spannungen, Hebungen oder Senkungen bewirkten nicht nur Erdrutsche und Geröllawinen, sondern lösten auch ebenso oft Stein- und Felsschichten an Höhlendecken und -wänden. Wie wenig mochte da genügen, um aus der Höhle eine Hölle zu machen – um bisherige Geborgenheit in allgegenwärtige Gefährdung zu wenden! Wir können uns den panischen Schrecken lebhaft vorstellen, der die Menschen aus den einst so schützenden Höhlen hinaustrieb in eine feindliche Umwelt. Nein, das war kein einmaliges Geschehen! Und gerade weil viele Generationen danach mit dem Entsetzen vor den unberechenbaren Zornesausbrüchen der ehedem so hilfreichen Mutter Erde leben mußten, fand diese lange, schreckliche Zeit ein beredtes Echo:

bask.	ZAKAR	Erschütterung
	SAKAR/TARRI	Stein, Fels
bask.	SAR'KOR	Erschütterung
	TARRI	Stein, Fels
sp.	SACU'DIDA	Erschütterung
sp.	A'TAR	bestürzt sein
	(TERRA)	
eng.	S'TART'LED	erschreckt sein
bask.	DAR'DAR'TU	erschüttern
	TARRI	
lapp.	DOARGES	zittern, beben
bask.	SARRACA	Entsetzen
	TARRI/SAKAR	Stein, Fels
cat.	BA'SARDA	Angst
bask.	TARA'TU	sich bestürzt zurückwerfen (!)
kelt.	TARAN	Getöse, donnern
bask.	TARROSI	erschüttert sein
bask.	ARRO'TU	Erschütterung
	ARRI	Fels, Erdreich
bask.	DAR'DARA	Erschütterung
	TARRI	
bask.	DOKA'DURA	Erschütterung
bask.	AN'DARKA	heftige Erschütterung
bask.	ARRI'ERAZU	Entsetzen
	ARRII	Stein, Fels
bask.	ARRI'TU	Entsetzen, Grauen

sp.	A'SOMBRO	Entsetzen, »Zu-schattung«
bask.	TZORA'TXORA	entsetzt, der Sinne nicht mehr mächtig
cat.	AS'TORAT	be'stürzt
maori	TORERE	Abyss
bask.	ZUR'TASUN	Entsetzen
bask.	ZURU	be'stürzt
sp.	A'TUR'DIR	entsetzt sein
bask.	ZUR'TU	Entsetzen
sp.	A'TURR'AR	sich entsetzen
lat.	TUR'BA	heftige »STÖR'ung«

Das sprachliche Echo auf die Schreckenszeit erscheint in der Neuen Welt in ähnlicher Form:

aym.	AJJ'SAR'KANA	schrecklich
que.	MAN'TARA	bestürzt
aym.	HAKH'SARAÑA	Entsetzen
aym.	SARATHA	sich fürchten
que.	SAKAY	Stein, Fels
que.	CHAKA	Felsgestein
que.	TAC, CHAC	Erde
aym.	SAIHUA	Steine
aym.	TANA'PA	entsetzt sein
que.	CHOCA'CAYACHI	bestürzt sein
aym.	SOJYA	Steine
que.	TOQ'YAY	bersten
aym.	CHUK'TATA	fürchten
aym.	CHUKU'TAÑA	Angst haben
suah.	KI'TUKO	Furcht, Angst
suah.	A'TUKA	gähnender Abgrund

(Diese Liste stellt selbstverständlich einen unendlich kleinen Ausschnitt dar, sie wurde aus zufällig schon vorhandenen Materialien zusammengestellt. Systematische Suche würde zweifellos ein Buch für sich füllen ...)

Man hat sich bisher sicherlich zu wenig Gedanken über den sozialen Wandel gemacht, den eine biologische Einsicht herbeiführen konnte. In der Altsteinzeit hat der Mensch einen Zusammenhang zwischen Zeugung und Geburt mit Sicherheit zunächst nicht gesehen. Die Bindung der Sprache an BA und KALL bei allen zwischenmenschlichen Beziehungen und bei allem, was mittelbar oder unmittelbar mit der Frau zu tun hat, bestätigt eine weitgehende Dominanz des Weiblichen. So wurde das Gebären neuen Lebens als Folge eines rein weiblichen Vorganges, wenn nicht gar Willensaktes, gesehen. Wir wissen das so genau, weil es noch heute, unter inzwischen patriarchalischen Ordnungen bei manchen Völkern üblich ist, eine kinderlose Frau, auch eine Schahbanu, zu verstoßen, da sie keine Kinder *wolle.* Mit anderen Worten: wenn sie wolle, dann könne sie auch.

Die religiösen Vorstellungen einer matriarchalischen Gesellschaftsordnung mußten sich notwendig an der eigenen Struktur orientieren. Wir können es als gesichert betrachten, daß Jahrzehntausende lang mütterliche Gottheiten, Engel, Feen und Liebfrauengestalten die geistig-geistliche Oberwelt der Steinzeit mit Leben erfüllten. Die Vorstellung von einem männlichen Gott›vater‹ als Schöpfer aller Dinge konnte erst nach der Einsicht in die Rolle der männlichen Zeugung konzipiert werden. Sicherlich erfolgte die Abschaffung der Mutterreligionen auch dann nicht sofort, denn einmal Gewachsenes hatte immer schon ein zähes Leben – noch heutige Kirchen wissen ein Lied davon zu singen.

Die KALL-Kongruenz FRAU/HÖHLE könnte die Ursache für das offizielle Ende der Mutterreligionen sein. Die Höhle, die in der guten, alten Zeit gleichbedeutend mit Schutz und Geborgenheit gewesen war, wurde nun zu einer Stätte des Grauens, aus der guten Höhle wurde eine schlimme Hölle. Und von der anderen KALL, der lebenspendenden, sprach man jetzt offen aus, was man längst wußte: ohne Zeugung konnte sie kein neues Leben schaffen, der Mann war der eigentliche Schöpfer. Der Einbruch der TAG-Formen in die familiäre Sphäre beweist das Wissen um die Rolle der männlichen Zeugung.

Also wurde der Mensch am Ende der Eiszeit nicht nur aus seiner Welt der Höhle vertrieben, sondern auch aus der Geborgenheit der Großen Mütter. Als dann nach der langen Schreckenszeit »neues Leben aus den Ruinen blühte«, als der Mensch sich selbst erklären mußte, warum auf das Chaos doch wieder ein neues Werden folgte oder folgen konnte, da erfand er den Schöpfer und die Schöpfung, jetzt natürlich einen Mann, einen Ur-Zeuger, einen Erzeuger, einen DYAUS, ZEUS, ODIN, JEHOVA, MARDUK, PACHACAMAC oder JUPITER. Ebenso selbstverständlich wurde der Große Zeuger mit allen nur denkbaren Superlativen ausgeschmückt, nicht zuletzt, weil er es mit der seit Jahrzehntausenden verfestigten Vorstellung von den Müttern aufnehmen mußte. Man erhöhte das Wunder eines solchen Schöpfungs-, genauer Zeugungsaktes, indem man die vom Gott erschaffene Welt als aus dem Nichts, dem Chaos, dem Tiamat, dem Tehom, der unendlichen Zerstörung, dem Ragnarök erstanden schilderte, auf sein Wort hin erstanden in – je nach Beflissenheit – einem oder in sieben Tagen.

So bewirkten die Naturereignisse neben dem Verlust äußerer und materieller, daher wiederbringlicher, auch den Verlust unwiederbringlicher innerer Werte. Zugespitzt könnte man sagen: Wie und wo immer Menschen seither an Idealvorstellungen für eine zukünftige gute und gerechte Ordnung basteln, unternehmen sie den meist kläglichen Versuch, Erinnerungen an eine ferne Vergangenheit einzufangen.

Die Wirkung sprachlicher Kongruenzen blieb nicht auf KALL beschränkt. Erst nach der Ablösung der Muttergottheiten konnte unter dem Eindruck einer neuen, einer TAG-Kongruenz eine megalithische Kultur entstehen. TAG als Archetyp für den Zeuger, den Mann, umfaßte Vorstellungen wie aufrecht, groß, hoch, den hohen Berg, den Fels oder Stein, aus dem er bestand, und GOTT (eine TAG-Umkehrung). Fast alle männlichen Götternamen werden von TAG hergeleitet. Es sei denn, sie sind älter als KALL und schon von BA her gebildet.

Nun aber türmt der TAG-Mensch zu Ehren des TAG-Gottes den künstlichen TAG-Berg als Ziqqurat in Sumer, als Pyramide in Ägypten oder Kambodscha, und als Teokalli in Amerika so TAG-hoch wie möglich aus möglichst TAG-großen TAG-Steinen. Die Maya, Tolteken und Inka waren also auch ohne sumerische, phönizische oder gar römische Baumeister gehalten, künstliche Berge aufzutürmen. Man muß nicht Kreter, Karthager oder Chinesen bemühen, um die Leistungen amerikanischer Völker zu erklären. Sie standen denen in nichts nach, sie waren und sie sind vom gleichen Schlage wie wir auch.

Wenn Sprachforschung dazu beitragen kann, diese Einsicht zu verbreiten, dann ist sie jede Mühe wert.

Am Ende einer langen Reise bleibt die Feststellung, daß das Verschwinden der Weißen Brücke zwischen 11 000 und 8000 vor der Zeitrechnung zwar das Ende weiterer Zuwanderungen brachte, daß jedoch beide Amerika seit wahrscheinlich 40 000 Jahren schon zur Alten, dem Homo sapiens bekannten Welt gehören. Damals, bei der großen Landnahme des Cro-Magnon-Menschen erreicht und durchschritten, blieb es späteren Zeitaltern nurmehr vorbehalten, jenen Doppelkontinent, den wir heute Amerika nennen, wiederzuentdekken.